0～4歲嬰幼兒邊玩邊學
感覺統合訓練DIY

送給親愛寶貝の

愛心手作益智玩具

剛出生的小嬰兒，視力尚未完全發育，
也還無法站立行走，更無法表達自己意見，
卻在短短三、四年之後，
有著極速的驚人成長。
因此選擇禮物時，不該只著重於好玩＆可愛；
配合嬰兒成長階段，
手作成長開發玩具還能輔助小嬰兒邊學邊玩唷！
以擁有豐富美麗色彩的不織布素材為主，
試著作作看初學者也能簡單完成的
各種布質感手作玩具吧！

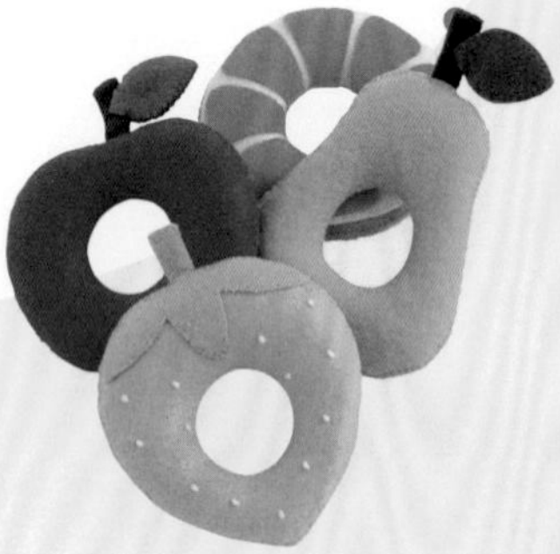

目錄

設計・製作協力

小俣悦子
https://tetote-market.jp/creator/littlegooty/fc2171894625/

gokko land
https://minne.com/ayuka1201

知育おもちゃRimi
http://rimi.joyplace.net/

チビロビン

powa*powa*

大和ちひろ

Staff
擔當編輯＝武內春恵　矢島悠子　菊池絵理香
作法校閱＝小池祥子
攝影＝腰塚良彥
　　伊藤ゆうじ（photo X）P.11
妝髮＝関江里子
封面設計＝牧陽子
插圖＝長浜恭子

1歲半~2歲前後

2歲半~3歲前後

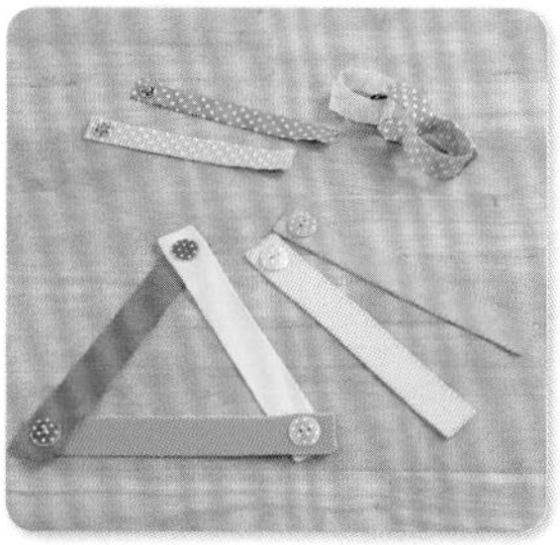

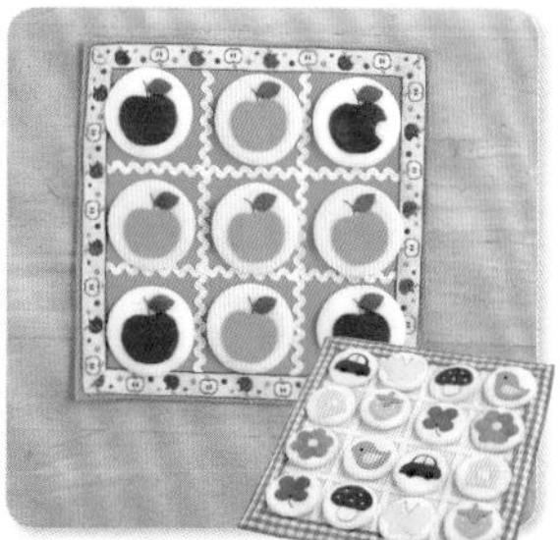

0~1歲前後

聽到了嗎？

尋找音源

嘎啦嘎啦・捏一捏

打個結掛在包包提把上，
也是充滿可愛魅力的裝飾。

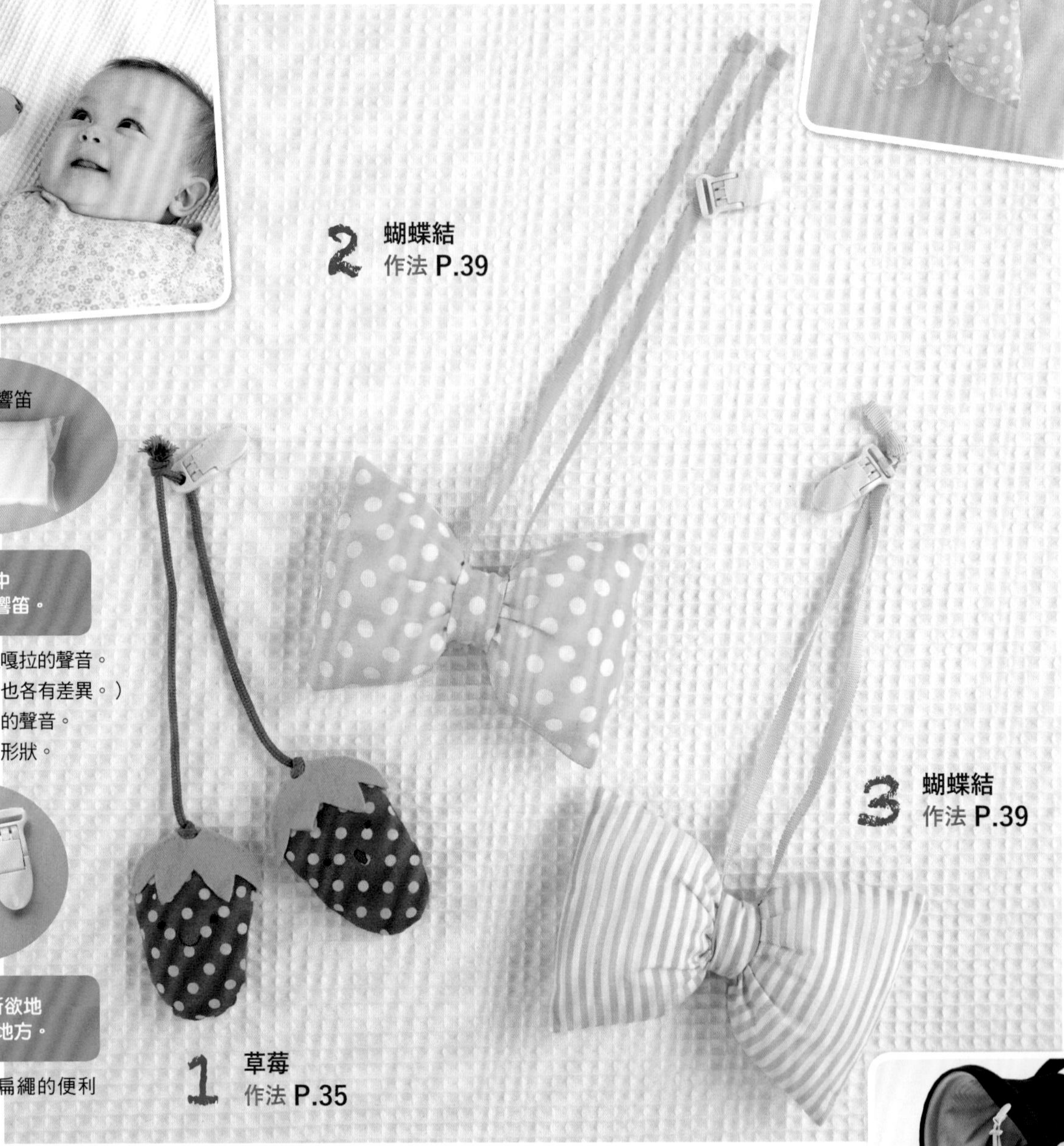

2 蝴蝶結
作法 P.39

3 蝴蝶結
作法 P.39

1 草莓
作法 P.35

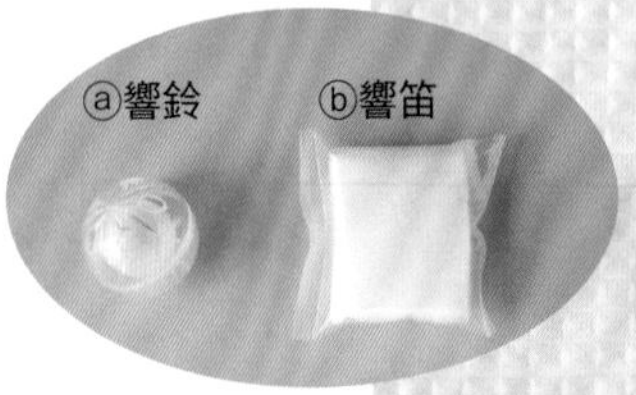

在作品中放入響鈴&響笛。

ⓐ搖晃時，會發出嘎拉嘎拉的聲音。
（不同製作廠商，聲音也各有差異。）
ⓑ捏壓時，會發出嗶嗶的聲音。
※ⓐ・ⓑ也有各種不同形狀。

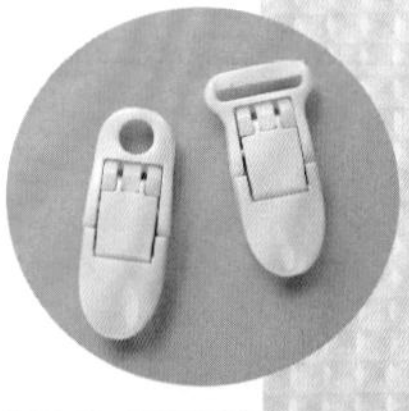

可以隨心所欲地夾在喜歡的地方。

可以穿過圓繩或扁繩的便利夾。

作品1為了讓嬰兒可以清楚看見，以鮮豔的粉紅色&白色點點布料製作響笛草莓。作品2・3皆是蝴蝶結造型，但右款放入響笛、左款放入響鈴，兩種聲音都非常有趣喔！加入繩夾後，就可以隨意地夾在喜歡的地方，是不用擔心丟失的貼心設計。

夾在嬰兒車上
也OK！

1　設計・製作 ●powa*powa*
2・3　製作 ● 中村早恵

摸一摸・搖一搖！

聲音遊戲

聲音手帶

出生兩個月後，小嬰兒的視線範圍變廣，臉部開始會上下左右移動。漸漸地發展觸覺、視覺、聽覺；三至四個月脖子可以控制時，就會開始伸手找東西，聽到聲音也會轉頭去尋找音源，運動神經也開始成長，因此手部的觸覺刺激變得非常重要。

4 兔子
作法 P.36

5 火箭
作法 P.36

可以捲在手腕上，也可以繫在嬰兒車上的超人氣聲音手帶。魔鬼氈式的設計拿取時相當方便。內裡的響鈴會隨著手的動作發出聲音，吸引寶寶的注意。加上可伸縮的鬆緊綁帶即可繫在嬰兒車上。

設計・製作 ●gokko land

6 嘎拉嘎拉
作法 P.40

7 可愛玩偶
作法 P.40

玩偶頭部內側有一個可以伸進食指寬度的洞孔。

抓一抓・摸一摸

手拿玩偶

嘎拉嘎拉・可愛玩偶

舒服毛巾布的小熊頭。

作品6的玩偶頭部內藏響鈴設計，小熊會發出嘎拉嘎拉的聲響，握把處則包有非常可愛的印花棉布。作品7藉由將手指插入頭部小洞可以使小熊呈現出不同的表情，整體是以兩條柔軟的毛巾布製作而成，建議使用觸感柔軟＆可以丟洗衣機清洗的水洗毛巾布。

6・7 設計・製作 ●powa*powa*

拿拿看·丟丟看

活潑爬行

寶寶五個月時，隨著大腦的發達手指運用也更加靈活，已經可以進行搖一搖、敲一敲的手部活動。當六至七個月可以正坐的時候，雙手的運用會更加自由。八個月左右開始練習爬行的小嬰兒，就可以練習獨立的爬行移動囉！

鈴聲小球

8 作法 P.42

柔軟蓬鬆的鈴鐺小球。包夾在各處的織帶＆繩子，方便小孩子拿取玩耍。搖一搖、轉一轉，當寶寶會爬行的時候也可以一邊丟一邊玩。請試著以各種可愛的布料拼接製作吧！

設計・製作 ● 小俣悦子

你最喜歡哪一個？

自得其樂

動物手握圈圈樂

9 作法 P.44

七個月左右後更加擅長左右手交換運用，已經可以自己坐下來玩耍，藉由抓一抓&丟一丟的重複動作遊戲能讓手指的運用更加靈活。

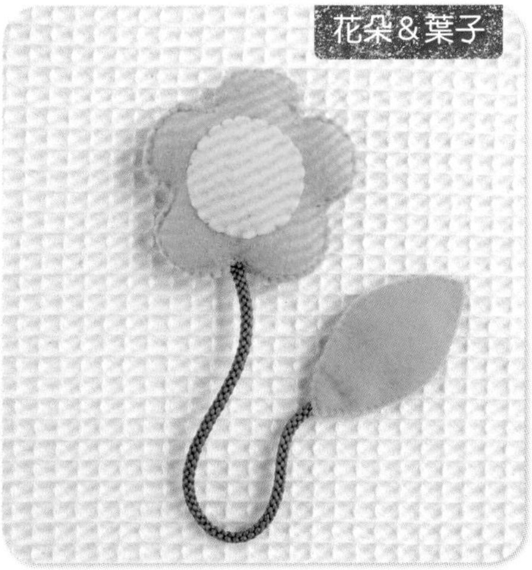
花朵&葉子

兔子&胡蘿蔔

水藍色點點的可愛套圈柱。一手抓住動物或花朵的部分，繩子另一端的胡蘿蔔、小魚、狗骨頭、葉子則附有響笛設計，一按就會發出聲音。口腔期的寶寶什麼都想放進嘴巴內，因此請將繩索緊緊地縫合固定。建議使用可重複清洗的可水洗不織布喔！

套圈柱

小狗&狗骨頭

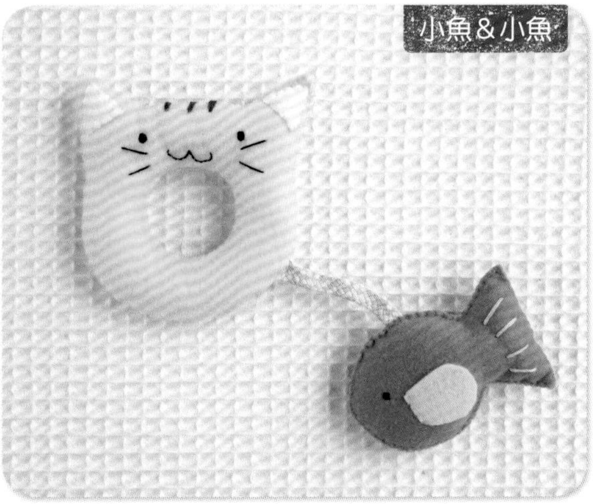
小魚&小魚

這是
小貓嗎？

設計・製作 ● gokko land

疊字發聲

語言發聲練習 布繪本

十個月之後，小嬰兒開始會發出一些沒有意義的疊字聲音，像是mama、wawa、paipai、momo等擬聲字。此時可以開始簡單的對話，小嬰兒雖然無法理解其中意思，但也會經由日積月累慢慢體會了解。

10 作法 P.48

縫上動物表情的貼布繡 & 包夾尾巴 & 在動物圖案背面刺繡上動物名後，陪伴者將布繪本拿在小孩眼前，以手引導閱讀。搭配上動物的叫聲，更能讓小朋友融入 & 加深樂趣唷！

設計・製作 ● 大和ちひろ

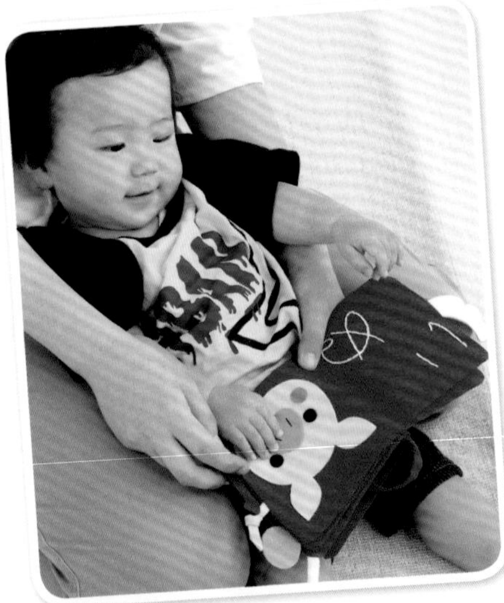

第1頁

猴子

第2頁

第3頁

松鼠

第4頁

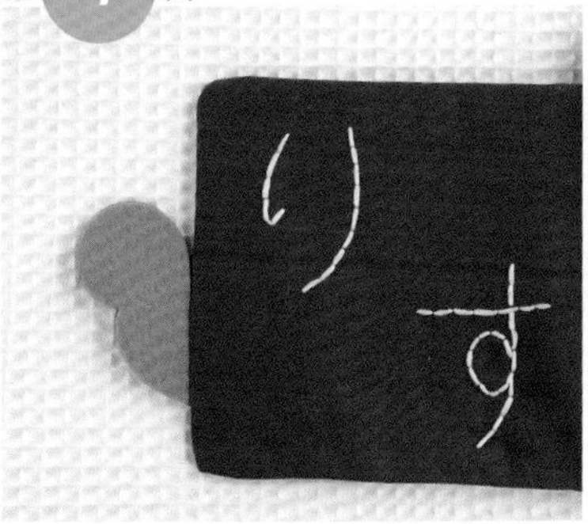

第5頁

小狗

第6頁

第7頁

小豬

第8頁

第9頁

兔子

第10頁

第11頁

小牛

第12頁

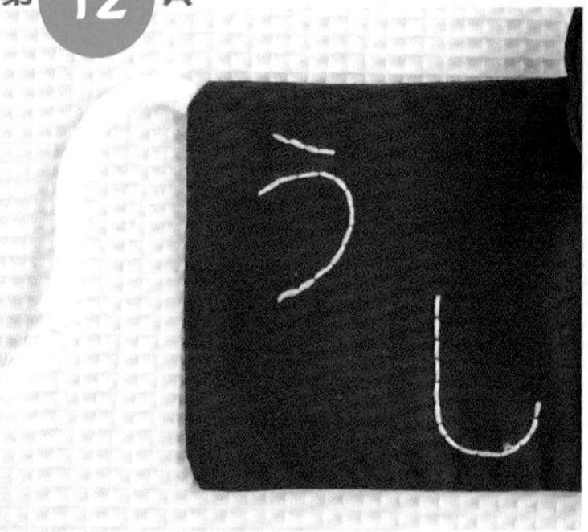

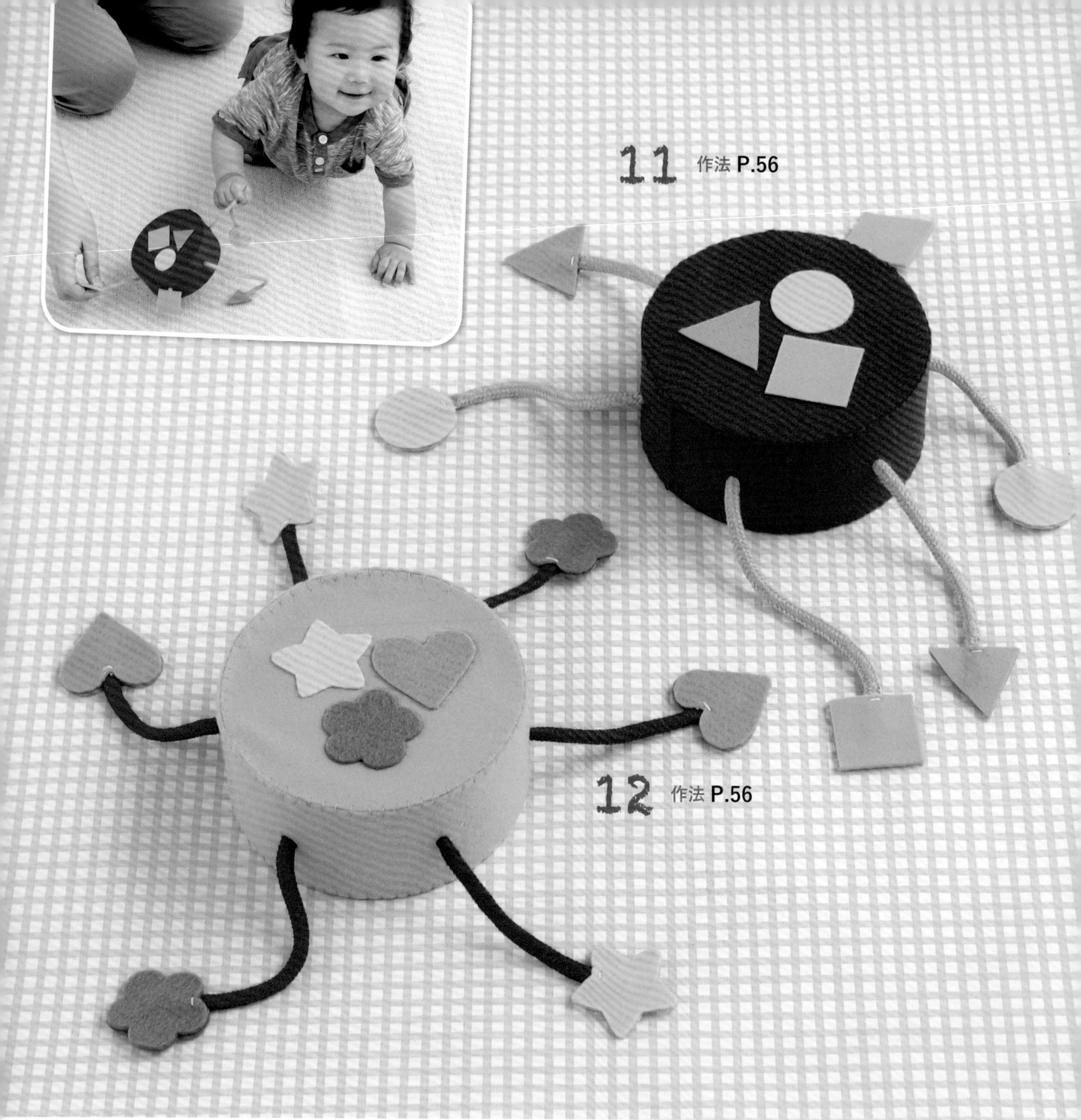
11 作法 P.56
12 作法 P.56

拿起來左右拉扯

拉繩遊戲

拉拉看！拉拉看！

從圓形箱子拉出較長的繩子時，另一端的繩子就會變短。同時拉扯前端同樣形狀的繩子，內側的鈴鐺就會滾動發出聲響，非常有趣呢！此遊戲可以訓練拉扯時的手部動作。

11・12 設計・製作●大和ちひろ

可以扶著物體站立時……

旋轉圈圈拉布

旋轉可愛動物

過了九至十個月，寶寶只要看不到媽媽就哭個不停，到處尋找媽媽的蹤影。對於寶寶來說，這是開始知道媽媽是最特別的存在，也是逐漸長大的特徵。此時最容易因為想要跟在媽媽身後而發生跌倒、碰撞等事故，請媽媽要特別注意寶貝的安全。

13 作法 P.53

表側
兔子
大象
熊貓

裡側
小熊
小豬
小貓

掛在衣架上的可愛布玩具。將六隻可愛動物以貼布繡縫在在色彩鮮豔的不織布上，並以暗釦直向連接固定。隨手拉一拉，從上至下轉動的圖案非常有趣，是媽媽煮菜或忙碌時的便利好幫手。為了照顧老是跟在後面團團轉的小孩，可以掛在靠近自己工作處的門把或附吸盤的冰箱上。

設計・製作●大和ちひろ

最喜歡車子了！

動手拿・動手玩

交通工具組合

前側

14 作法 P.59

15 作法 P.60

16 作法 P.62

後側

設計・製作●gokko land

寶寶一歲之後漸漸會對自己有興趣的東西開口說話。小男生尤其對車子非常有興趣，看到車子已經會說bubu了！

巴士

卡車

轎車

三台色彩鮮豔的車子。使用小寶寶最喜歡的紅色、黃色、藍色縫製車體，能夠引起他們極高的興趣。海綿內裡的設計不管怎麼丟都不用擔心受傷，而且比外表看起來更加輕盈，就連尺寸也是小寶寶可以一手拿起的大小。

1歲半～2歲前後

會不會成功呢？

拉繩遊戲

水果＆毛毛蟲

等手指的靈活度明顯提升後，藉由觸覺＆視覺的連結，逐漸刺激大腦成長。遊戲時加入不同形狀或顏色的玩具，對於認識色彩＆形狀有非常大的幫助。

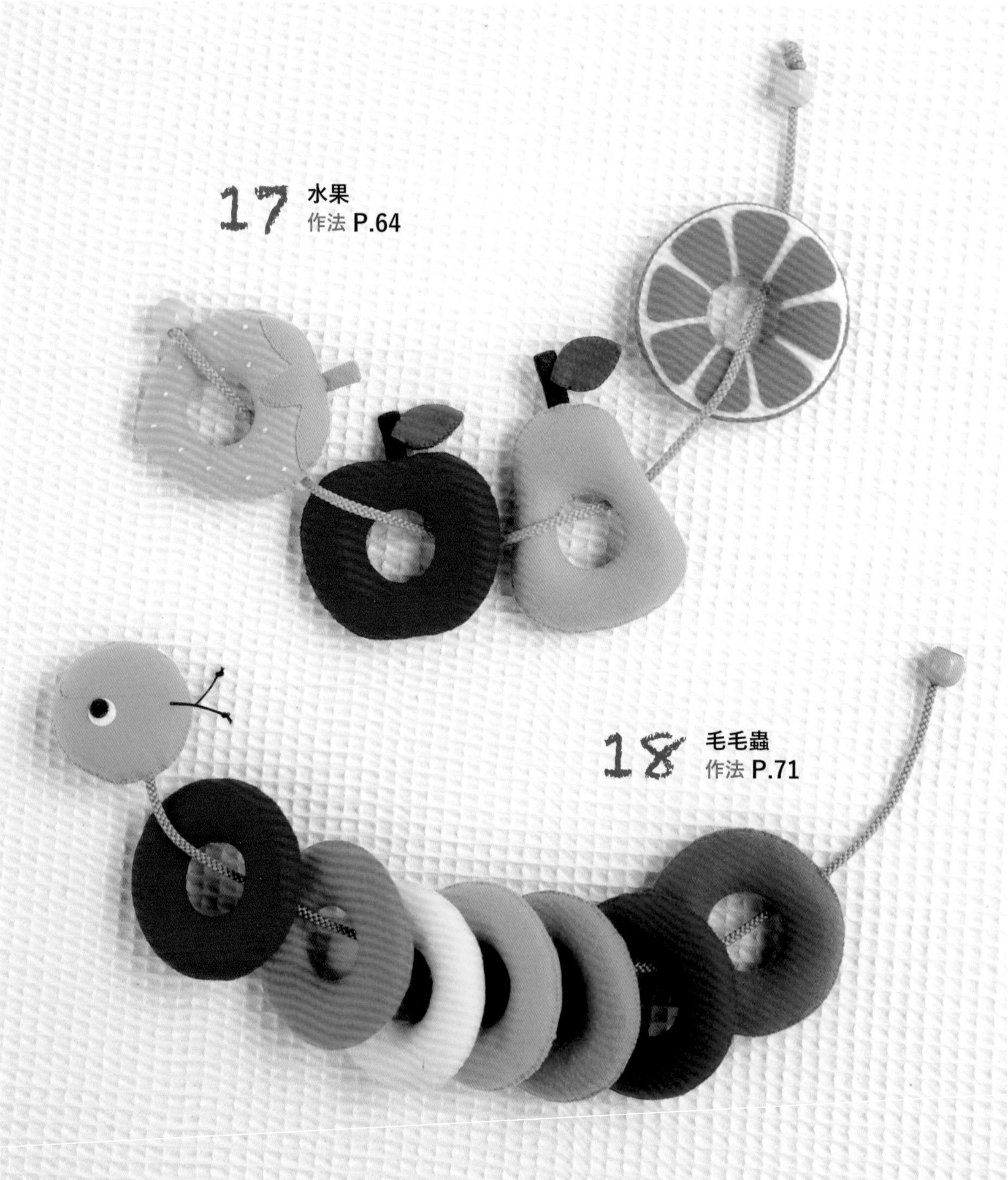

17 水果
作法 P.64
18 毛毛蟲
作法 P.71

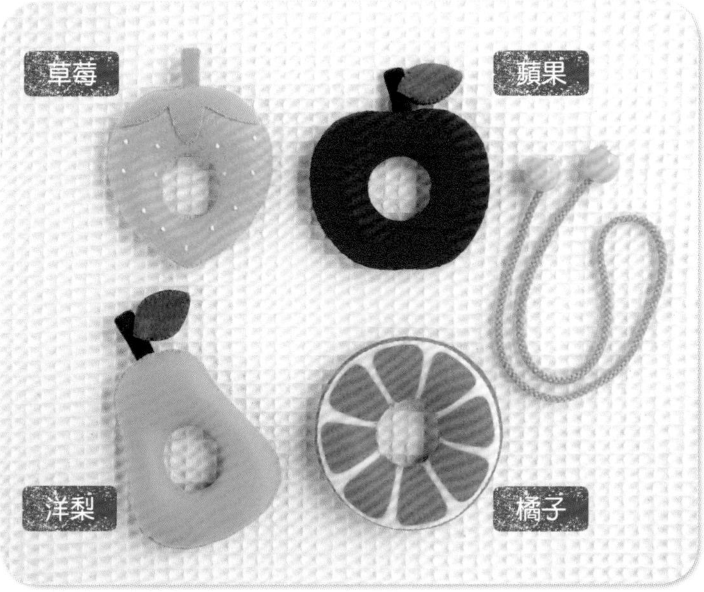
草莓
蘋果
洋梨
橘子

讓我來
看看～

真是有趣！

接下來
作什麼呢？

很順利！

在重複玩耍的過程中開始記住水果的形狀＆顏色。作品17可以由媽媽指定水果名字，讓小孩依序穿入玩具。作品18的毛毛蟲則是由七種顏色的甜甜圈組成，可以一邊玩耍一邊認識顏色。

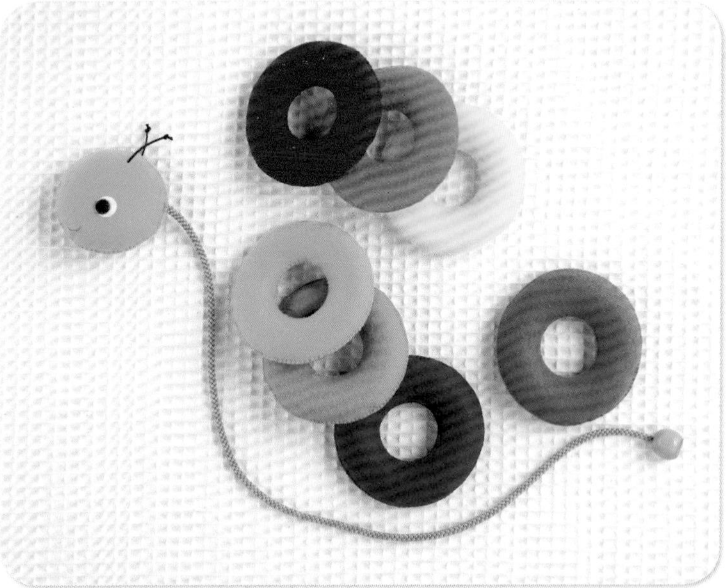

17・18 設計・製作●チビロビン

抓抓看・堆堆看

組合想像力

積木

19 作法 P.66

各種可愛的
房子完成！

善用三角形＆四角形積木進行組合遊戲，堆疊出各種不同風格的小房子。積木的內裡放有鈕釦或珠珠等，拿在手上時會發出陣陣聲響。因為是以厚紙板製作，重量相當輕盈。

設計・製作●大和ちひろ

哪個
比較好呢？

讓我自己來！
認識形狀 生日蛋糕

20 作法 P.68

設計・製作 ● gokko land

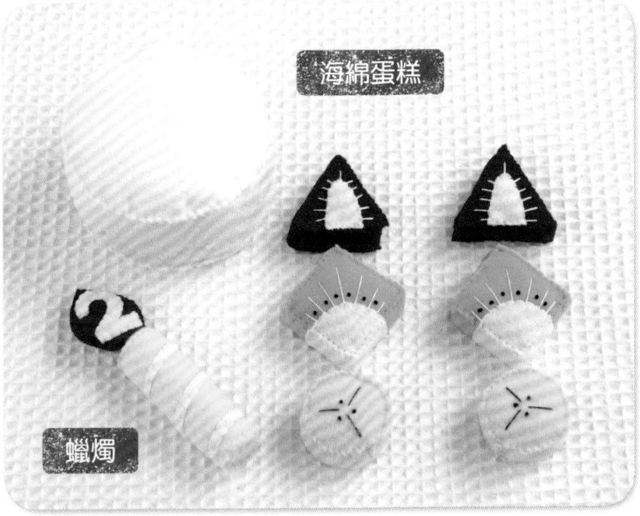

兩歲時的孩子凡事都想自己試試看，不喜歡別人從旁協助。很多人都說這是第一次的反抗期，也是逐漸有獨立自主意識的證據。此時一個人就可以玩得很開心，因此建議盡量給予孩子可以引發好奇心＆培養自主性的玩具。

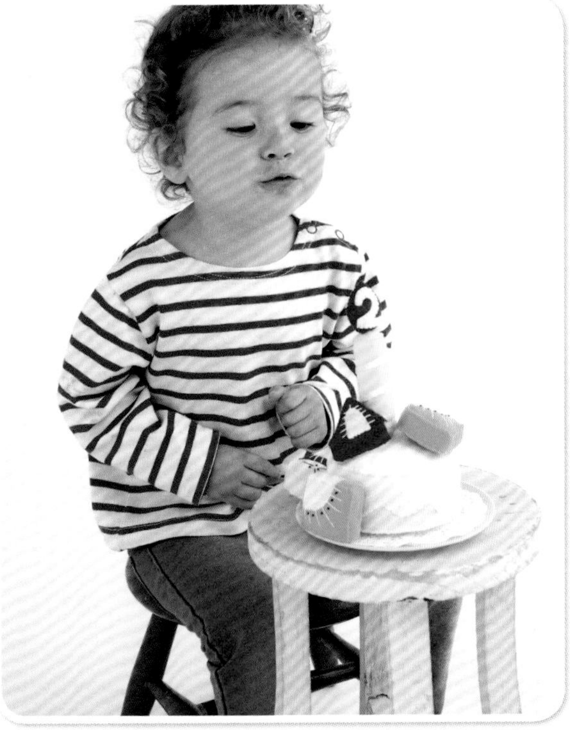

奶油海綿蛋糕上有兩歲蠟燭的生日蛋糕。放上自己最喜歡的草莓、香蕉和鮮綠色的奇異果就完成囉！唱著生日快樂歌、拍著手，再深深吸一口氣吹熄蠟燭——這款作品非常推薦作為生日禮物喔！

隨著手指的運用變得更加靈活，可以自己翻開一頁一頁的繪本，還可以轉開門把、畫圖時，除了直線之外逐漸連曲線也可以描繪了……對了，喜歡動手的小孩也會變得更會講話喔！

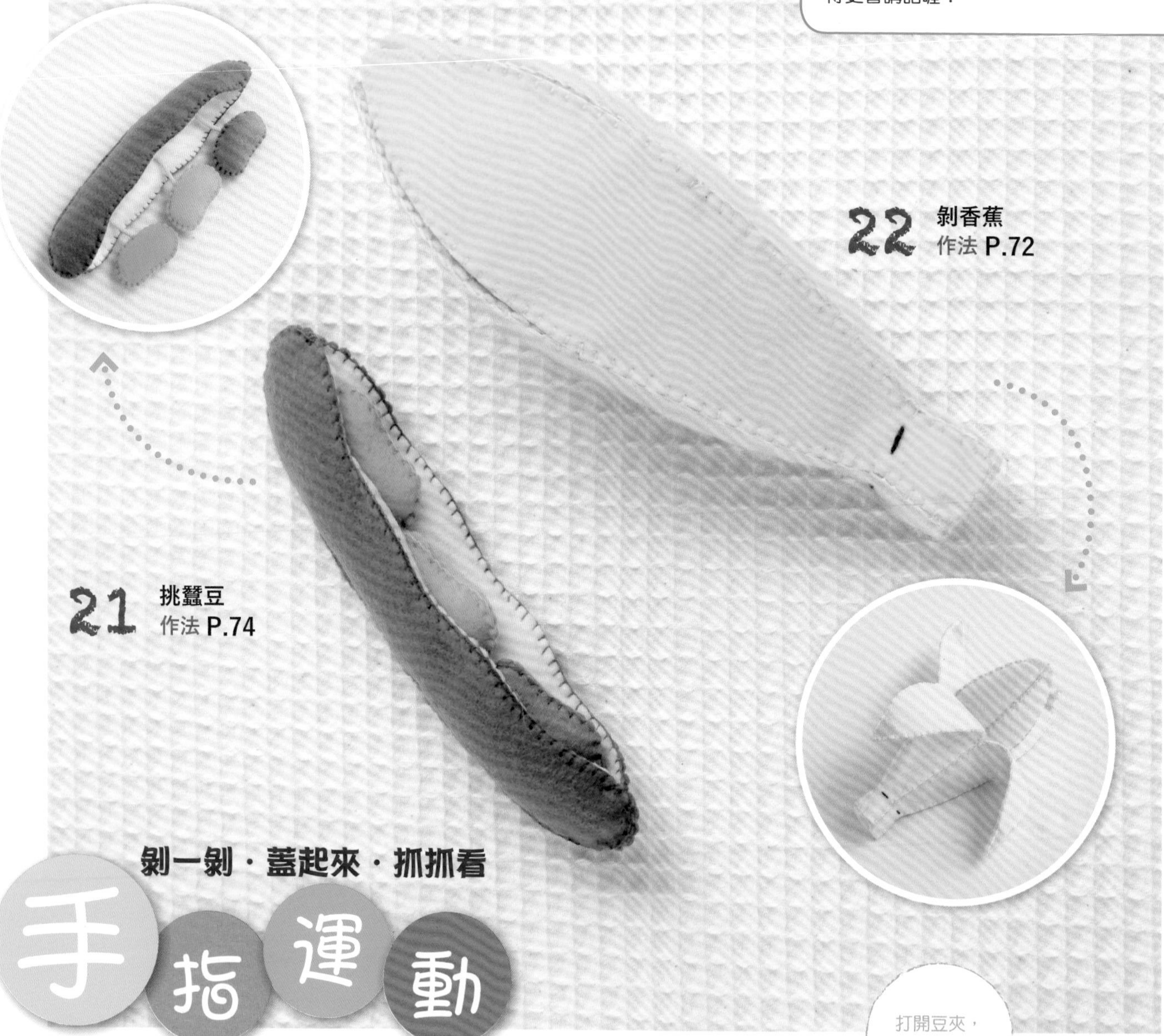

22 剝香蕉
作法 P.72

21 挑蠶豆
作法 P.74

剝一剝・蓋起來・抓抓看

手指運動

挑蠶豆
剝香蕉

打開作品**21**的蠶豆夾，內裡以鬆緊繩固定的豆豆就會彈出來，將豆豆收進去也是一種練習。作品**22**則可將上端四處的魔鬼氈剝開，簡單地剝開香蕉皮。此時期的記憶力正快速成長中，很快就能熟練囉！

看起來
好好吃喔！

打開豆夾，
彈飛豆豆……

21・22 設計・製作●小俣悅子

作自己生活的主人翁！

情緒表達遊戲

指偶手套

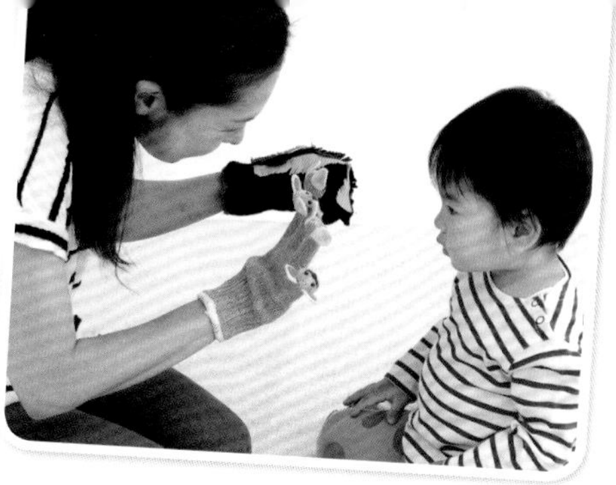

沿著左手手指橫向製作的
可愛草叢，
搭配右手的五隻動物＆
模仿動物聲音一起玩樂吧！

23 作法 P.75

以軍用手套製作小老鼠指偶手套！右手的灰色手指有五隻小老鼠，左手的黑色手套則是草叢＆洞穴。配合故事情節＆生動的表演讓小孩集中注意力、發揮想像力，融入充滿互動樂趣的遊戲中吧！

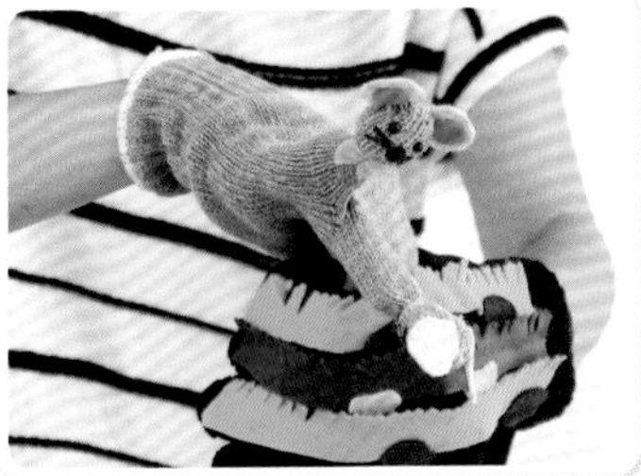

一隻小老鼠不小心
掉到洞裡去！
第二隻至第五隻小鼠
也重複相同動作。

問小朋友第一隻掉到
洞裡的老鼠的蝴蝶結領
是什麼顏色？
建議以故意露出一點顏色等方式，
引導＆提高小朋友興趣。

設計・製作●知育おもちゃRimi

暗釦 & 鈕釦
連連看

暗釦連連樂
鈕釦連連樂

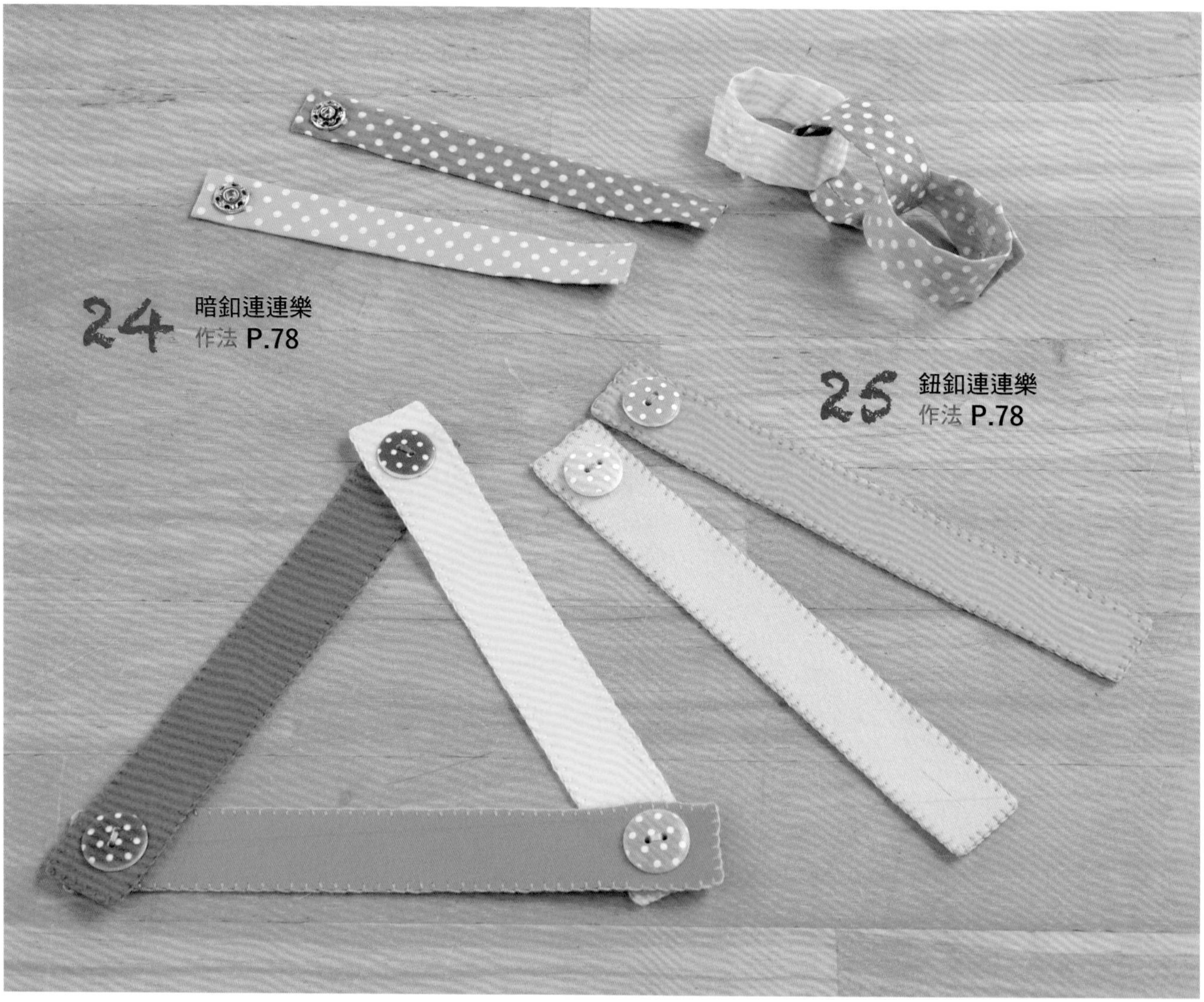

24 暗釦連連樂
作法 P.78
25 鈕釦連連樂
作法 P.78

作品24以鮮豔顏色的點點圖案製作五條腰帶，是藉由在兩端縫上暗釦，練習連接動作的遊戲。作品25則是利用不織布邊端的鈕釦相互連接，練習扣鈕釦。請善用小朋友喜歡的顏色進行製作喔！

24・25 設計・製作●小俣悦子

2歲半～3歲前後

專注力&身體協調

重複動作練習

冰淇淋劍球

兩歲以後的運動能力開始發達。跑步、跳躍、踢球、手作……社交性也開始發展，雖然此時還不具有領導能力，但已經可以和年紀較大的小朋友們一起玩囉！

來玩吧！

蹲彎一點
試試看？

好像很難……
我也想要試試！

26
草莓冰淇淋劍球
作法 P.76

27
小蘇打冰淇淋劍球
作法 P.76

以毛線球製作的冰淇淋劍球，餅乾杯則是以不織布製作而成。小朋友一開始會試著跳躍，期望冰淇淋劍球掉入餅乾杯內；此時大人必須教導其秘訣——站好後運用手腕上下的力量。藉由反覆不斷地練習挑戰也能增加學習的能力喔！

26・27 設計・製作●大和ちひろ

找找看・排排看

思考力

雙面棋盤

A面

28
雙面棋盤
作法 P.79

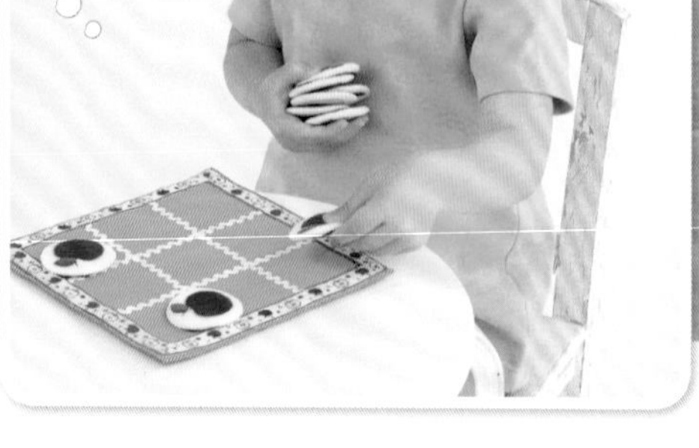
先攻佔
邊角位置！

我很棒吧！

這個年紀的孩子不但喜歡獨自玩耍，想像力也越來越豐富＆多樣化。這是一款A面＆B面都很好玩的雙面棋盤。A面是將紅蘋果＆青蘋果分開排列的遊戲，一個人玩也OK。B面則有八種圖案設計，玩對對樂的記憶遊戲也非常有趣喔！

設計・製作●チビロビン

移動指針・轉轉看

模仿動作 手錶

三歲之後開始會表達情感，也比較能夠專注一件事情，並且對周遭事物抱有高度的好奇心。「這是什麼？」「為什麼？」問題也變多了！

29

作法 P.82

30

作法 P.82

可以一起
帶出門嗎？

離三點的
點心時間
還有多久……？

手指的靈活運用也會影響大腦的活化性喔！小朋友很喜歡這種可以移動時針的手錶。此時很喜歡學大人的動作，也會模仿大人抬起手來看錶。這是以不織布＆魔鬼氈製作的柔軟手錶。

29・30 設計・製作 ● gokko land

3歲半～4歲前後

快樂＆自然地學習

數字遊戲

四歲左右的孩子開始對繪本有著濃濃的興趣，此時搭配可以加深文字＆數字理解的玩具，自然地學習非常重要。

計算機

撕下＆貼上。

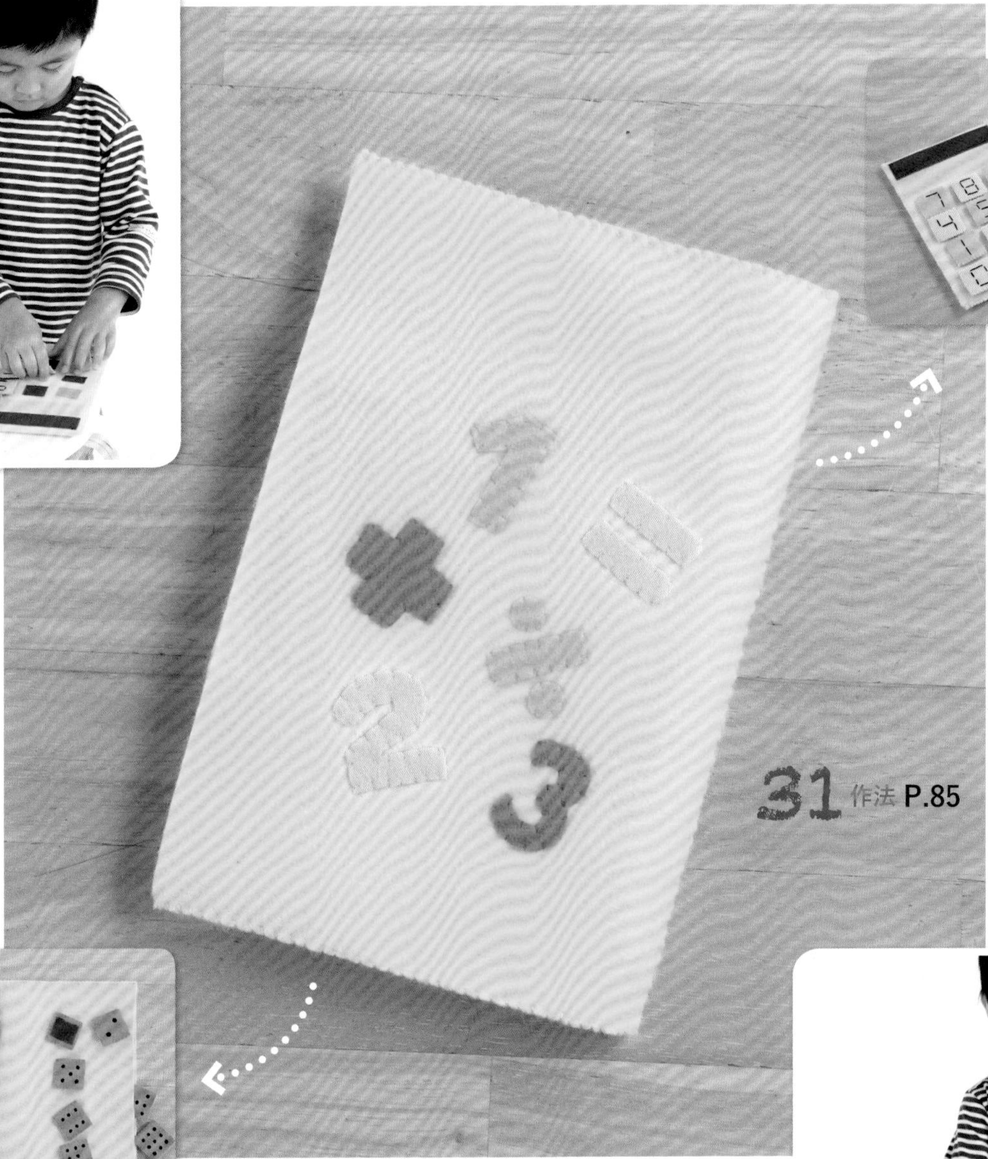

31 作法 P.85

打開後
出現數字。

可以收納在袋狀的套子內。

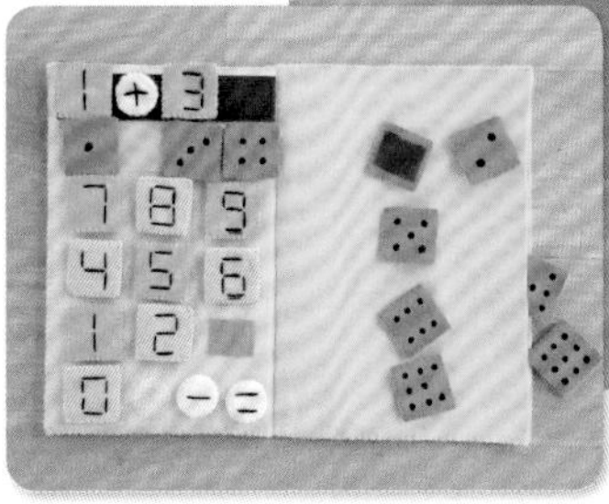

從和媽媽一起大喊著1、2、3等數字＆尋找數字不織布片的遊戲開始，再將已經認識的數字撕下＆藉由魔鬼氈黏貼排列起來，或扮演超市收銀員吧！這個年紀雖然還不會算數，計算機的模擬遊戲卻是最好的數字學習方法。

31 設計・製作●大和ちひろ

自製美味三明治？

扮家家酒

三角三明治

這個時期的孩子最愛的就是各種職業的角色扮演。女孩子最愛模仿媽媽煮飯或扮演可愛小公主，小男生則最喜歡卡通角色或消防車等交通工具。雖然此時還無法創作想像事物，但是會以日常看到、聽到、經驗的事情為基礎發展行動模式。

32 作法 P.88

可以在袋狀的三角形吐司內放進很多內餡的玩具。看起來是不是很美味呢？生菜、小黃瓜、番茄、起司、火腿片……不偏食才及格喔！

設計・製作●小俣悦子

放進
火腿片。

放進番茄。

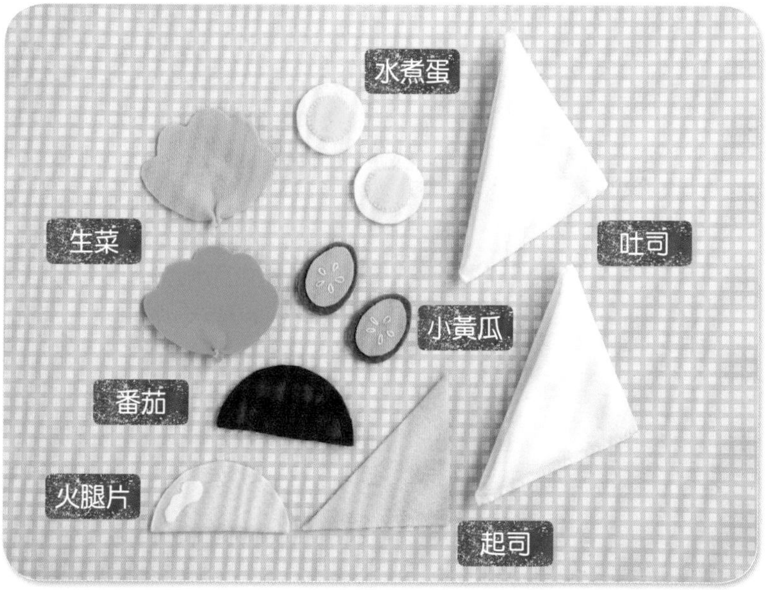
水煮蛋
生菜
吐司
小黃瓜
番茄
火腿片
起司

也不能
忘記生菜……

起司三明治
完成！

想一想・組合看看

花店遊戲

美麗花籃

歡迎光臨，
你想要什麼樣的
花籃呢？

33 作法 P.90

將附有魔鬼氈的花朵依喜好放進白色籃子裡吧！第一位客人選擇的是令人充滿元氣的黃色 & 橘色花朵，第二位客人想要挑選溫柔色調的花朵送給媽媽。若要慶祝幼稚園入學，鬱金香則是最佳選擇！

設計・製作 ● チビロビン

此時期的孩子進步最為顯著。特別推薦可以刺激想像力或可以自由改變玩法的玩具。若能選對有趣的玩具，也可以讓學習效率更加倍喔！

蝴蝶結緞帶
要放在哪裡呢？
嗯……
真難決定啊！

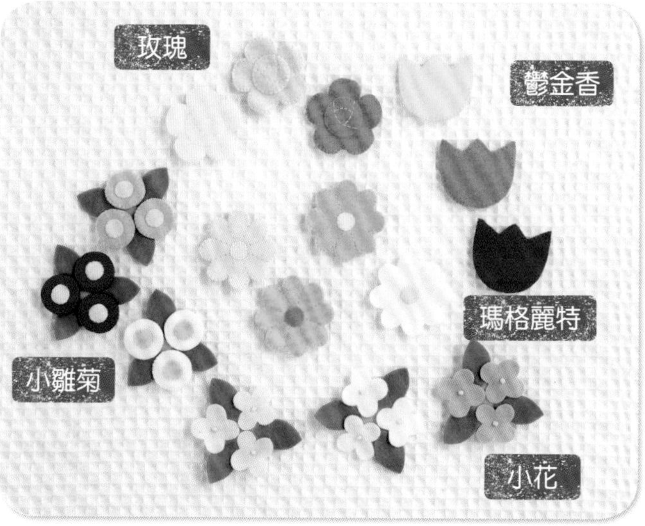

玫瑰
鬱金香
瑪格麗特
小雛菊
小花

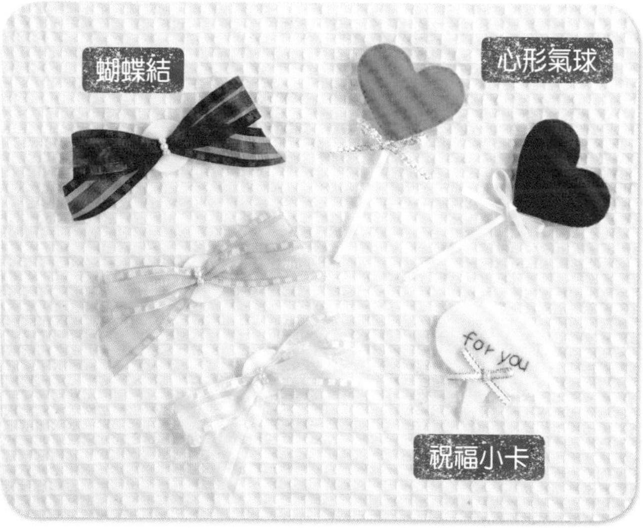

蝴蝶結
心形氣球
for you
祝福小卡

客人
久等了！

for you

快樂學習！

生活學習 認識紅綠燈

黃色要注意！

設計・製作 ● 知育おもちゃ Rimi

34 作法 P.94

開始上幼稚園之後，有很多事情必須靠自己的力量完成。例如過馬路注意來往車輛、紅綠燈標誌、行人斑馬線等。一邊加強手指的靈活度，一邊練習交通安全規則吧！以鈕釦組裝車子輪胎、以暗釦固定紅綠燈號誌、行人斑馬線則加上扭繩的打結練習、以魔鬼氈固定行人穿越號誌等，對於衣服的穿脫＆綁鞋帶等生活小事也大有幫助。

行人穿越號誌的撕下＆貼上練習。

紅綠燈號誌的暗釦練習。

車輪胎的鈕釦練習。

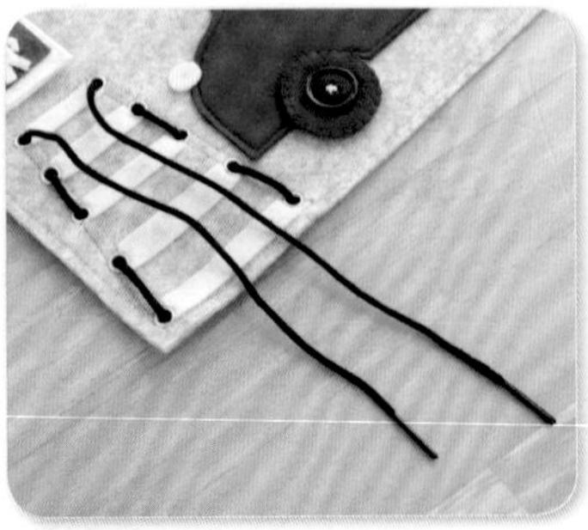

行人斑馬線的扭繩打結練習。

動手製作之前

原寸紙型描繪方法

● 製作厚紙板紙型

以描圖紙或薄紙描繪原寸紙型，或以影印機直接複印。

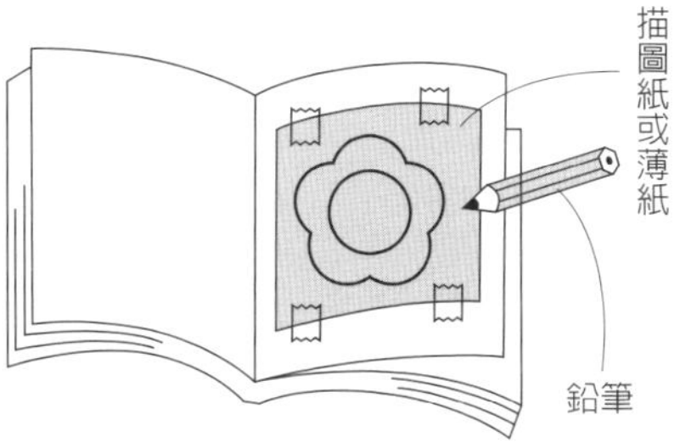

從底下開始，依序重疊厚紙板、複寫紙、紙型，再以鉛筆描繪線條，將紙型直接描印在厚紙板上。

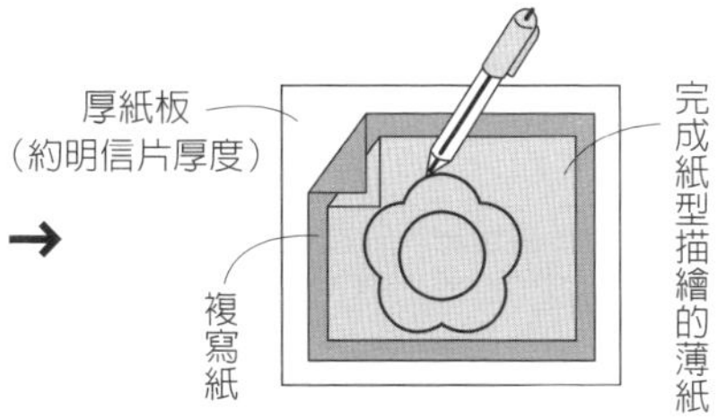

● 製作普通紙張的紙型

直接以筆記本紙張進行描繪。筆記本的紙張厚度適中，且內頁附有虛線，可以作為描繪的基準，使用起來相當方便。

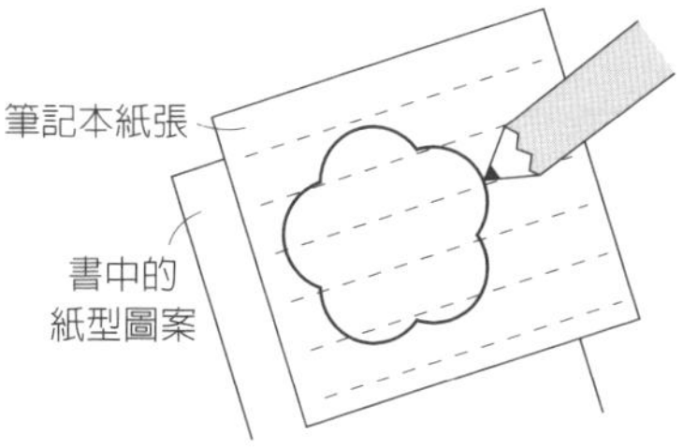

描繪時的重點

● 注意1

紙型重疊處以虛線表示，在描繪時要非常注意。重疊接合處請加上合印記號。

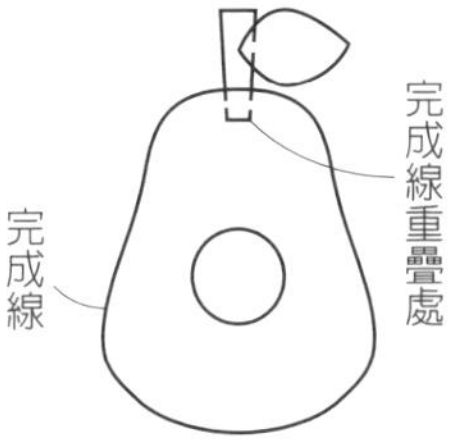

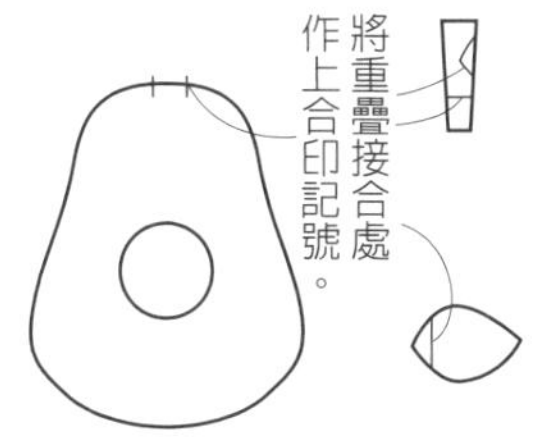

● 注意3

左右對稱的圖案一定要翻至背面，再描繪至不織布或布上。

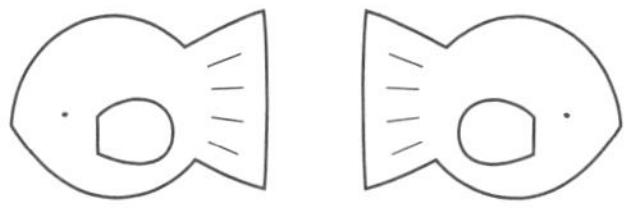

● 注意2

不織布或布料上的繡線紋路也要仔細描繪。

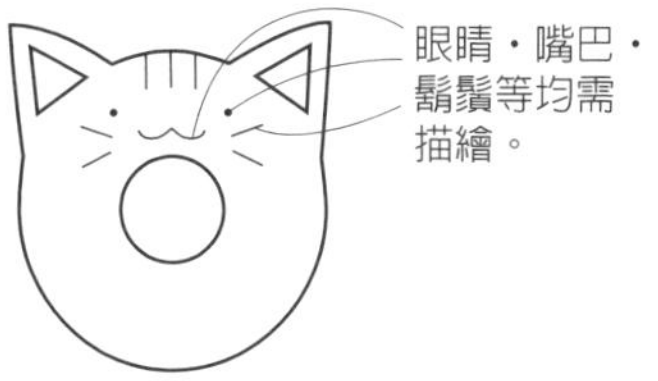

● 注意4

一個紙型圖案中有1 2 3標示時，代表這是由三片紙型重疊而成。必須分別製作紙型＆依1 2 3的順序重疊車縫。

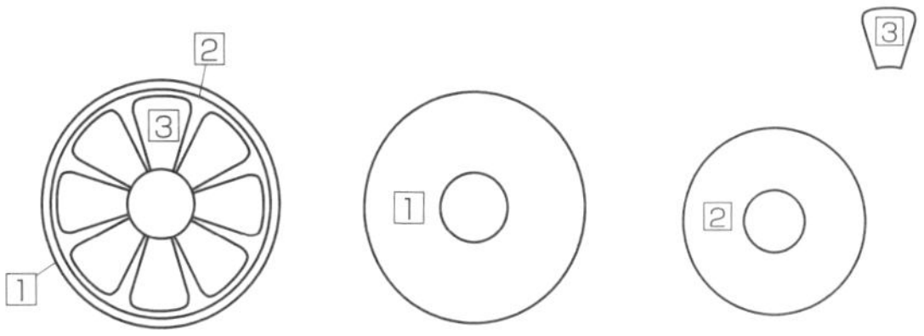

不織布的裁剪

不織布沒有布紋方向性，可以以最節省的排列方式裁剪，但請仔細注意紙型的數量。

● 製作厚紙板紙型時

1.裁剪紙型。

2.放在不織布上，沿邊描繪紙型。

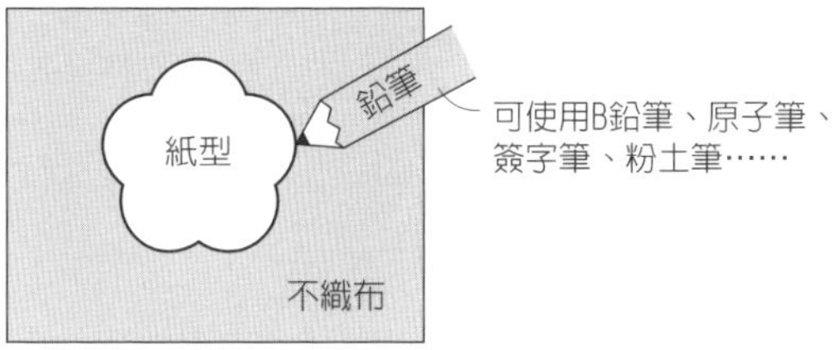

3.依畫線記號裁剪。

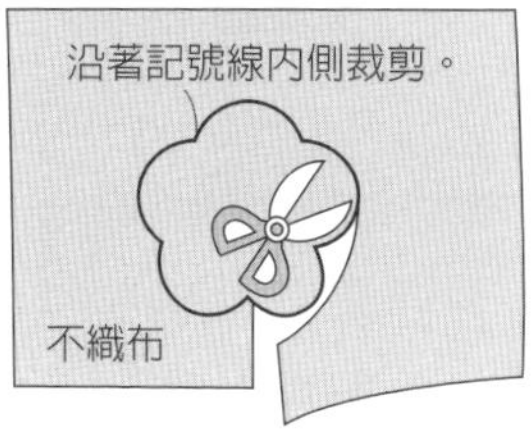

● 使用普通紙張時

1.預留空白，裁剪紙型。

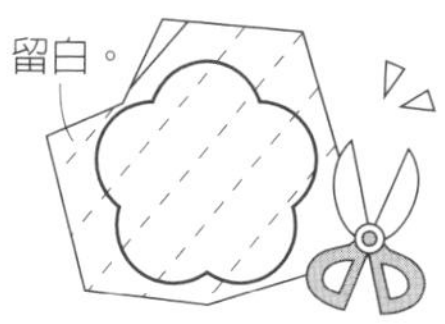

2.重疊在不織布上＆以透明膠帶固定。

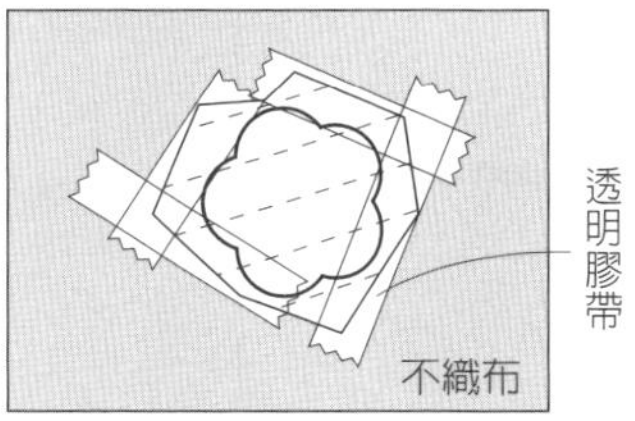

3.保持紙型＆不織布的位置不偏移，一起裁剪。

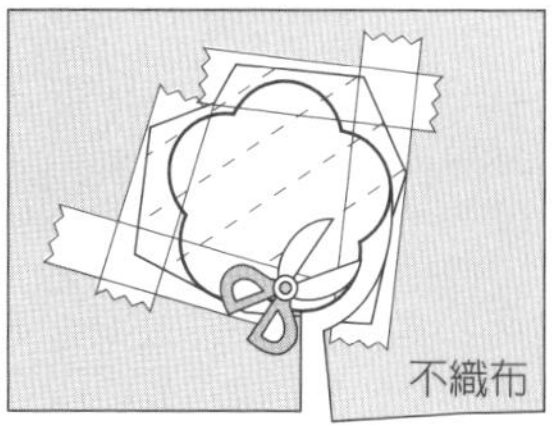

基本的縫合方法

捲邊縫
在兩片不織布邊緣處，以螺旋狀的運針進行縫合。

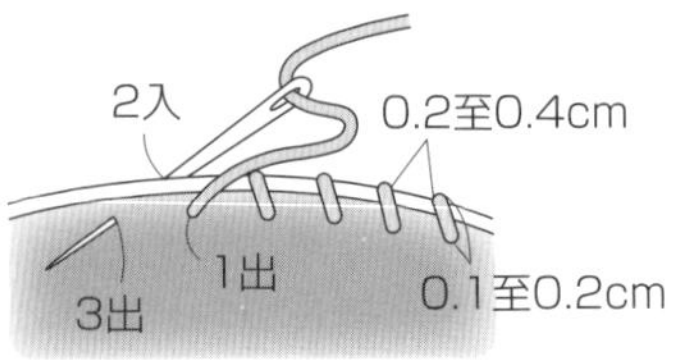

2入
0.2至0.4cm
1出
3出
0.1至0.2cm

毛毯繡
沿著不織布邊緣穿縫＆渡線進行縫合。

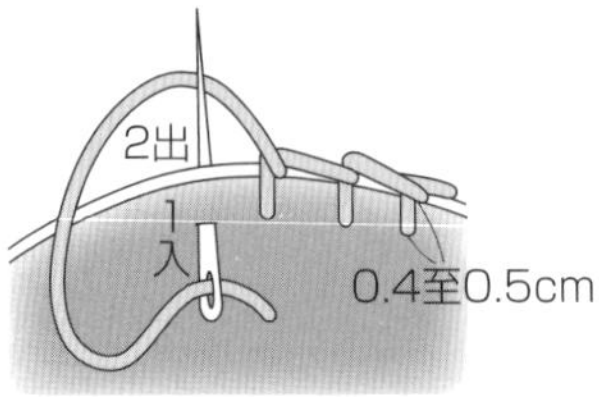

2出
1入
0.4至0.5cm

立針縫
用於固定重疊的不織布的縫合方式，縫目需呈直角。

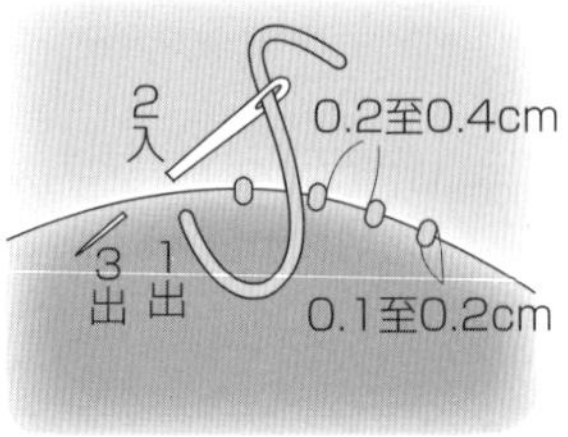

2入
0.2至0.4cm
3出
1出
0.1至0.2cm

ㄇ字縫
對齊縫份穿縫，看不到縫線的縫合方式。如描繪ㄇ字般，使縫線垂直穿通摺山。

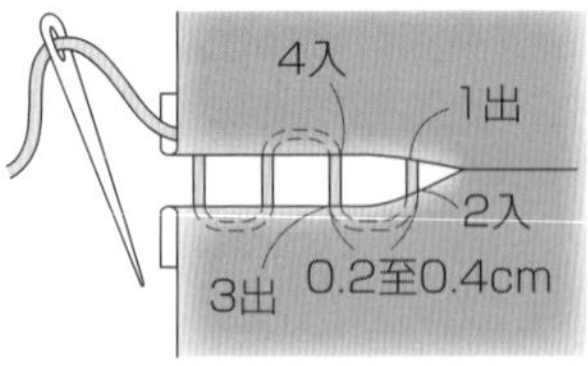

4入
1出
2入
3出
0.2至0.4cm

繡線的取用方法

1.從25號繡線線頭處稍微拉出一些線段。請勿拆除色號標籤紙。

色號標
線端

2.慢慢地拿著線頭往環線端拉出線段＆剪線。長度大約是指尖至手肘的長度+10cm左右。

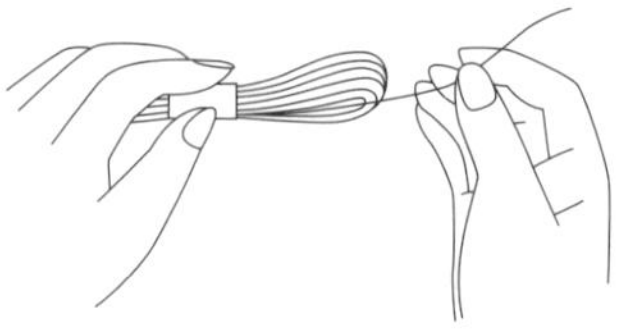

3.將剪下的繡線對摺，從摺山處抽出一股股的繡線，將六股捻合的繡線分開。

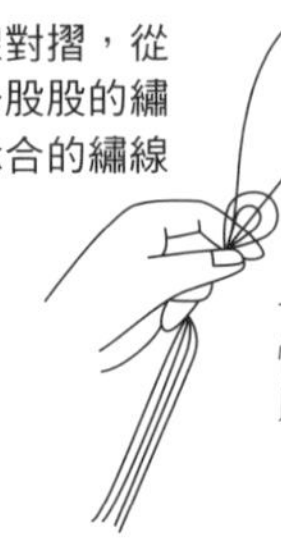

一定要一條一條慢慢地抽出，以免纏在一起。

刺繡針法

<例>直針繡（紅色・2股）

↑ 針法　↑ 顏色　↑ 使用○股繡線

○股……

將指定的繡線股數穿入縫針。

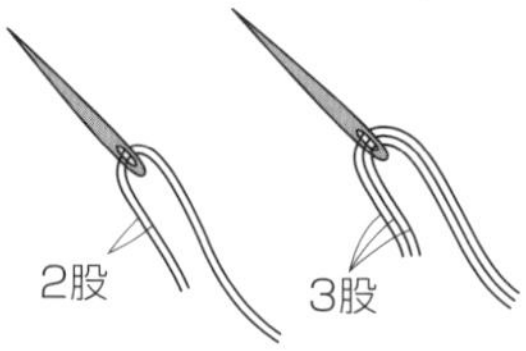

2股
3股

※將繡線一條一條輕輕地拉直，避免扭曲，再取需要的縫線股數穿針。

雛菊繡

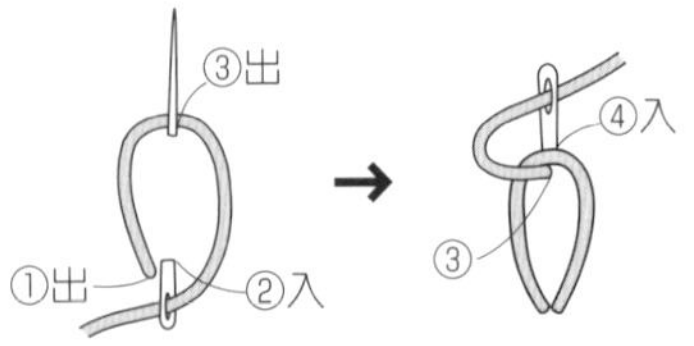

③出
①出
②入
④入
③

回針繡

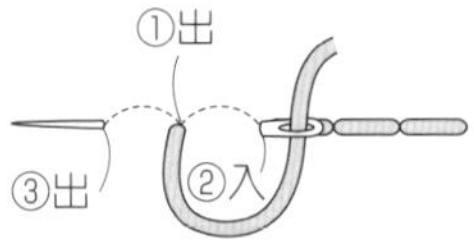

①出
③出
②入

直針繡

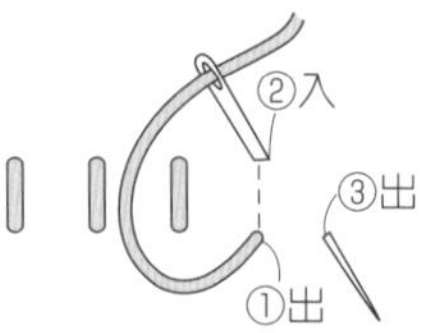

②入
③出
①出

緞面繡

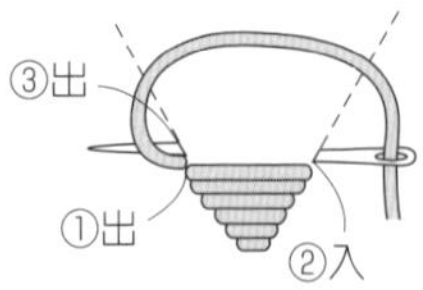

③出
①出
②入

法國結粒繡

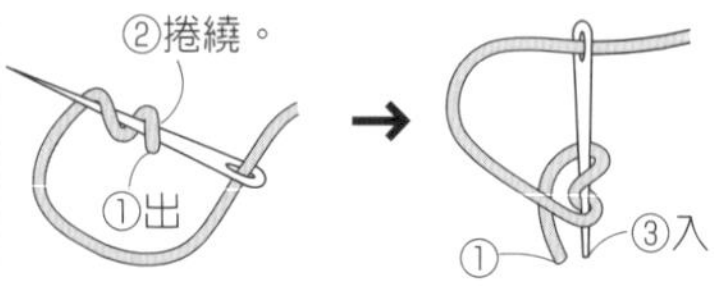

②捲繞。
①出
①
③入

平針繡

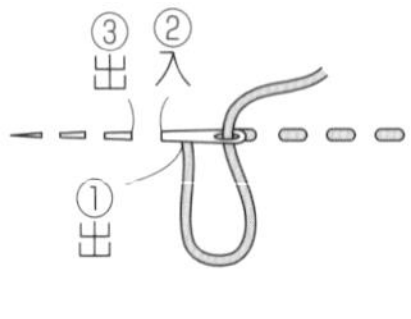

③出
②入
①出

製圖記號

製圖的尺寸單位皆為cm（公分）。

	完成線
	**摺山線**
	**布紋線**（箭頭代表直布紋方向）
	**暗釦**（有凸＆凹記號）
	**對齊記號裁剪**
	**鈕釦**
	**魔鬼氈**（有直針狀的凸＆環狀的凹記號）

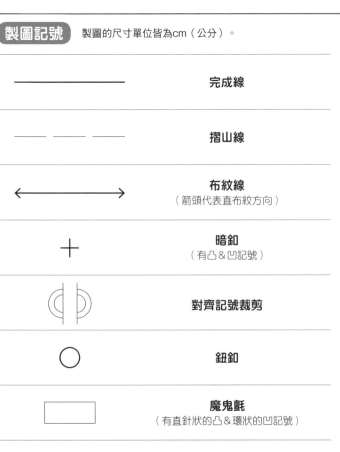

1 P.2

捏一捏・草莓

材料

毛巾布
（黃綠色）10cm×10cm
A布（點點）30cm寬×10cm
25號繡線（同不織布顏色・深咖啡色・紅色）
粗0.4cm圓繩　40cm
手工藝用棉花　適量
響笛　2個
夾釦（圓繩用）1個

●以與不織布相同顏色的1股25號繡線＆車縫線進行縫製。
●縫合方法＆刺繡針法參見P.34。

原寸紙型

＊不織布不需縫份，直接沿紙型線條裁剪即可。
＊A布請沿附縫份紙型的外側線裁剪。
＊♥＝縫份。

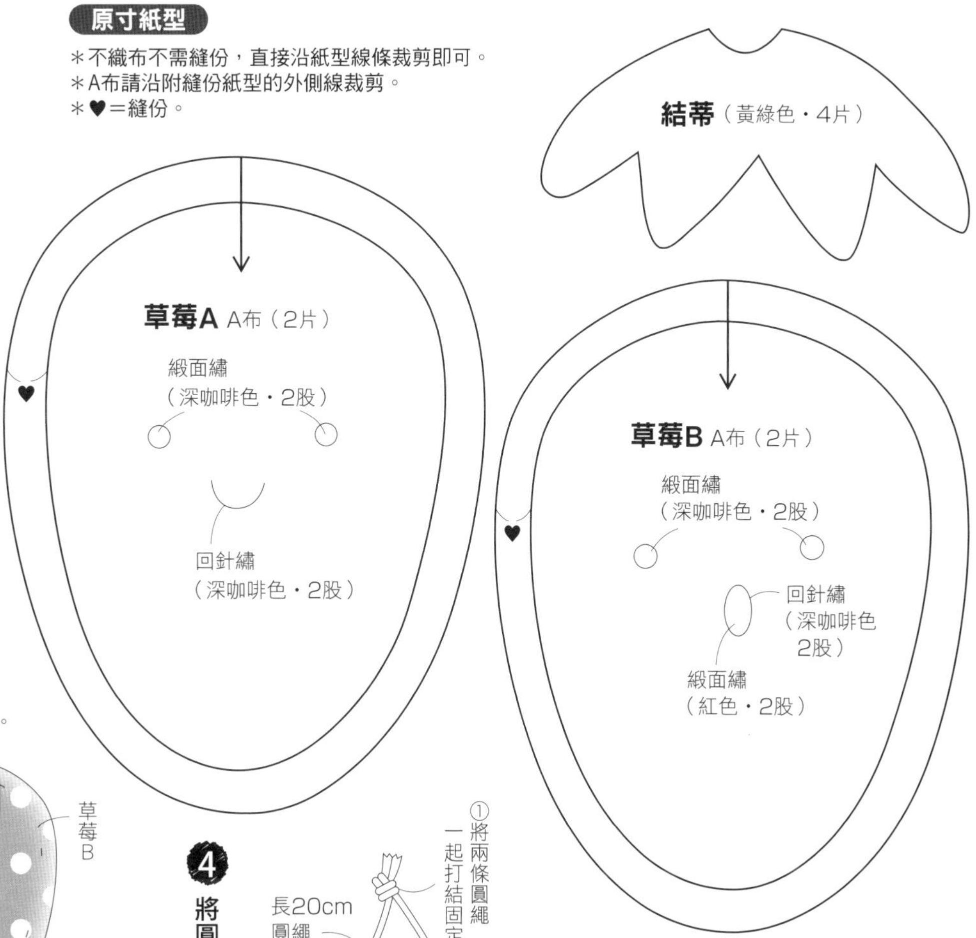

結蒂（黃綠色・4片）
草莓A A布（2片）
緞面繡
（深咖啡色・2股）
回針繡
（深咖啡色・2股）
草莓B A布（2片）
緞面繡
（深咖啡色・2股）
回針繡
（深咖啡色
2股）
緞面繡
（紅色・2股）

作法

1 在草莓前片上進行刺繡。

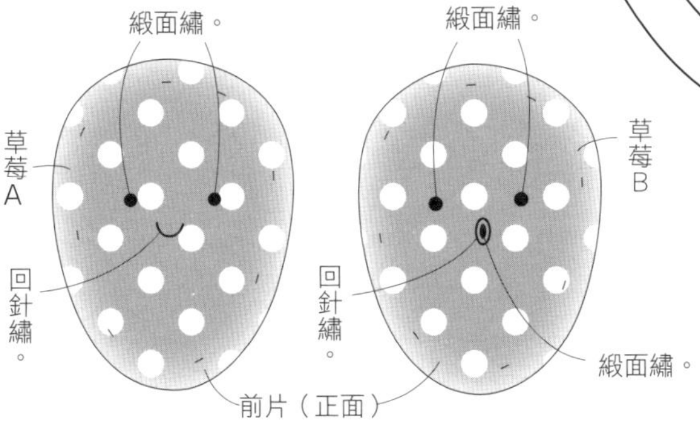

緞面繡。
緞面繡。
草莓A
草莓B
回針繡。
回針繡。
緞面繡。
前片（正面）

2 製作草莓。

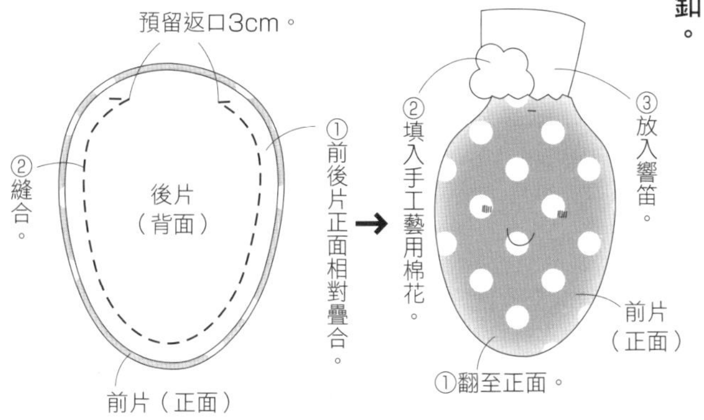

預留返口3cm。
②縫合。
後片
（背面）
①前後片正面相對疊合。
前片（正面）
②填入手工藝用棉花。
③放入響笛。
前片
（正面）
①翻至正面。

3 製作結蒂。

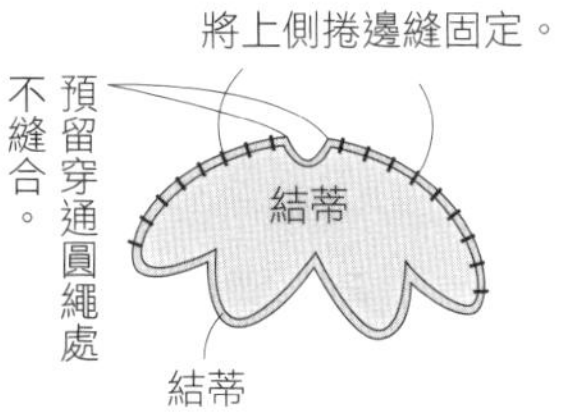

將上側捲邊縫固定。
預留穿通圓繩處不縫合。
結蒂
結蒂

4 將圓繩穿過結蒂＆夾釦。

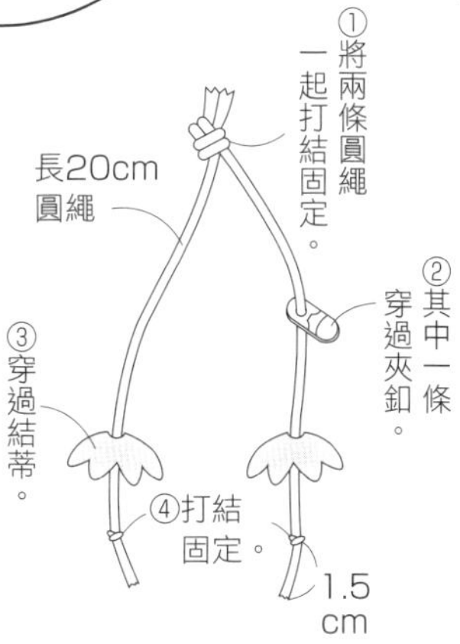

①將兩條圓繩一起打結固定。
長20cm
圓繩
②其中一條穿過夾釦。
③穿過結蒂。
④打結
固定。
1.5
cm

5 接縫圓繩＆草莓。

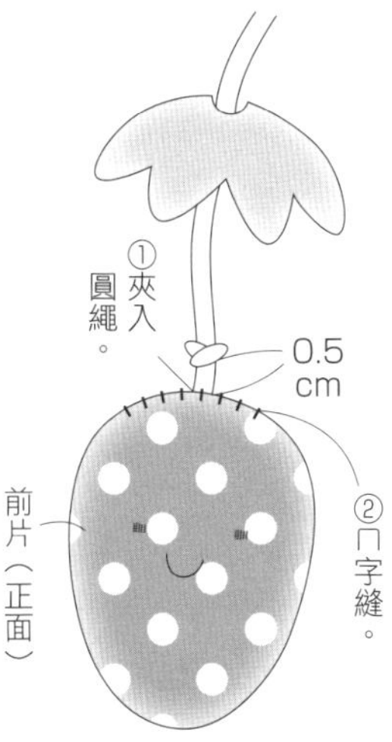

①夾入圓繩。
0.5
cm
前片（正面）
②ㄇ字縫。

※草莓B作法亦同。

6 完成！

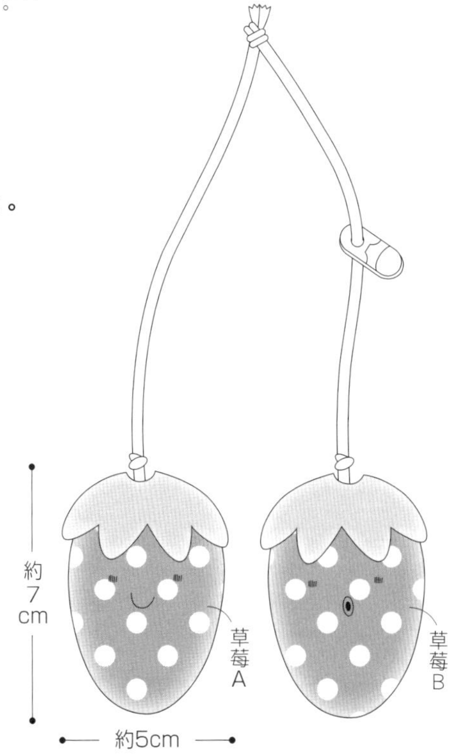

約7cm
約5cm
草莓A
草莓B

4・5 P.3

聲音手帶
兔子&火箭

※製圖皆已內含縫份。

4 材料
毛巾布
（粉紅色）18cm×15cm
（淺粉紅色）18cm×6cm
（櫻桃粉紅）3cm×2cm
A布（花紋）55cm寬×15cm
25號繡線（同不織布顏色・深咖啡色）

5 材料
毛巾布
（深藍色）12cm×12cm
（天藍色）10cm×10cm
（水藍色）18cm×5cm
（橘色）10cm×7cm
（群青色）7cm×4cm
（奶油色）3cm×3cm
A布（星紋）55cm寬×15cm
25號繡線（同不織布顏色）

共同材料（1件）
魔鬼氈　2cm寬×2.5cm
直徑1.3cm壓釦　2組
響鈴　1個
手工藝用棉花　適量
棉襯　20cm寬×5.5cm
寬1cm鬆緊帶　8cm
●以與不織布相同顏色的25號繡線
　（立針縫1股・捲邊縫2股）
　&車縫線進行縫製。
●縫合方法&刺繡針法參見P.34。
●**原寸紙型參見P.38。**

4製圖

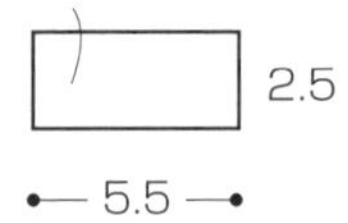

固定片（粉紅色・1片）
2.5
5.5

4・5製圖

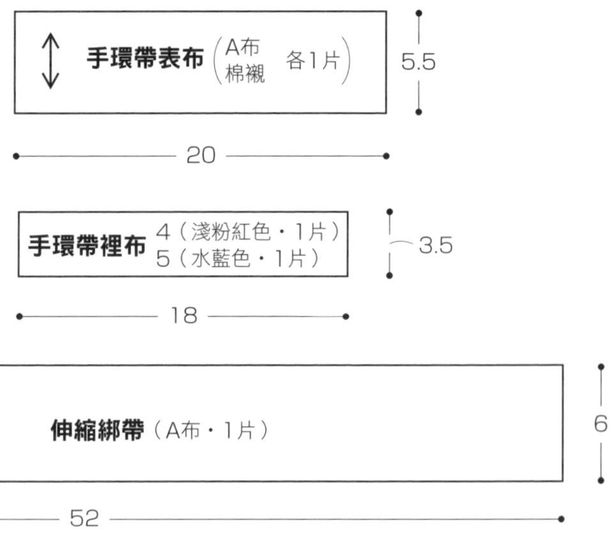

手環帶表布（A布 棉襯 各1片）
5.5
20
手環帶裡布 4（淺粉紅色・1片） 5（水藍色・1片）
3.5
18
伸縮綁帶（A布・1片）
6
52

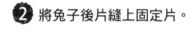

作法

兔子

1 在兔子前片上進行刺繡。

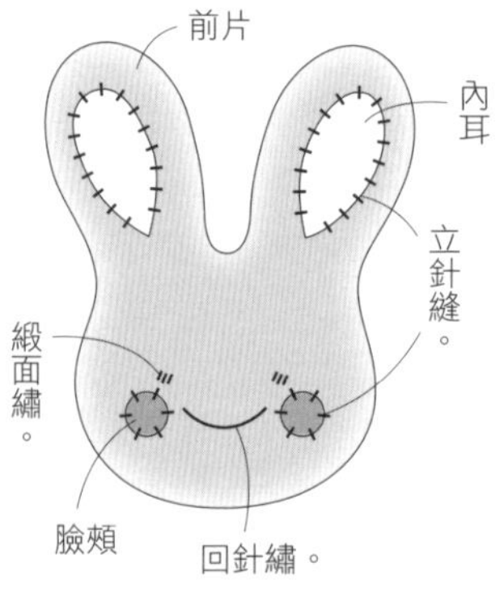

前片
內耳
立針縫。
緞面繡。
臉頰
回針繡。

2 將兔子後片縫上固定片。

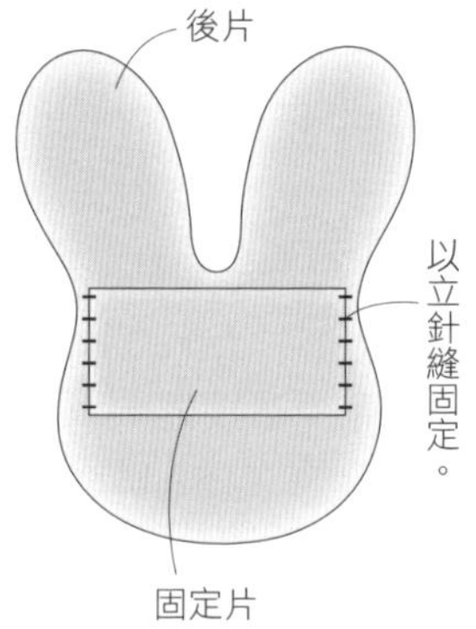

後片
以立針縫固定。
固定片

3 製作兔子

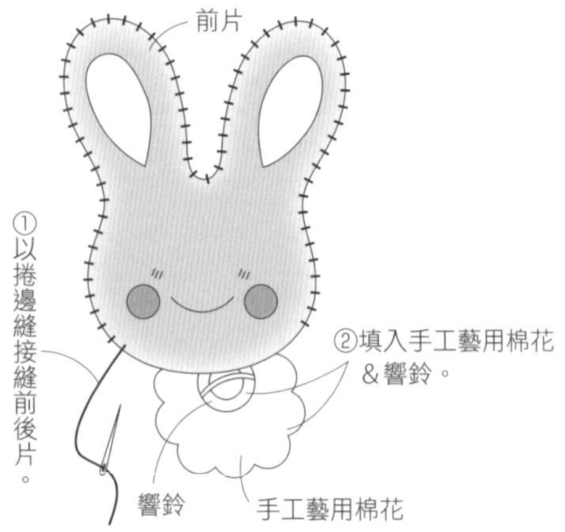

前片
①以捲邊縫接縫前後片。
②填入手工藝用棉花&響鈴。
響鈴
手工藝用棉花

4 完成！

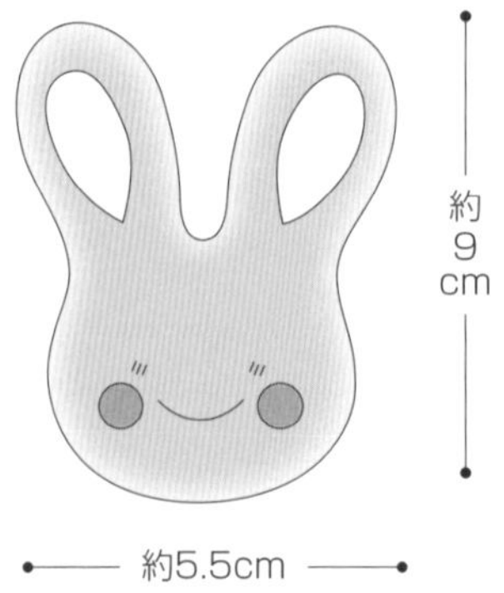

約9cm
約5.5cm

火箭

1 接縫上火箭的圖案。

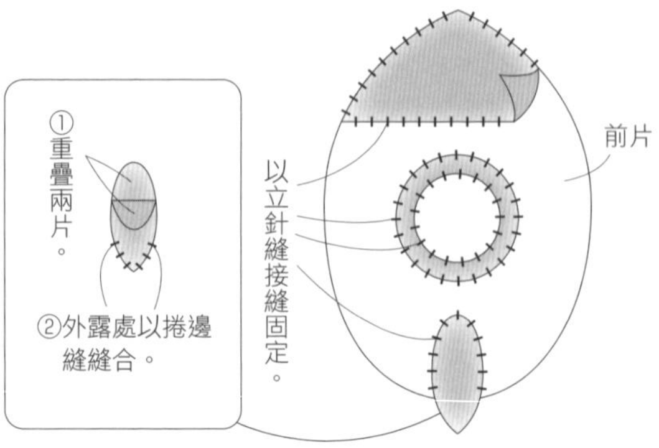

①重疊兩片。
②外露處以捲邊縫縫合。
以立針縫接縫固定。
前片

❷ 縫上固定片。

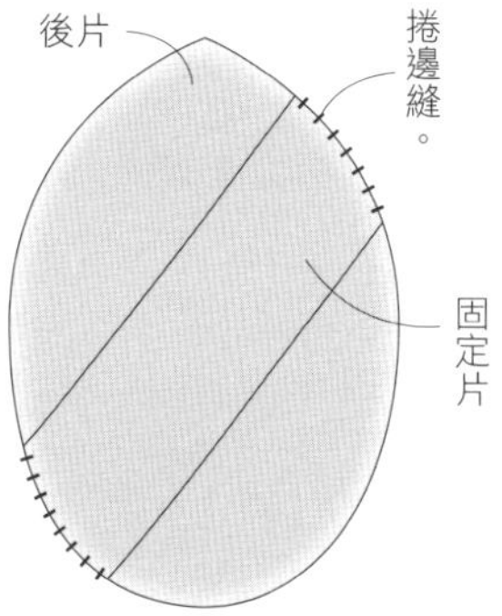
後片
捲邊縫。
固定片

❸ 製作火箭尾翼。

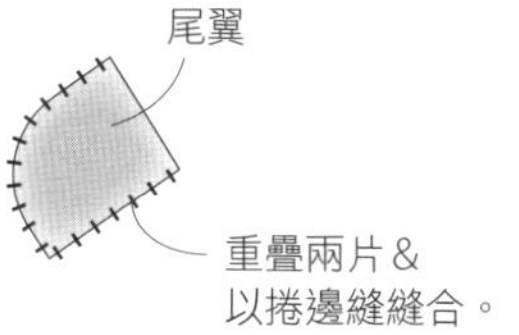
尾翼
重疊兩片&
以捲邊縫縫合。

❹ 製作火箭

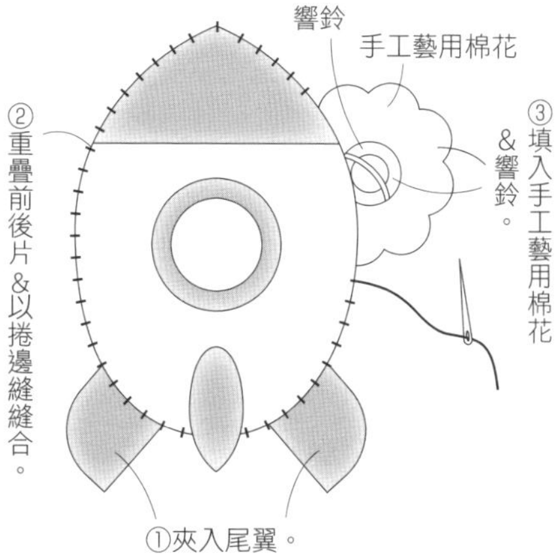
響鈴
手工藝用棉花
②重疊前後片&以捲邊縫縫合。
③填入手工藝用棉花&響鈴。
①夾入尾翼。

❺ 完成！

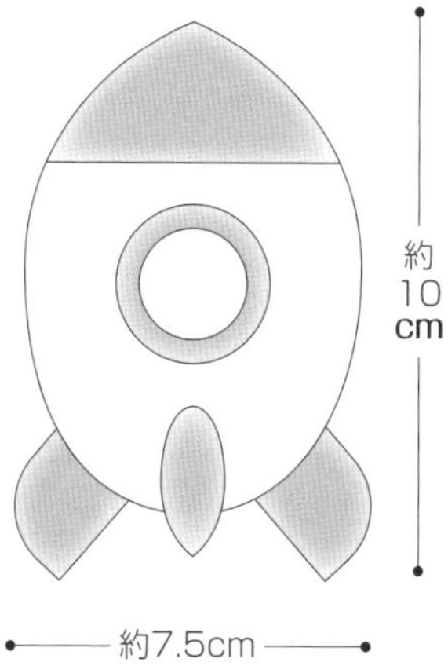
約10cm
約7.5cm

手環帶

❶ 將四邊內摺&縫上魔鬼氈。

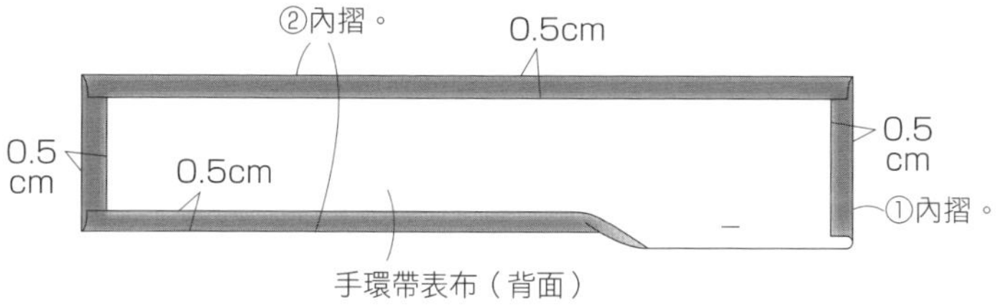
②內摺。
0.5cm
0.5cm
0.5cm
0.5cm
①內摺。
手環帶表布（背面）

↓

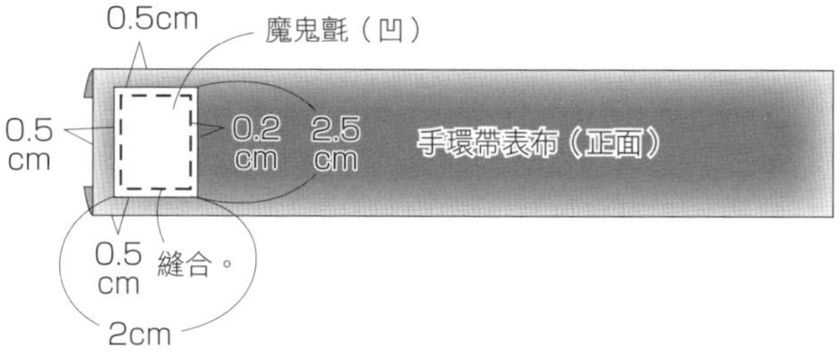
0.5cm
魔鬼氈（凹）
0.5cm
0.2cm
2.5cm
手環帶表布（正面）
0.5cm
縫合。
2cm

❷ 將手環帶裡布縫上魔鬼氈。

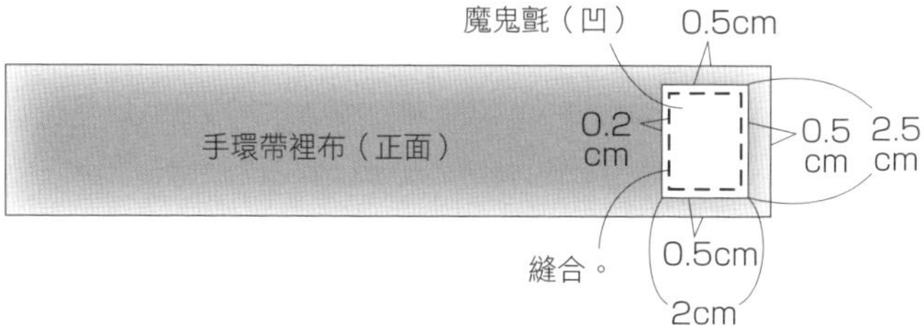
魔鬼氈（凹）
0.5cm
手環帶裡布（正面）
0.2cm
0.5cm
2.5cm
縫合。
0.5cm
2cm

❸ 縫合手環帶&織帶。

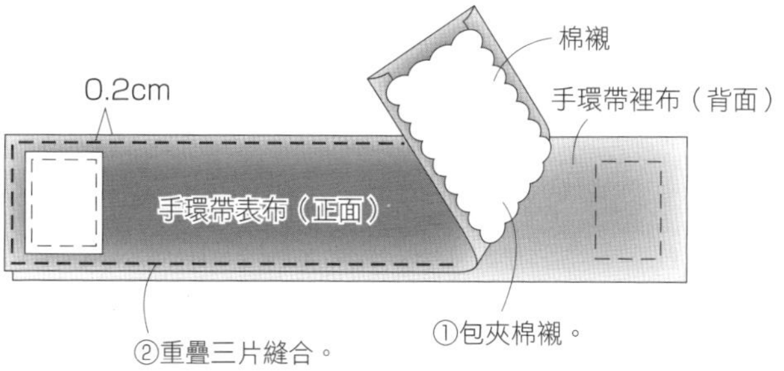
棉襯
0.2cm
手環帶裡布（背面）
手環帶表布（正面）
②重疊三片縫合。
①包夾棉襯。

❹ 完成！

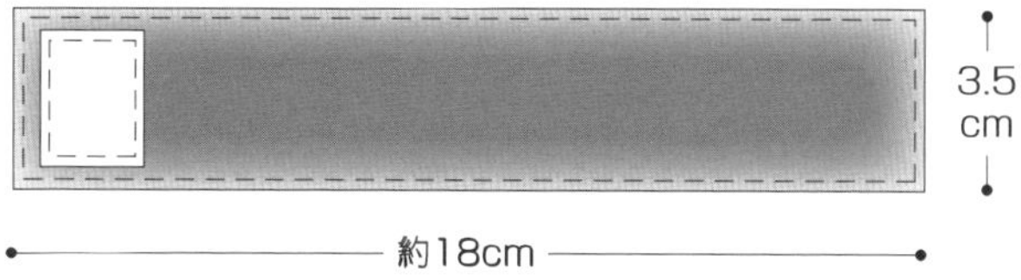
3.5cm
約18cm

伸縮綁帶

❶ 將四邊內摺。

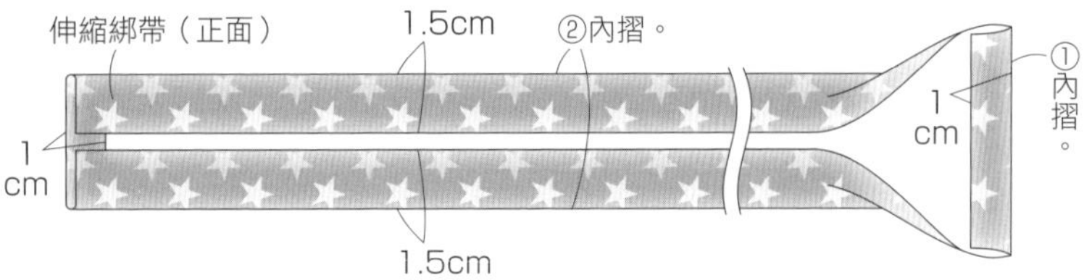
伸縮綁帶（正面）
1.5cm
②內摺。
①內摺。
1 cm
1 cm
1.5cm

❷ 穿縫鬆緊帶。

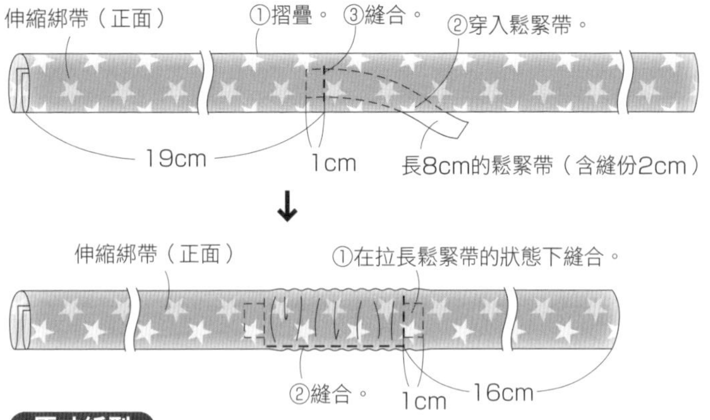
伸縮綁帶（正面）
①摺疊。
③縫合。
②穿入鬆緊帶。
19cm
1cm
長8cm的鬆緊帶（含縫份2cm）
↓
伸縮綁帶（正面）
①在拉長鬆緊帶的狀態下縫合。
②縫合。
1cm
16cm

❸ 縫合四周。

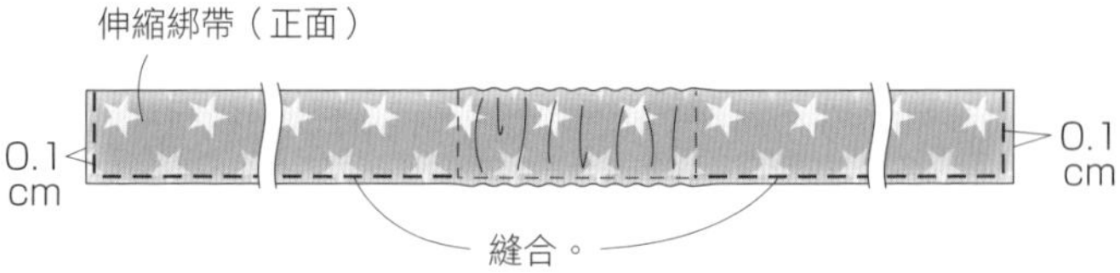
伸縮綁帶（正面）
0.1 cm
0.1 cm
縫合。

❹ 裝上壓釦。

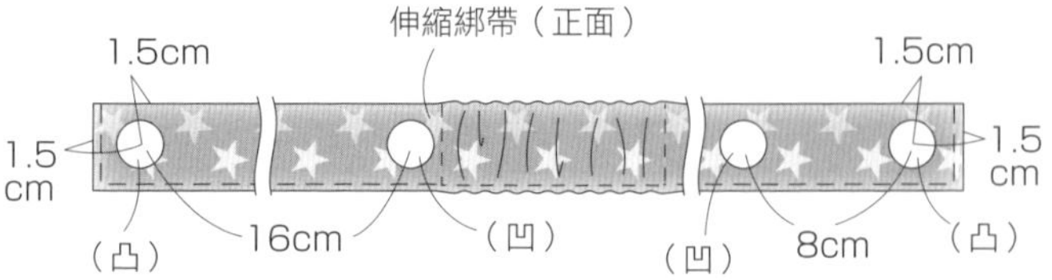
伸縮綁帶（正面）
1.5cm
1.5cm
1.5 cm
1.5 cm
（凸）
16cm
（凹）
（凹）
8cm
（凸）

❺ 完成！

1.5 cm

原寸紙型

＊不織布不需縫份，直接沿紙型線條裁剪即可。
＊□內的數字代表此處紙型重疊的層次。
請分別作出各組件的紙型，再依數字順序重疊＆接縫製作。

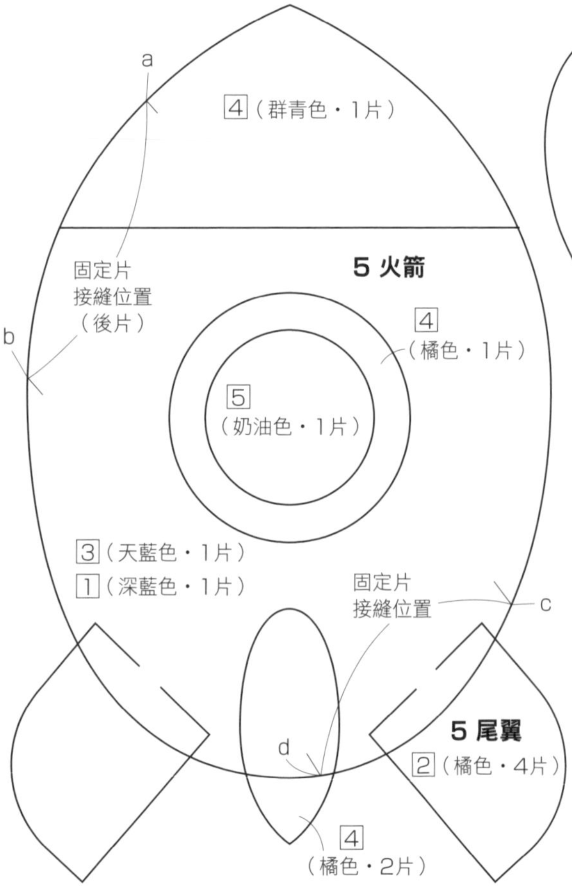
a
4（群青色・1片）
5 火箭
固定片
接縫位置
（後片）
b
4
（橘色・1片）
5
（奶油色・1片）
3（天藍色・1片）
1（深藍色・1片）
固定片
接縫位置
c
5 尾翼
2（橘色・4片）
d
4
（橘色・2片）

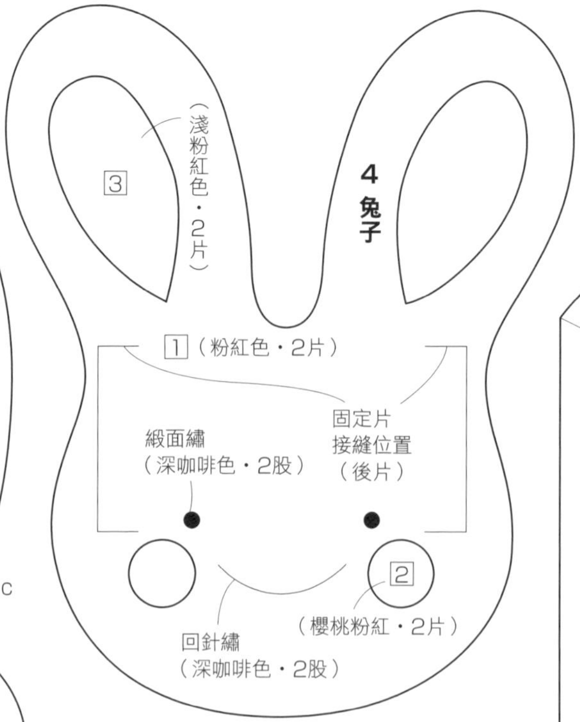
3
（淺粉紅色・2片）
4 兔子
1（粉紅色・2片）
緞面繡
（深咖啡色・2股）
固定片
接縫位置
（後片）
2
（櫻桃粉紅・2片）
回針繡
（深咖啡色・2股）

a
b
5 固定片
（深藍色・1片）
d
c

2・3 P.2

※製圖皆已內含縫份。

嘎啦嘎啦・蝴蝶結

材料（1個）

no.2 A布（點點）40cm寬×15cm
no.3 A布（條紋）40cm寬×15cm
羅紋緞帶　0.6cm寬×55cm
響笛　1個
響鈴　1個
手工藝用棉花　適量
夾釦（扁繩用）1個
●以與不織布相同顏色車縫線進行縫製。
●縫合方法參見P.34。

製圖

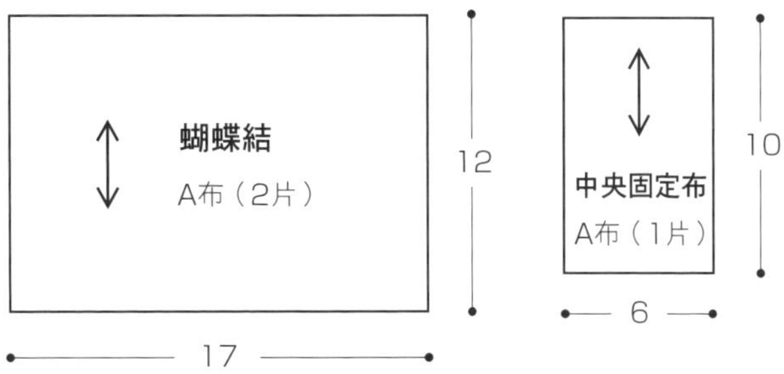

蝴蝶結
A布（2片）
12
17
中央固定布
A布（1片）
10
6

作法

❶ 製作蝴蝶結。

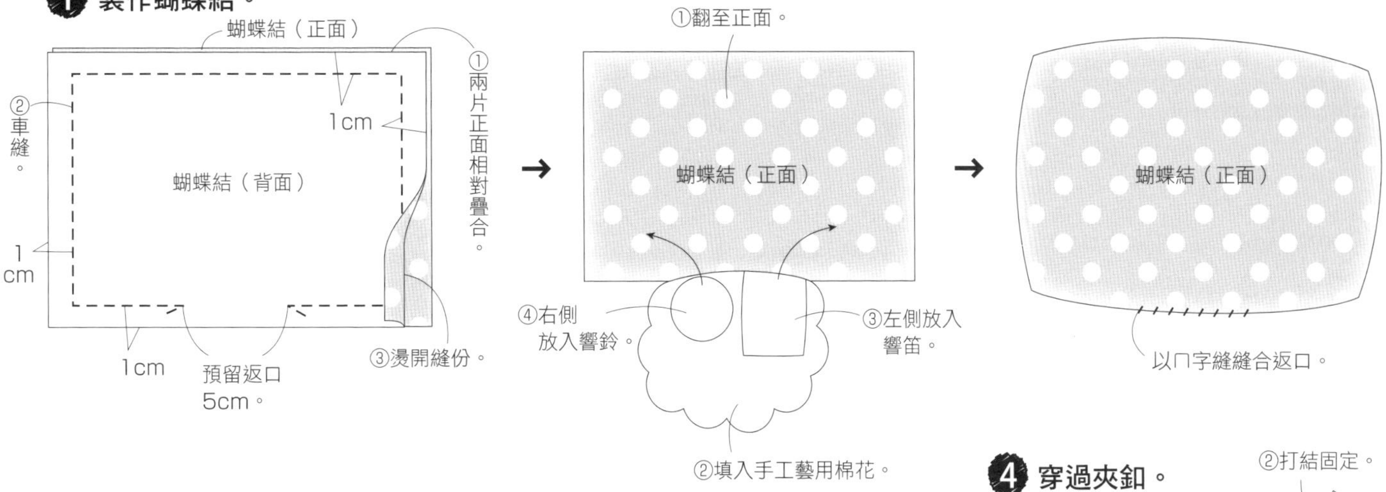

蝴蝶結（正面）
①兩片正面相對疊合。
②車縫。
1cm
蝴蝶結（背面）
1cm
1cm
預留返口5cm。
③燙開縫份。
①翻至正面。
蝴蝶結（正面）
④右側放入響鈴。
③左側放入響笛。
②填入手工藝用棉花。
蝴蝶結（正面）
以ㄇ字縫縫合返口。

❷ 製作中央固定布。

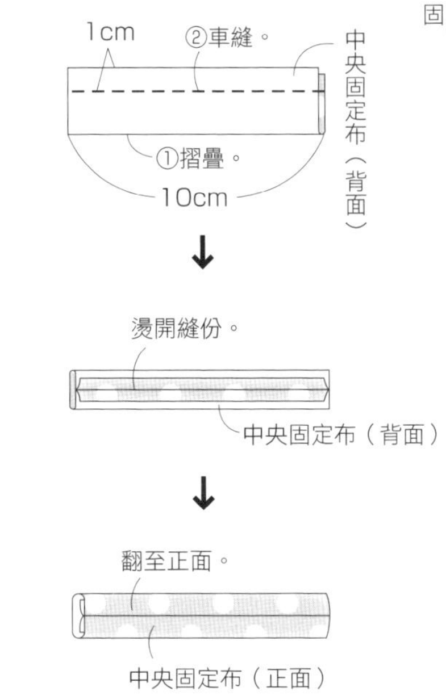

1cm
②車縫。
中央固定布（背面）
①摺疊。
10cm
燙開縫份。
中央固定布（背面）
翻至正面。
中央固定布（正面）

❸ 以中央固定布包捲蝴蝶結。

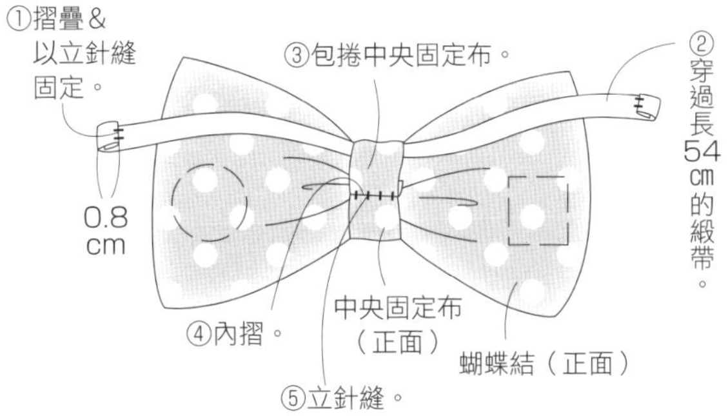

①摺疊＆以立針縫固定。
③包捲中央固定布。
②穿過長54cm的緞帶。
0.8cm
④內摺。
中央固定布（正面）
蝴蝶結（正面）
⑤立針縫。

❹ 穿過夾釦。

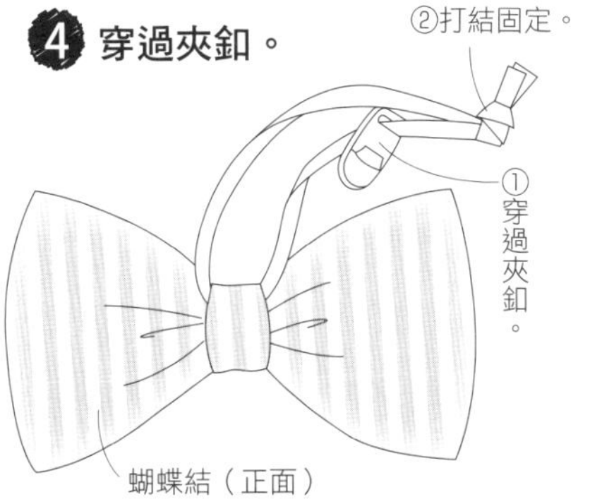

②打結固定。
①穿過夾釦。
蝴蝶結（正面）

❺ 完成！

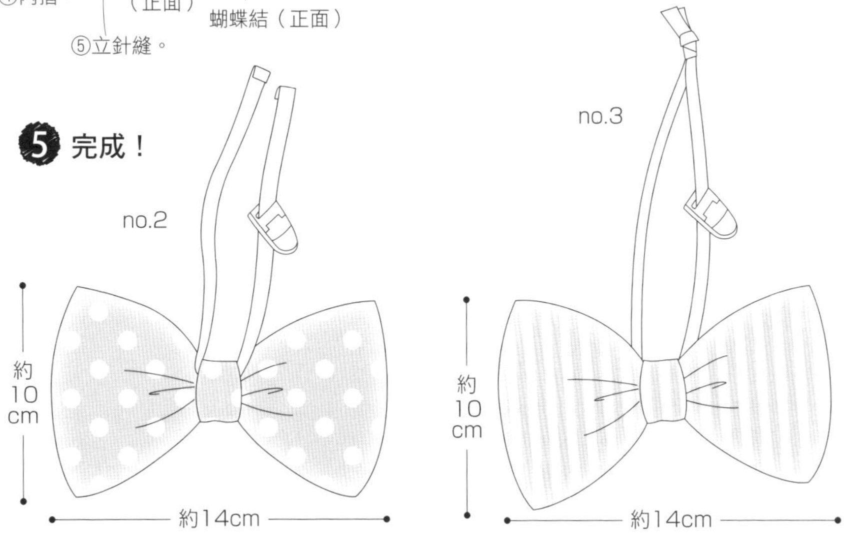

no.2
約10cm
約14cm
no.3
約10cm
約14cm

6・7 P.4

嘎拉嘎拉・可愛玩偶

6 材料

毛巾布（粉紅色）34cm×35cm
A布（花紋）10cm寬×15cm
25號繡線（深咖啡色）
緞面織帶　0.3cm寬×25cm
響鈴　1個
手工藝用棉花　適量

7 材料

毛巾布（水藍色）34cm×35cm
毛巾布（米白色）34cm×35cm
A布（棉布）10cm寬×5cm
25號繡線（深咖啡色）
緞面織帶　0.5cm寬×25cm
手工藝用棉花　適量

●以與不織布相同顏色的車縫線進行縫製。
●縫合方法＆刺繡針法參見P.34。
●原寸紙型參見P.41。

6 製圖

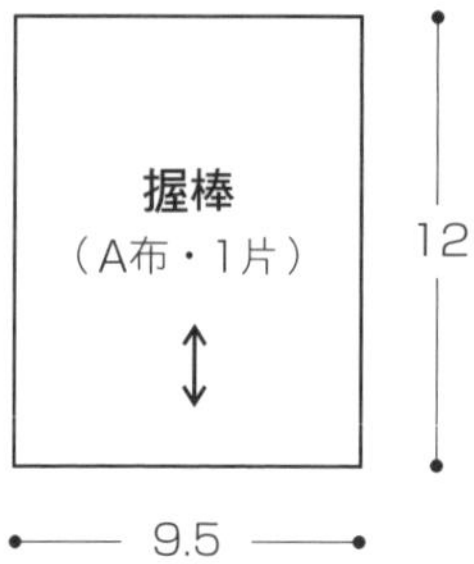

握棒
（A布・1片）
12
9.5

7 製圖

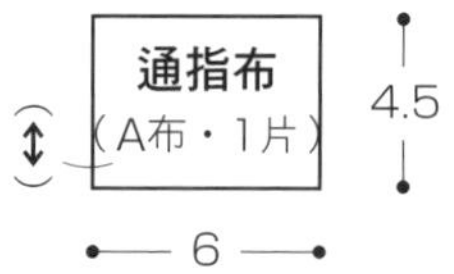

通指布
（A布・1片）
4.5
6

※製圖皆已內含縫份。

作法

嘎拉嘎拉小熊

1 將小熊進行刺繡。

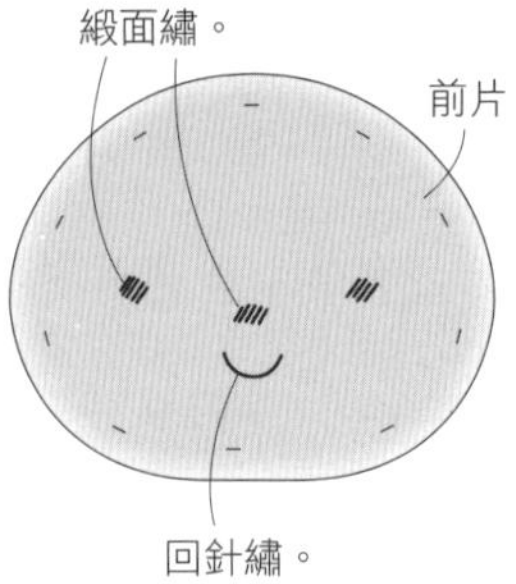

緞面繡。
前片
回針繡。

2 製作耳朵。

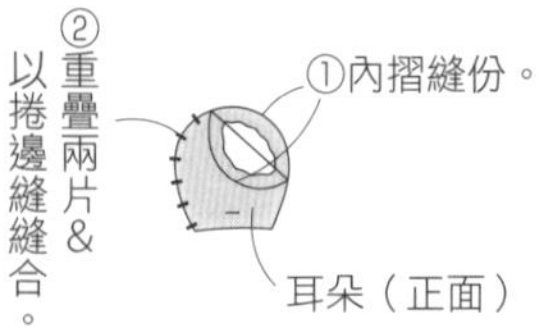

②重疊兩片＆以捲邊縫縫合。
①內摺縫份。
耳朵（正面）

3 製作小熊。

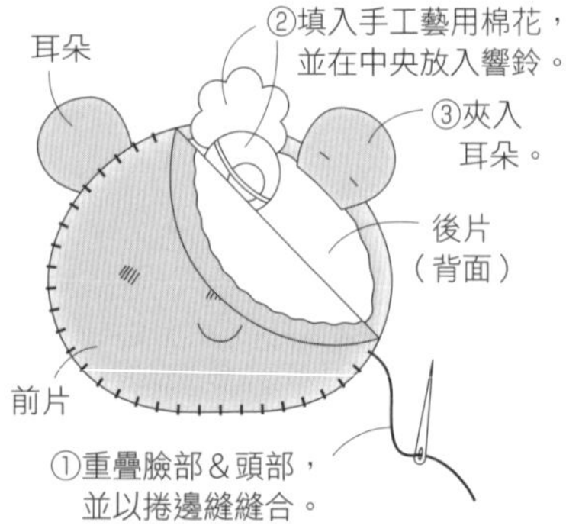

耳朵
②填入手工藝用棉花，並在中央放入響鈴。
③夾入耳朵。
後片（背面）
前片
①重疊臉部＆頭部，並以捲邊縫縫合。

4 製作握棒。

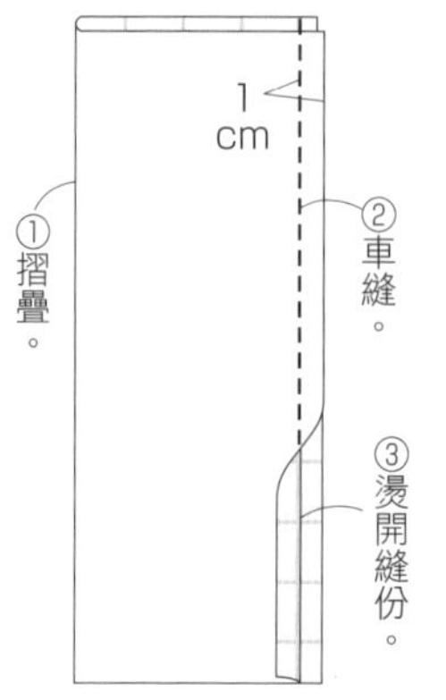

1cm
①摺疊。
②車縫。
③燙開縫份。

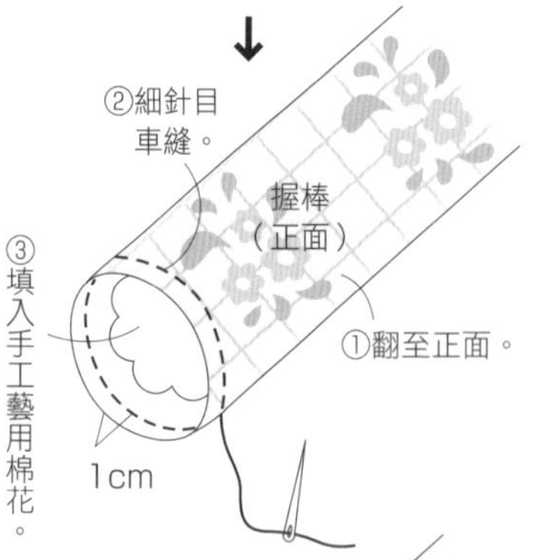

②細針目車縫。
握棒（正面）
①翻至正面。
③填入手工藝用棉花。
1cm

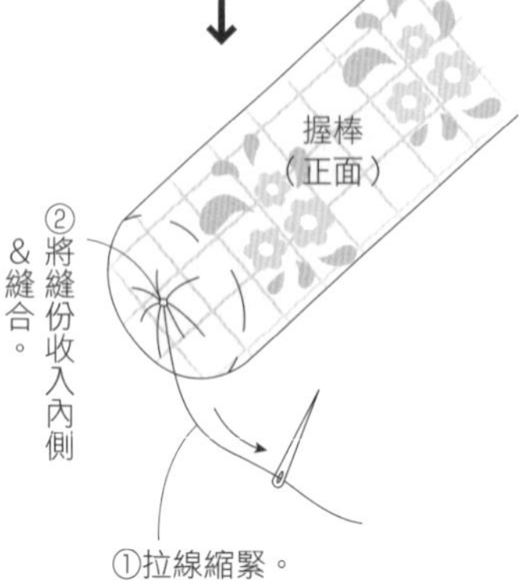

握棒（正面）
②將縫份收入內側＆縫合。
①拉線縮緊。

5 接縫握棒。

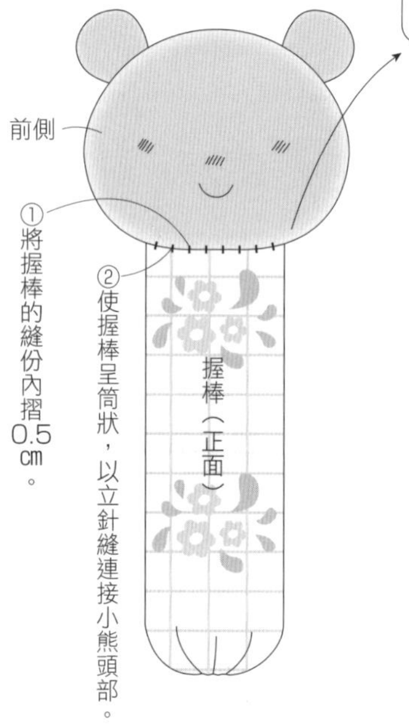

前側
①將握棒的縫份內摺0.5cm。
②使握棒呈筒狀，以立針縫連接小熊頭部。
握棒（正面）

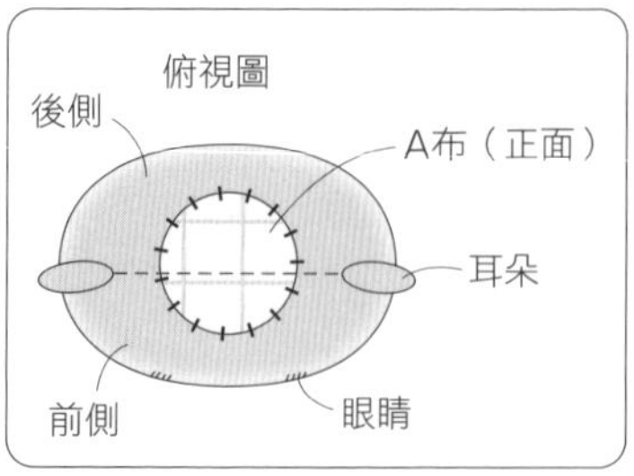

俯視圖
後側
A布（正面）
耳朵
前側
眼睛

6 完成！

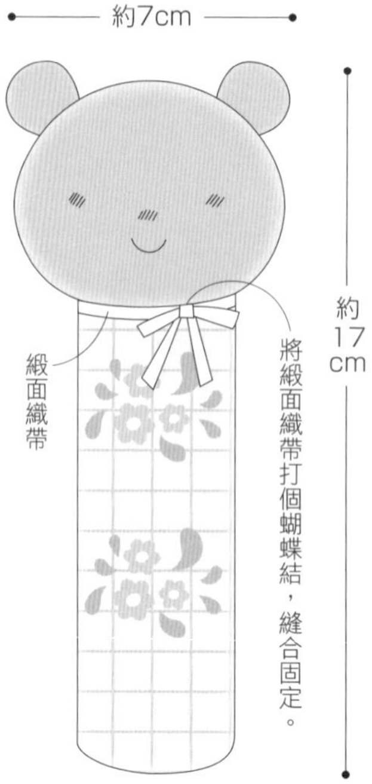

約7cm
約17cm
緞面織帶
將緞面織帶打個蝴蝶結，縫合固定。

小熊可愛玩偶

1 將小熊進行刺繡。

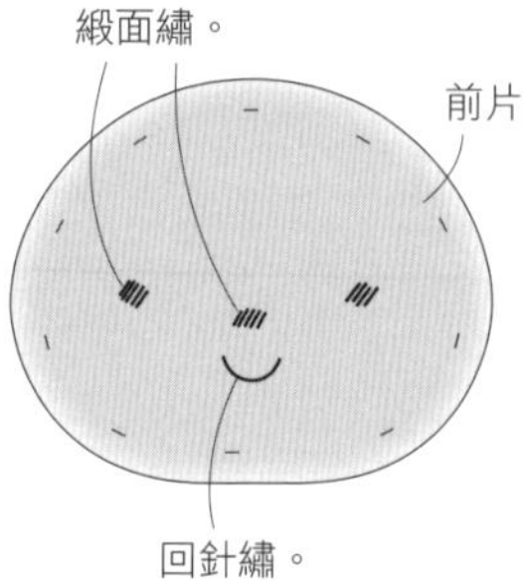

緞面繡。
前片
回針繡。

2 製作耳朵。

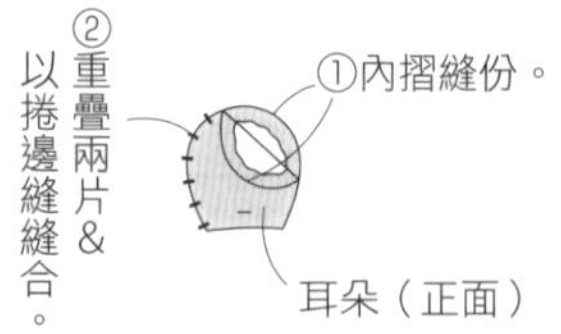

②重疊兩片＆以捲邊縫縫合。
①內摺縫份。
耳朵（正面）

3 製作小熊。

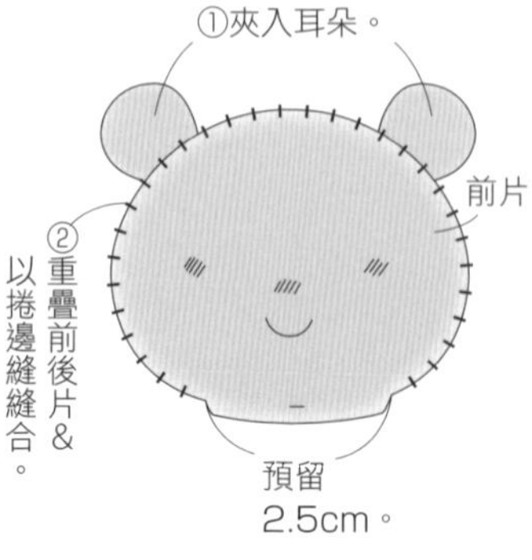

①夾入耳朵。
前片
②重疊前後片＆以捲邊縫縫合。
預留2.5cm。

❹ 在毛巾布上剪牙口。

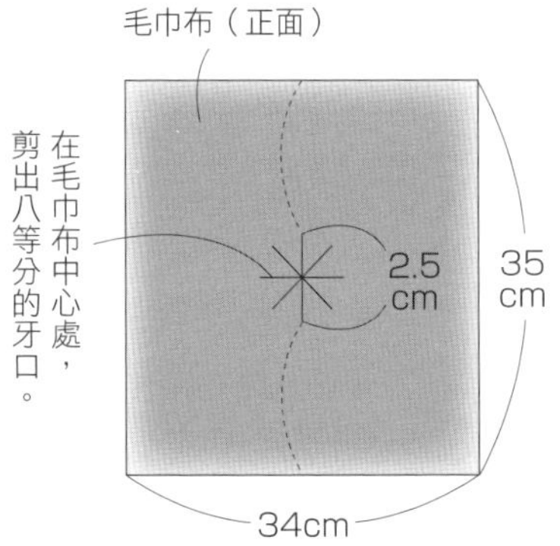

毛巾布（正面）
在毛巾布中心處，剪出八等分的牙口。
2.5 cm
35 cm
34cm

❺ 製作通指布。

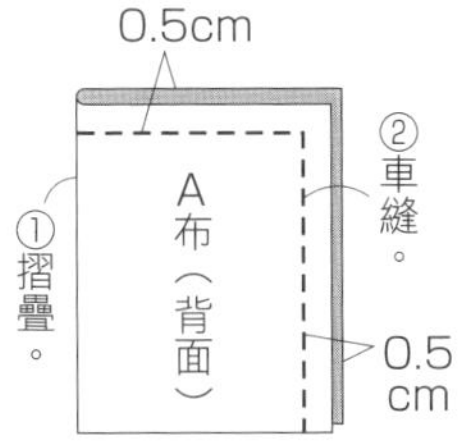

0.5cm
①摺疊。
A布（背面）
②車縫。
0.5 cm

❽ 捲上蝴蝶結織帶，完成！

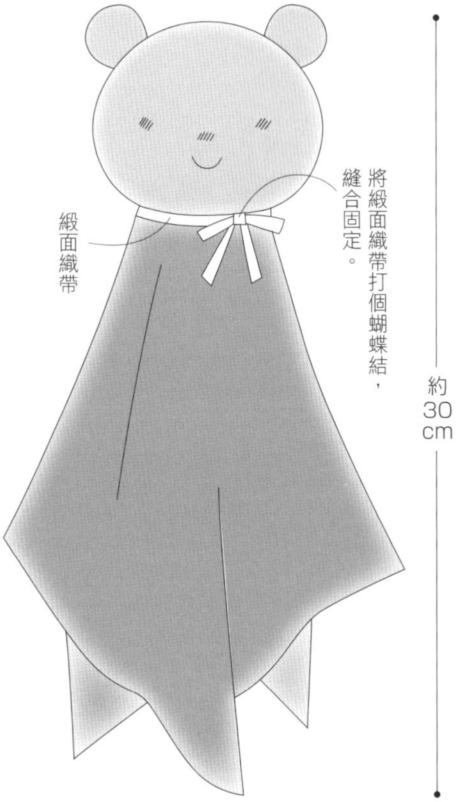

緞面織帶
將緞面織帶打個蝴蝶結，縫合固定。
約30 cm

❻ 接縫通指布＆毛巾布。

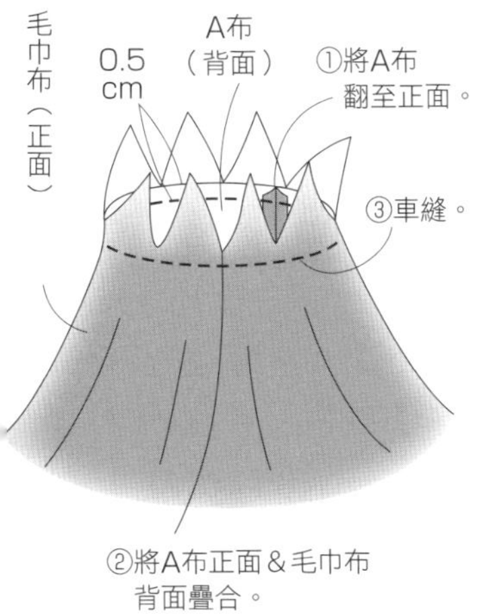

毛巾布（正面）
0.5 cm
A布（背面）
①將A布翻至正面。
③車縫。
②將A布正面＆毛巾布背面疊合。

❼ 接縫小熊＆毛巾布。

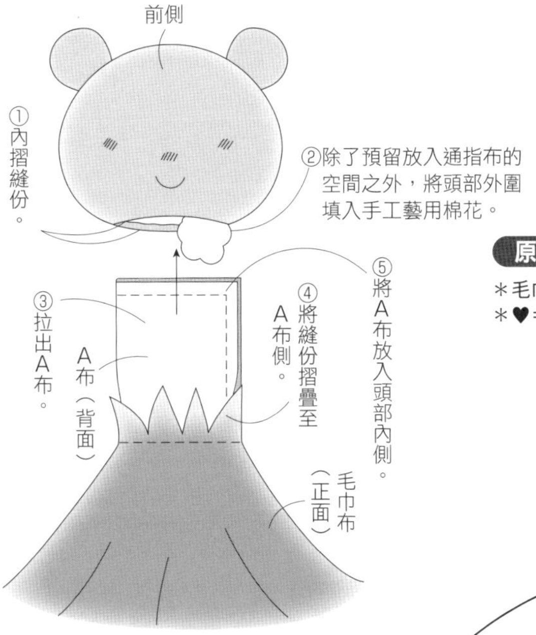

前側
①內摺縫份。
②除了預留放入通指布的空間之外，將頭部外圍填入手工藝用棉花。
③拉出A布。
A布（背面）
④將縫份摺疊至A布側。
⑤將A布放入頭部內側。
毛巾布（正面）

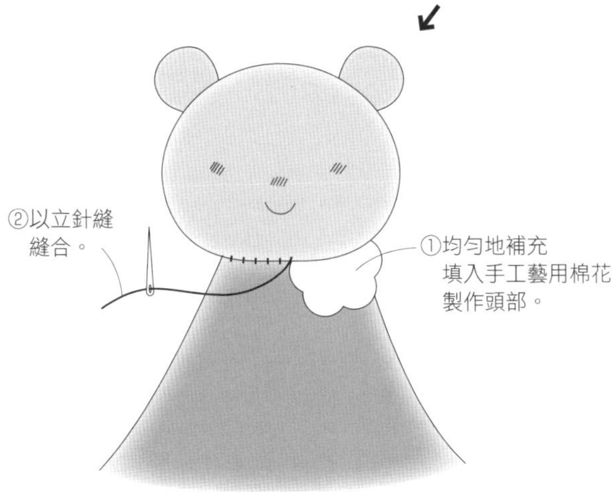

②以立針縫縫合。
①均勻地補充填入手工藝用棉花製作頭部。

原寸紙型

＊毛巾布請沿附縫份紙型的外側線裁剪。
＊♥＝縫份。

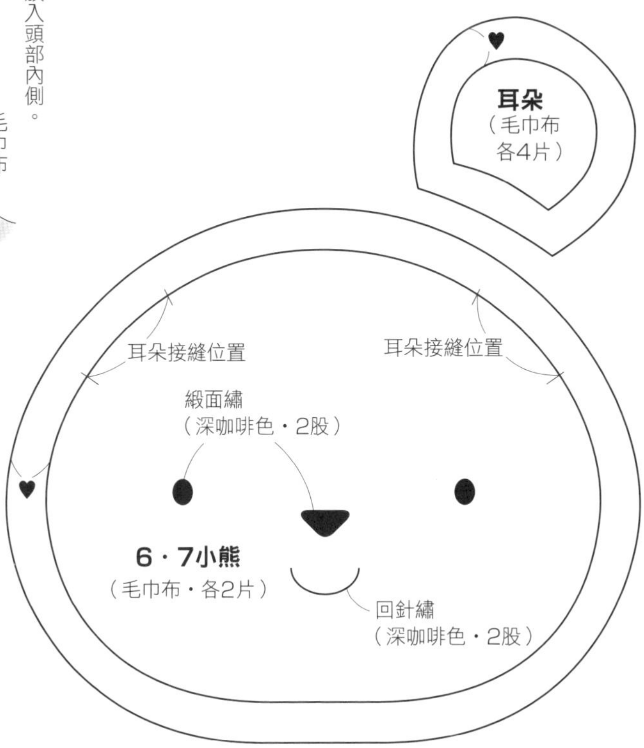

耳朵
（毛巾布 各4片）
耳朵接縫位置
耳朵接縫位置
緞面繡
（深咖啡色・2股）
6・7小熊
（毛巾布・各2片）
回針繡
（深咖啡色・2股）

8 P.5

鈴聲小球

材料

A布（動物圖案）25cm寬×20cm
B・C・D布（點點）各10cm寬×20cm
E布（格子）5cm寬×5cm
F・G・H布（點點）各5cm寬×5cm
粗0.5cm圓繩　5色×各10cm
直徑1.8cm鈕釦　2色×各1個
響鈴　1個
手工藝用棉花　適量
●以與不織布相同顏色的車縫線進行縫製。
●縫合方法參見P.34。
●**原寸紙型參見P.43。**

製圖

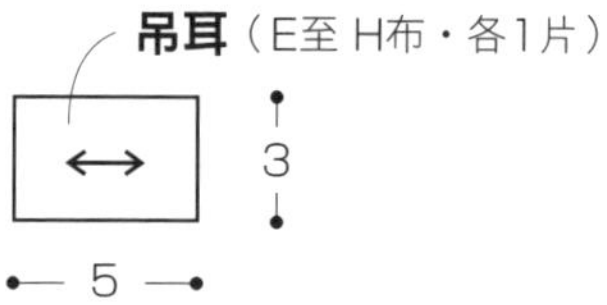

吊耳（E至H布・各1片）
3
5

※製圖皆已內含縫份。

作法 1 製作吊耳。

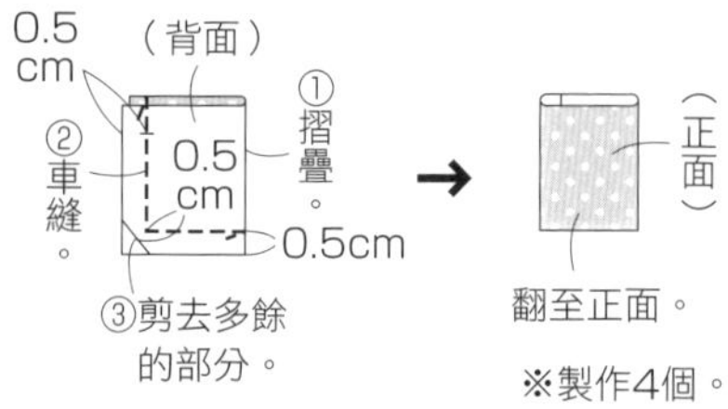

0.5cm
（背面）
①摺疊。
②車縫。
0.5cm
0.5cm
③剪去多餘的部分。
（正面）
翻至正面。

※製作4個。

2 接縫吊耳&圓繩。

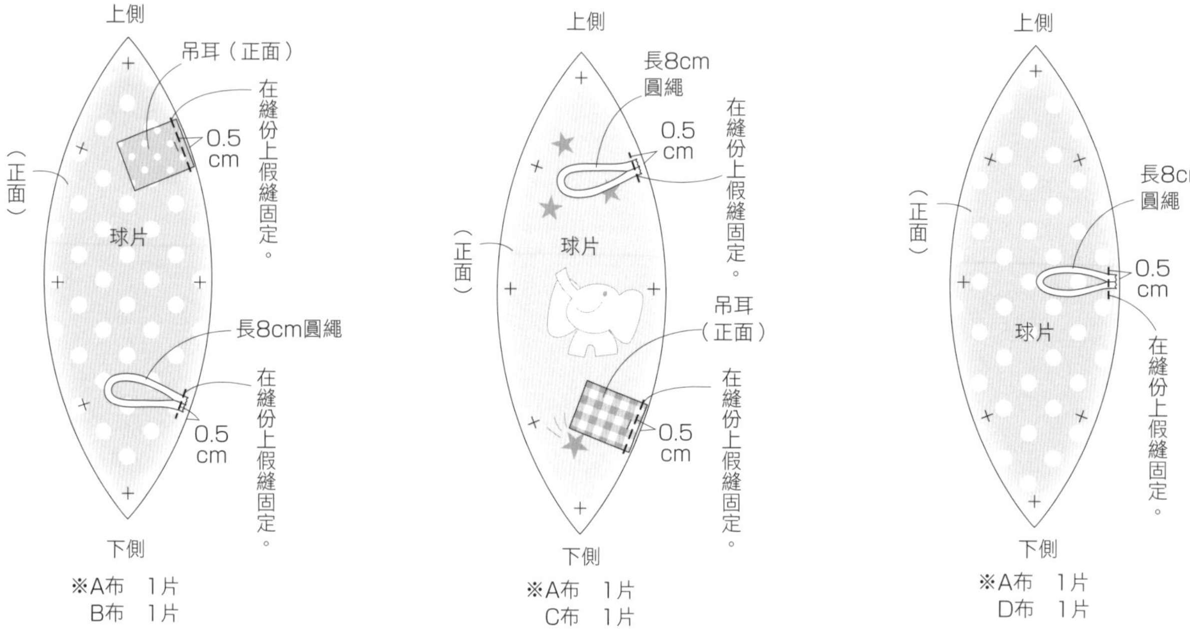

上側
吊耳（正面）
在縫份上假縫固定。
0.5cm
（正面）
球片
長8cm圓繩
0.5cm
在縫份上假縫固定。
下側
※A布　1片
B布　1片
上側
長8cm圓繩
0.5cm
在縫份上假縫固定。
（正面）
球片
吊耳（正面）
0.5cm
在縫份上假縫固定。
下側
※A布　1片
C布　1片
上側
（正面）
長8cm圓繩
0.5cm
球片
在縫份上假縫固定。
下側
※A布　1片
D布　1片

3 接縫球體。

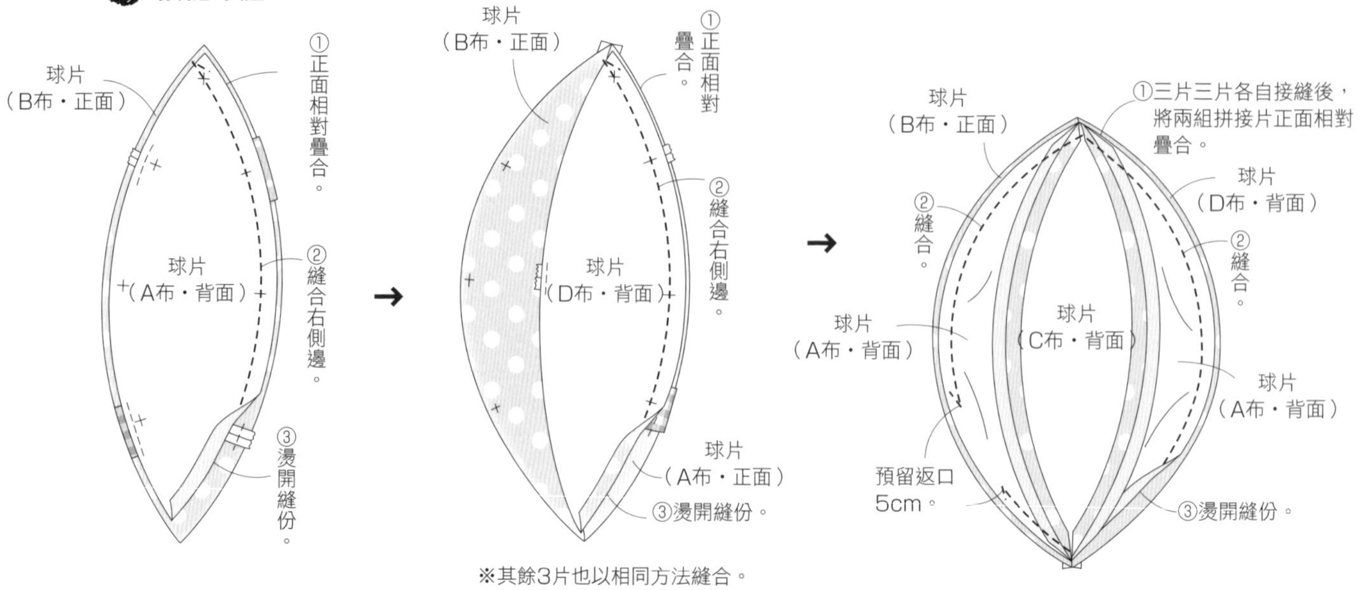

球片（B布・正面）
①正面相對疊合。
球片（A布・背面）
②縫合右側邊。
③燙開縫份。
球片（B布・正面）
①正面相對疊合。
球片（D布・背面）
②縫合右側邊。
球片（A布・正面）
③燙開縫份。
球片（B布・正面）
①三片三片各自接縫後，將兩組拼接片正面相對疊合。
球片（D布・背面）
②縫合。
②縫合。
球片（A布・背面）
球片（C布・背面）
球片（A布・背面）
預留返口5cm。
③燙開縫份。

※其餘3片也以相同方法縫合。

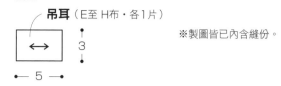

❹ 填入手工藝用棉花＆響鈴。

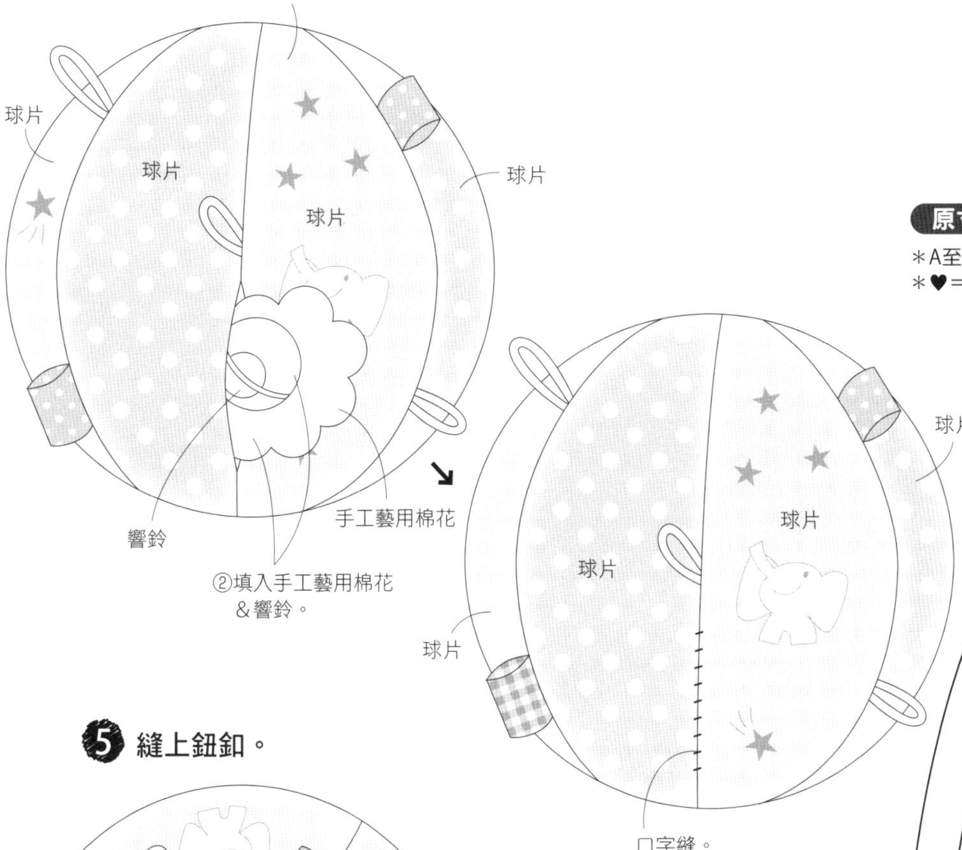
①翻至正面。
球片
球片
球片
球片
響鈴
手工藝用棉花
②填入手工藝用棉花
＆響鈴。
球片
球片
球片
球片
ㄇ字縫。

原寸紙型

＊A至D布請沿附縫份紙型的外側線裁剪。
＊♥＝縫份。

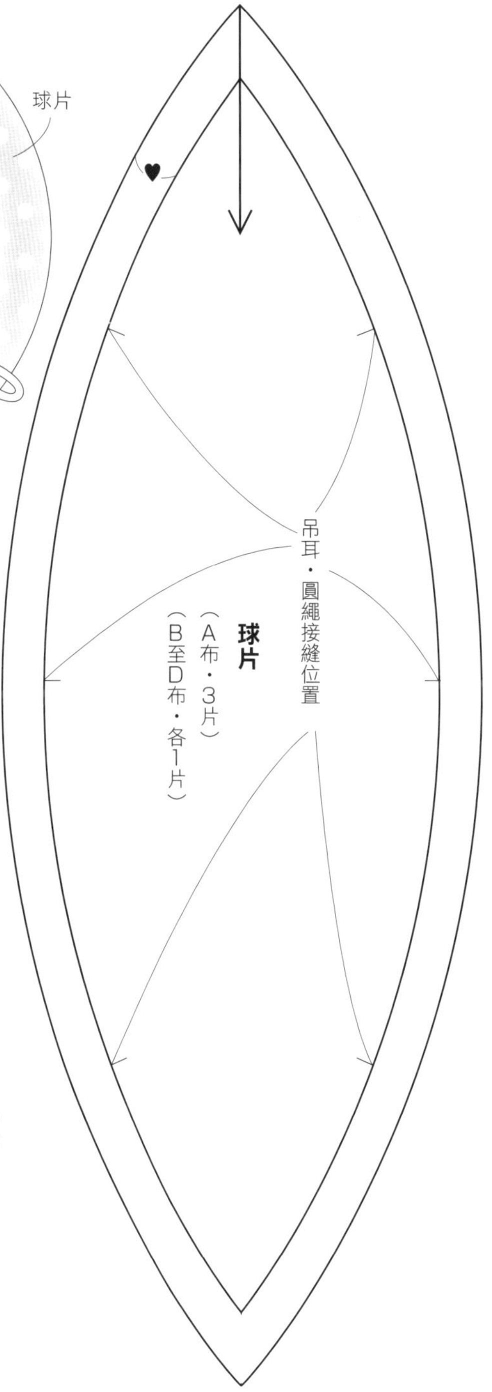
♥
吊耳・圓繩接縫位置
球片
（A布・3片）
（B至D布・各1片）

❺ 縫上鈕釦。

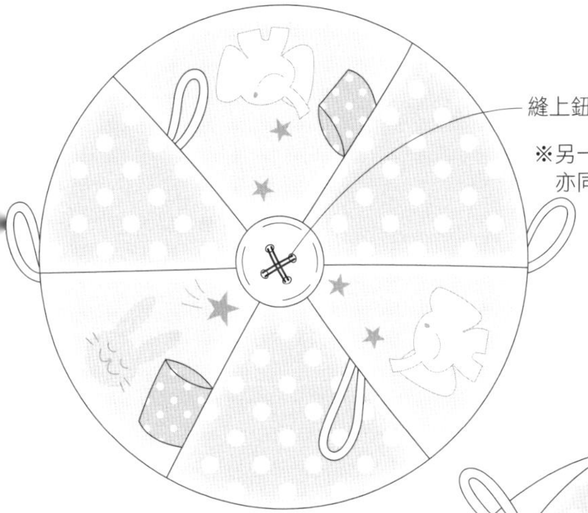
縫上鈕釦。
※另一側作法
亦同。

❻ 完成！

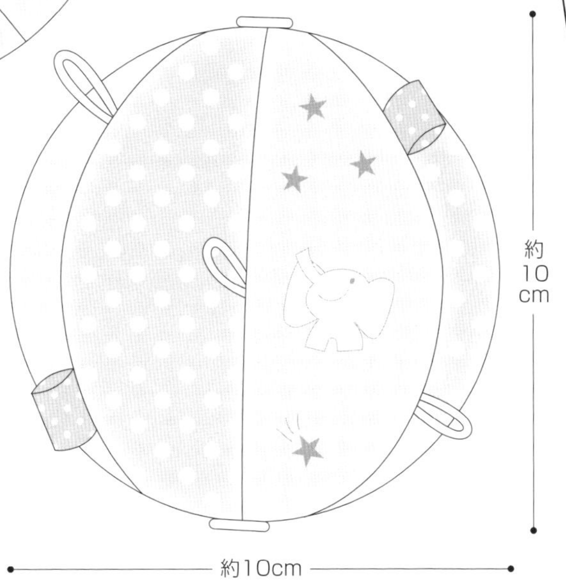
約10cm
約10cm

9 P.6

動物手握圈圈樂

材料

毛巾布

（粉紅色）18cm×18cm

（奶油色）18cm×18cm

（點點）18cm×15cm

（原色）16cm×16cm

（白色）15cm×15cm

（群青色）12cm×10cm

（橘色・櫻桃粉紅）各10cm×10cm

（黃綠色）8cm×8cm

（黃色）8cm×5cm

（咖啡色）7cm×9cm

（天藍色）5cm×3cm

（綠色）5cm×3cm

25號繡線（同不織布顏色
黑色・水藍色・咖啡色）

粗0.4cm圓繩A　23cm

粗0.5cm圓繩B　14cm

手工藝用棉花　適量

響笛・圓型5cm×4cm　2個

・蛇腹型直徑3cm×厚3cm　2個

●以與不織布相同顏色的2股25號繡線進行縫製。

●縫合方法＆刺繡針法參見P.34。

●原寸紙型參見P.46・P.47。

作法

花朵＆葉子

1 製作花朵。

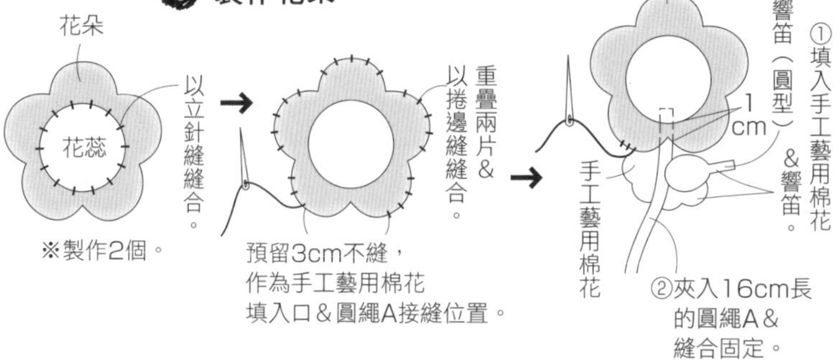

花朵
花蕊
以立針縫縫合。
※製作2個。
重疊兩片＆以捲邊縫縫合。
預留3cm不縫，作為手工藝用棉花填入口＆圓繩A接縫位置。
花朵
①填入手工藝用棉花＆響笛（圓型）。
1cm
響笛
手工藝用棉花
②夾入16cm長的圓繩A＆縫合固定。

2 接縫葉子。

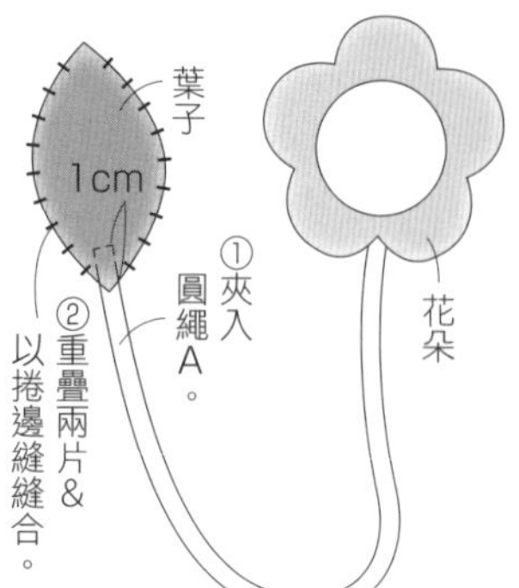

葉子
1cm
①夾入圓繩A。
②重疊兩片＆以捲邊縫縫合。
花朵

3 完成！

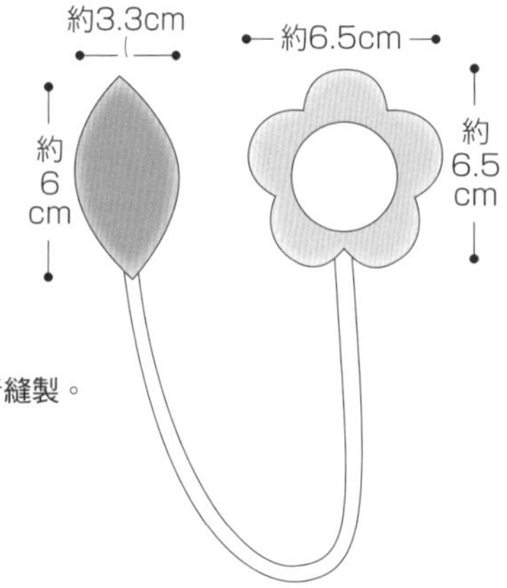

約3.3cm
約6.5cm
約6cm
約6.5cm

兔子＆胡蘿蔔

1 在兔子前片上進行刺繡。

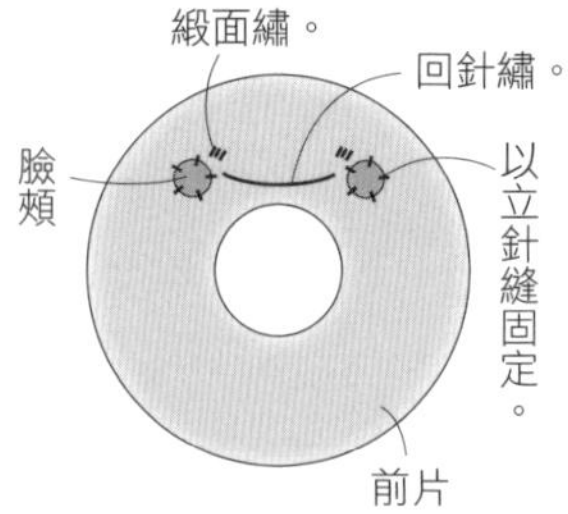

緞面繡。
回針繡。
臉頰
以立針縫固定。
前片

2 製作耳朵。

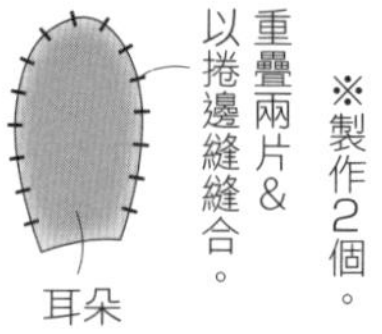

重疊兩片＆以捲邊縫縫合。
※製作2個。
耳朵

3 製作兔子。

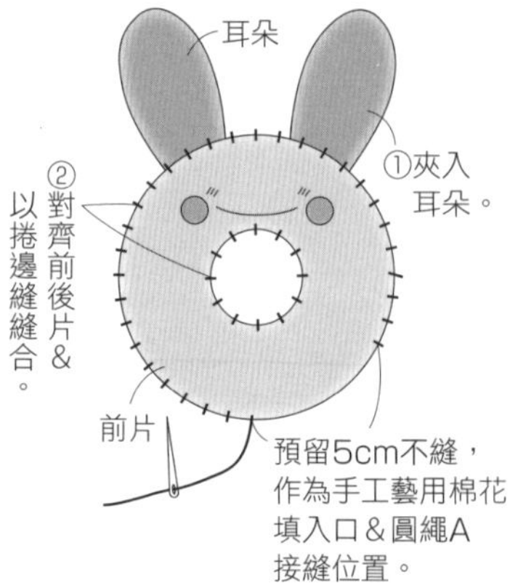

耳朵
①夾入耳朵。
②對齊前後片＆以捲邊縫縫合。
前片
預留5cm不縫，作為手工藝用棉花填入口＆圓繩A接縫位置。

4 製作胡蘿蔔。

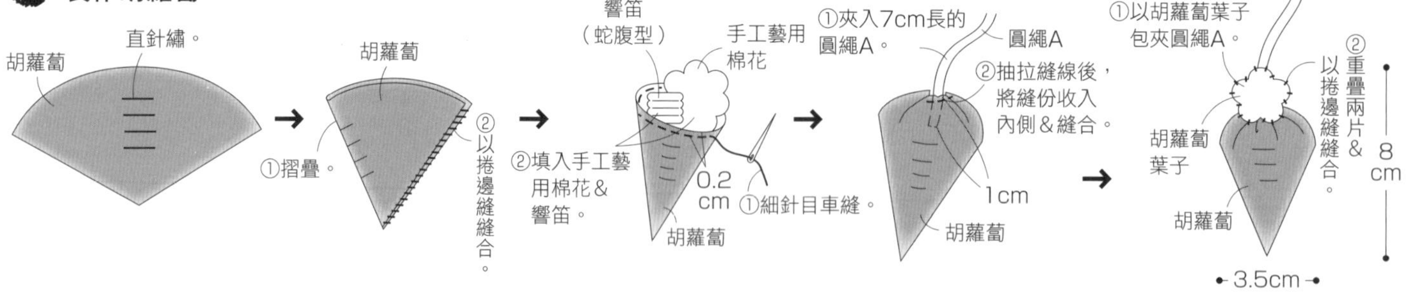

胡蘿蔔
直針繡。
胡蘿蔔
①摺疊。
②以捲邊縫縫合。
響笛（蛇腹型）
手工藝用棉花
②填入手工藝用棉花＆響笛。
0.2cm
①細針目車縫。
胡蘿蔔
①夾入7cm長的圓繩A。
圓繩A
②抽拉縫線後，將縫份收入內側＆縫合。
1cm
胡蘿蔔
①以胡蘿蔔葉子包夾圓繩A。
②重疊兩片＆以捲邊縫縫合。
胡蘿蔔葉子
胡蘿蔔
8cm
3.5cm

5 接縫胡蘿蔔。

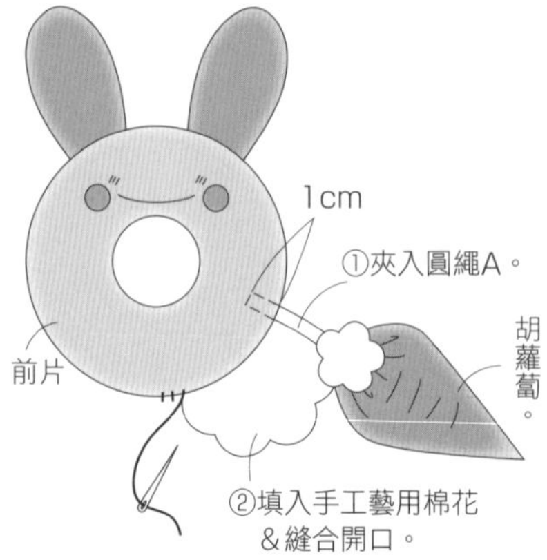

1cm
①夾入圓繩A。
胡蘿蔔。
前片
②填入手工藝用棉花＆縫合開口。

6 完成！

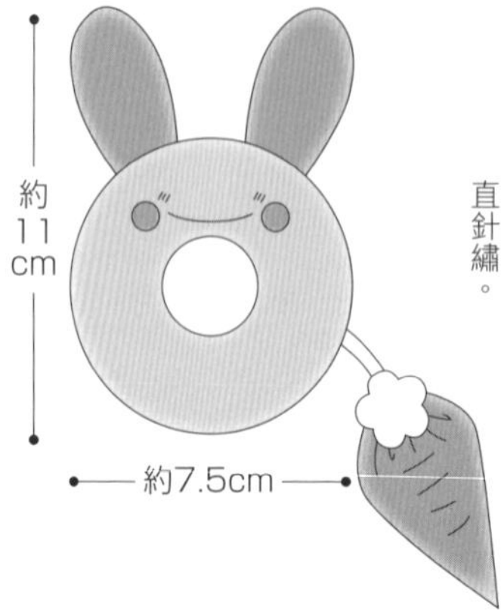

約11cm
約7.5cm

小貓＆小魚

1 在小貓前片上進行刺繡。

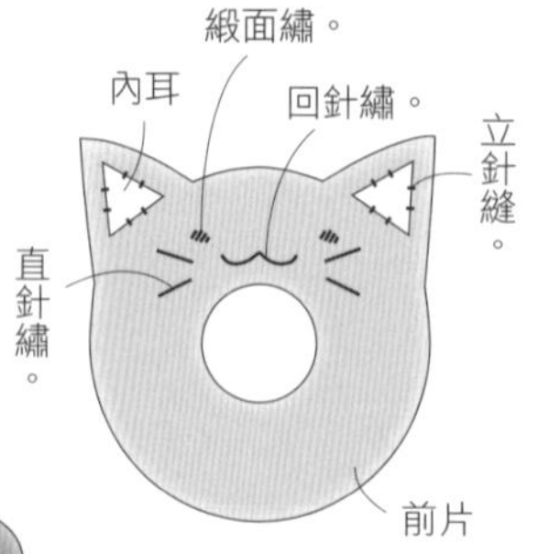

緞面繡。
內耳
回針繡。
立針縫。
直針繡。
前片

2 製作小貓。

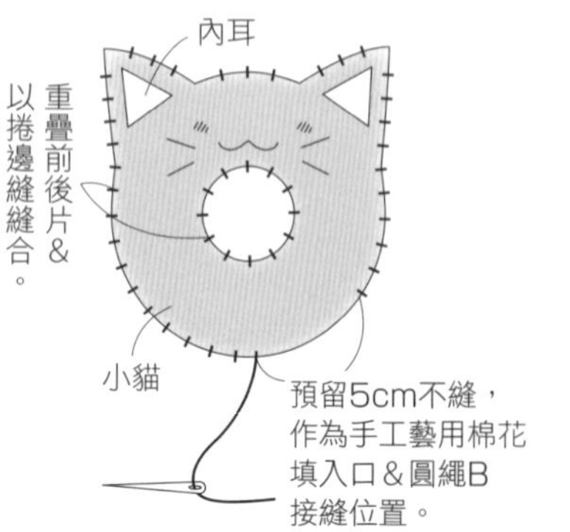

內耳
重疊前後片＆以捲邊縫縫合。
小貓
預留5cm不縫，作為手工藝用棉花填入口＆圓繩B接縫位置。

3 製作小魚。

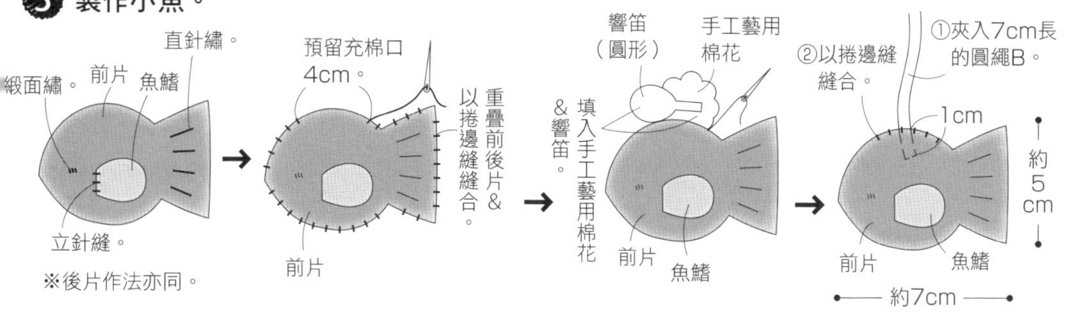

緞面繡。
前片
魚鰭
直針繡。
立針縫。
※後片作法亦同。
預留充棉口
4cm。
以捲邊縫縫合。
重疊前後片&
前片
響笛
（圓形）
手工藝用
棉花
填入手工藝用棉花
&響笛。
前片
魚鰭
②以捲邊縫
縫合。
①夾入7cm長
的圓繩B。
1cm
約
5
cm
前片
魚鰭
約7cm

4 接縫小魚。

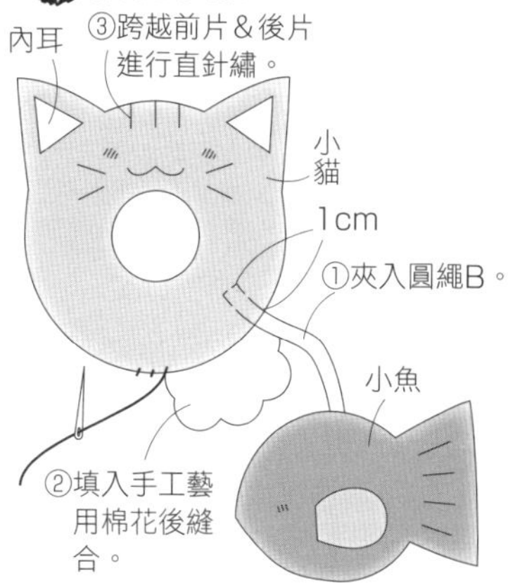

內耳
③跨越前片&後片
進行直針繡。
小
貓
1cm
①夾入圓繩B。
小魚
②填入手工藝
用棉花後縫
合。

5 完成！

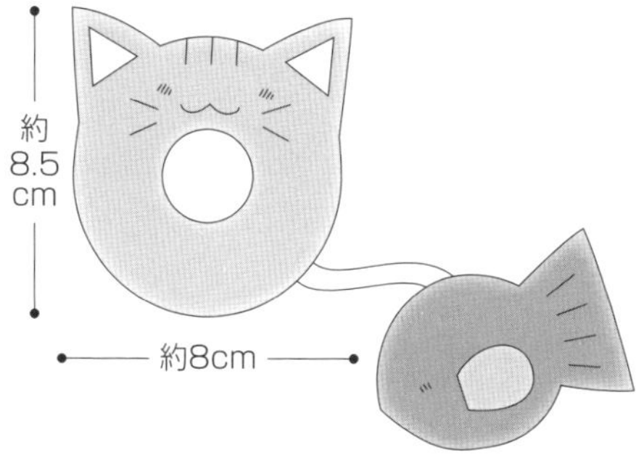

約
8.5
cm
約8cm

小狗&狗骨頭

1 在小狗前片上進行刺繡。

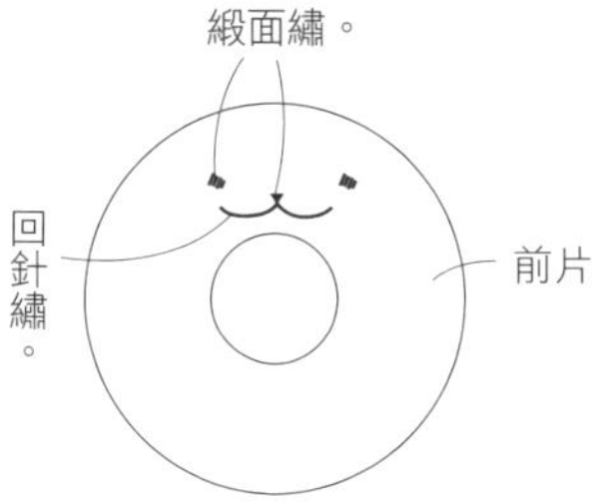

緞面繡。
回
針
繡。
前片

2 製作耳朵。

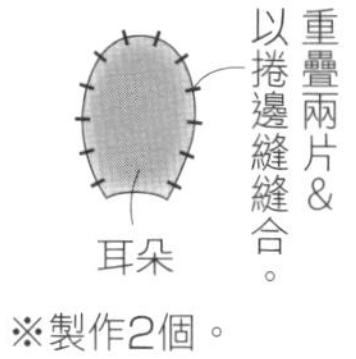

以捲邊縫縫合。
重疊兩片&
耳朵
※製作2個。

3 製作小狗

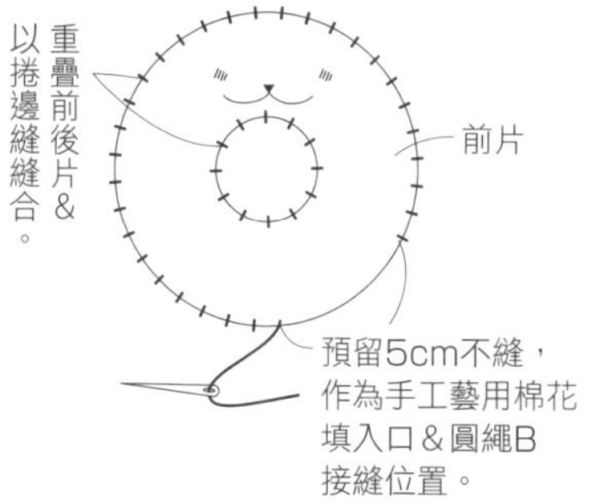

以捲邊縫縫合。
重疊前後片&
前片
預留5cm不縫，
作為手工藝用棉花
填入口&圓繩B
接縫位置。

4 製作狗骨頭。

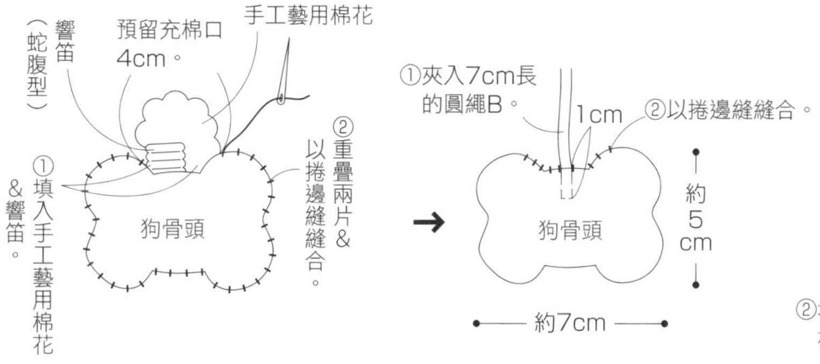

響笛
（蛇腹型）
預留充棉口
4cm。
手工藝用棉花
①填入手工藝用棉花
&響笛。
②重疊兩片&
以捲邊縫縫合。
狗骨頭
①夾入7cm長
的圓繩B。
1cm
②以捲邊縫縫合。
狗骨頭
約
5
cm
約7cm

5 接縫狗骨頭。

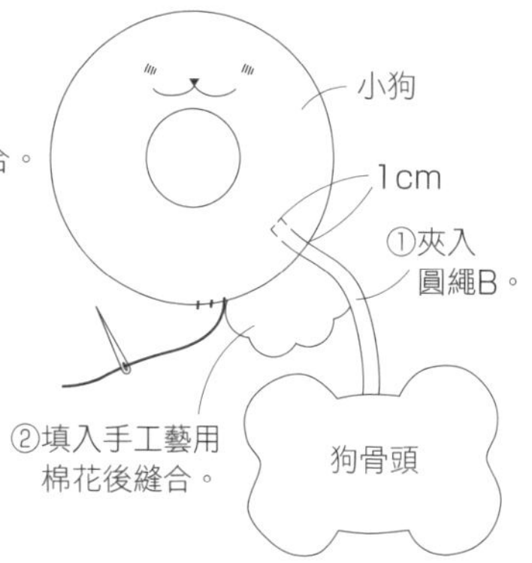

小狗
1cm
①夾入
圓繩B。
②填入手工藝用
棉花後縫合。
狗骨頭

6 縫上耳朵。

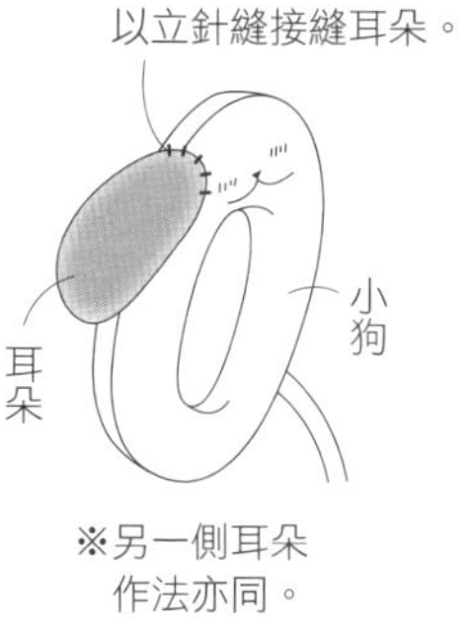

以立針縫接縫耳朵。
耳
朵
小
狗
※另一側耳朵
作法亦同。

7 完成！

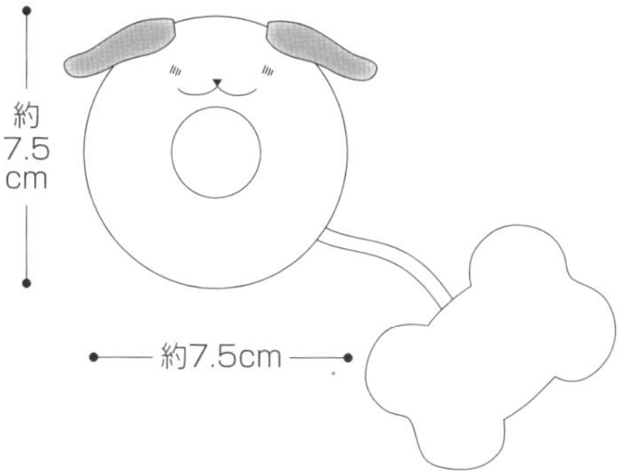

約
7.5
cm
約7.5cm

套圈柱

1 製作套圈柱。

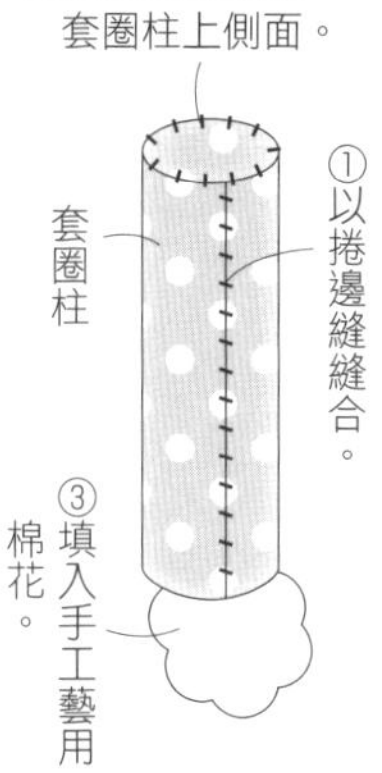

②以捲邊縫接縫
套圈柱上側面。
套
圈
柱
①以捲邊縫縫合。
③填入手工藝用
棉花。

2 製作套圈柱台座。

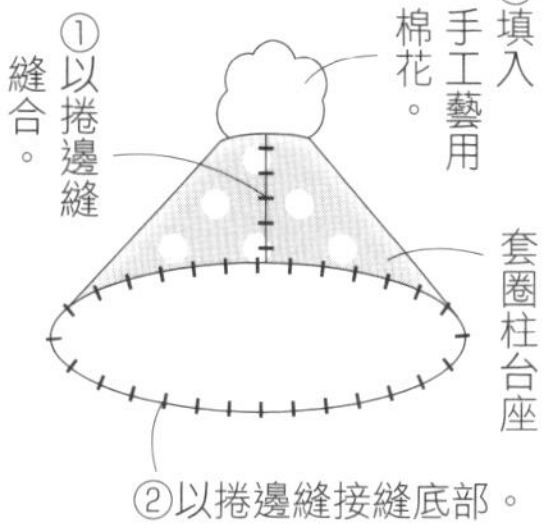

①以捲邊縫
縫合。
③填入手工藝用
棉花。
套圈柱台座
②以捲邊縫接縫底部。

3 接縫套圈柱&台座，完成！

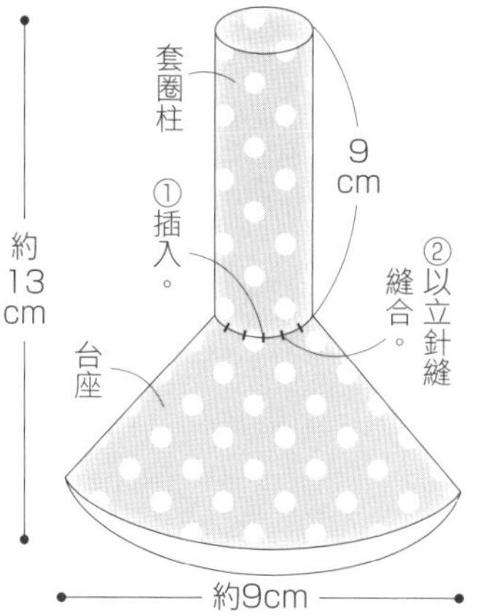

套
圈
柱
9
cm
①插入。
②以立針縫
縫合。
台
座
約
13
cm
約9cm

原寸紙型

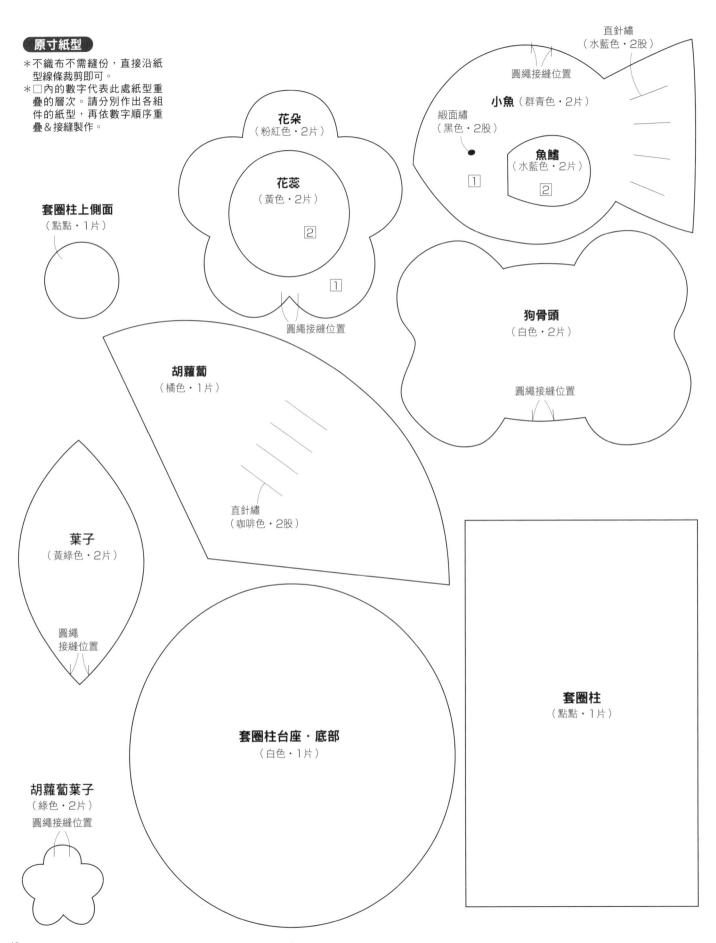

＊不織布不需縫份，直接沿紙型線條裁剪即可。
＊□內的數字代表此處紙型重疊的層次。請分別作出各組件的紙型，再依數字順序重疊＆接縫製作。

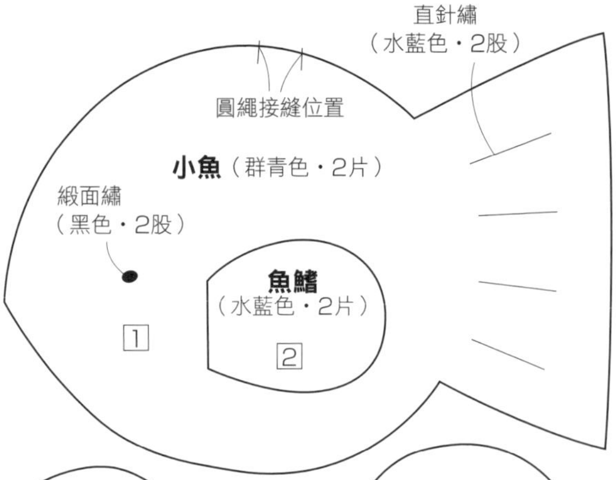
直針繡
（水藍色・2股）
圓繩接縫位置
小魚（群青色・2片）
緞面繡
（黑色・2股）
魚鰭
（水藍色・2片）
1
2

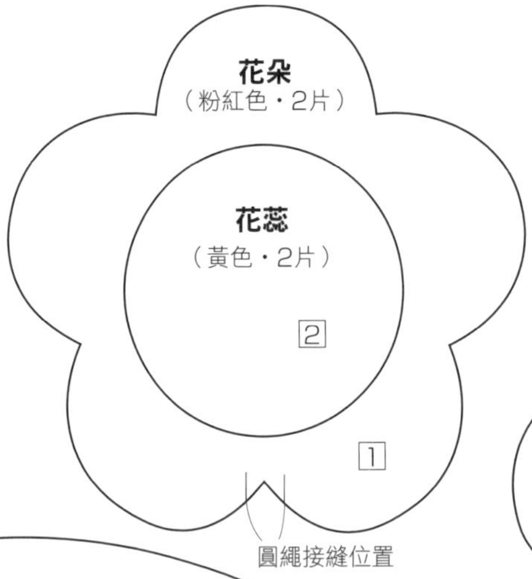
花朵
（粉紅色・2片）
花蕊
（黃色・2片）
2
1
圓繩接縫位置

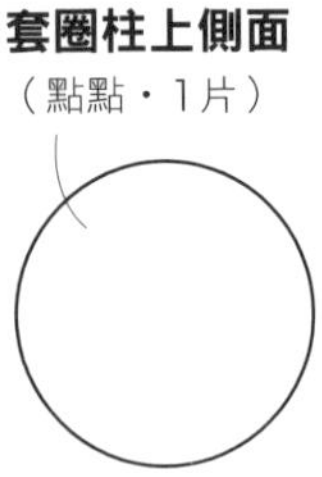
套圈柱上側面
（點點・1片）

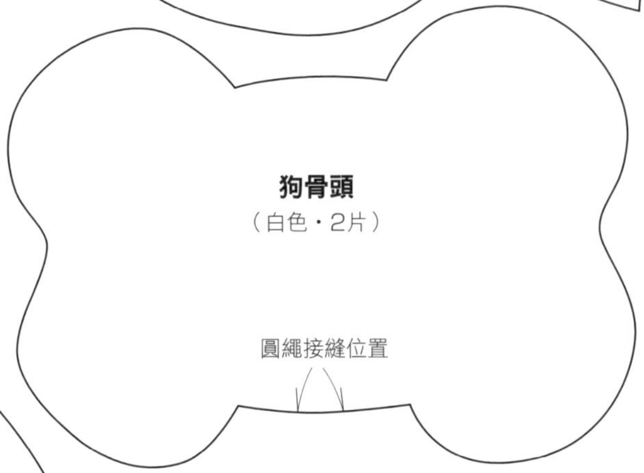
狗骨頭
（白色・2片）
圓繩接縫位置

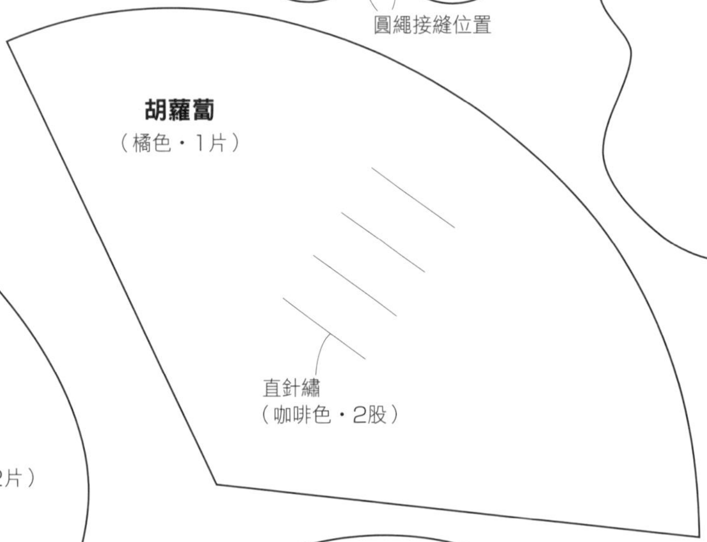
胡蘿蔔
（橘色・1片）
直針繡
（咖啡色・2股）

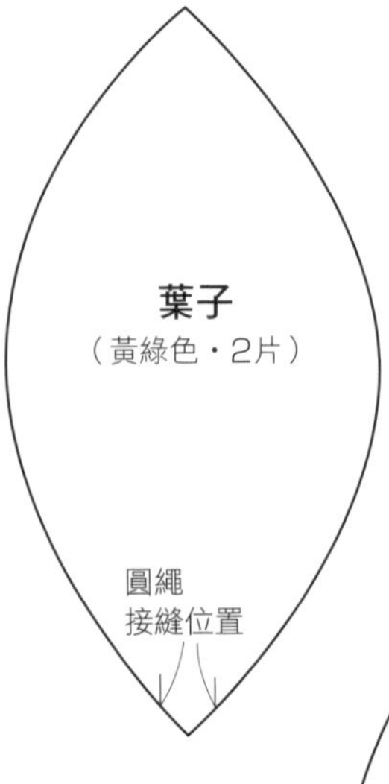
葉子
（黃綠色・2片）
圓繩
接縫位置

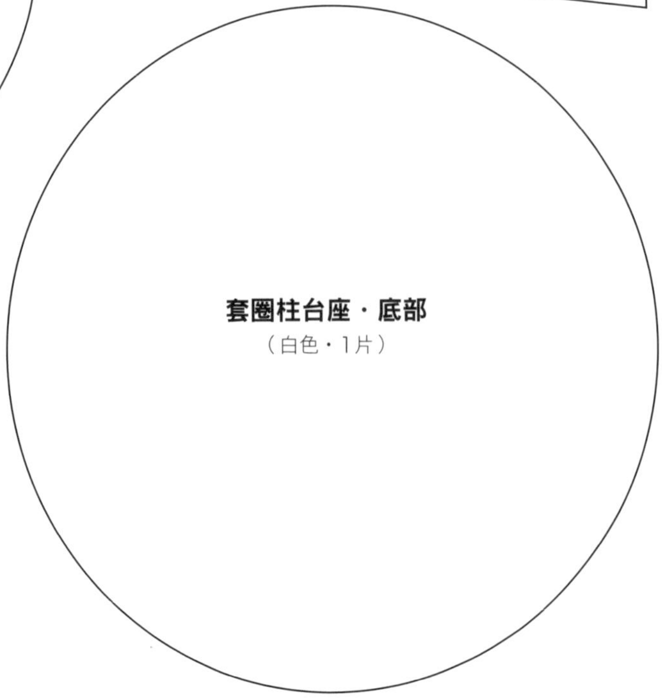
套圈柱台座・底部
（白色・1片）

套圈柱
（點點・1片）

胡蘿蔔葉子
（綠色・2片）
圓繩接縫位置

原寸紙型

＊不織布不需縫份，直接沿紙型線條裁剪即可。
＊□內的數字代表此處紙型重疊的層次。請分別作出各組件的紙型，再依數字順序重疊＆接縫製作。

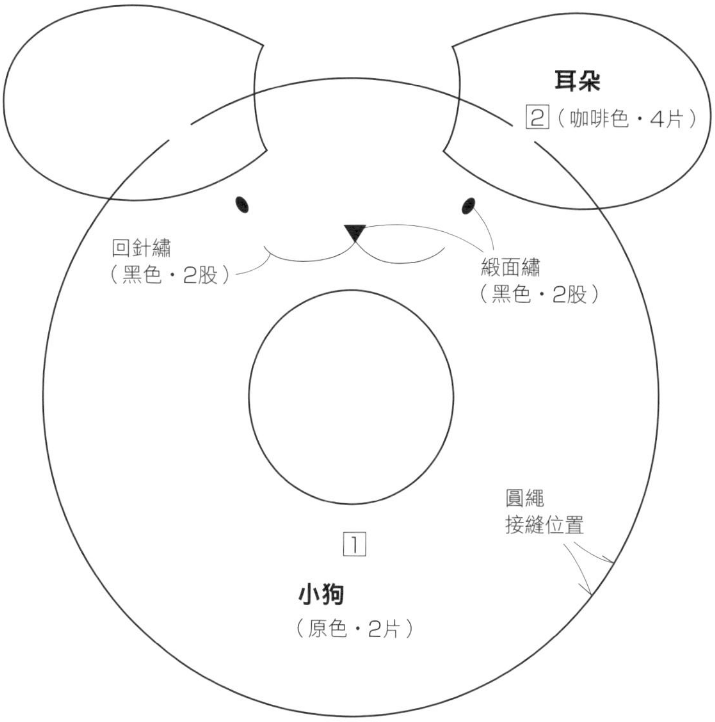
耳朵
2（咖啡色・4片）
回針繡
（黑色・2股）
緞面繡
（黑色・2股）
圓繩
接縫位置
1
小狗
（原色・2片）

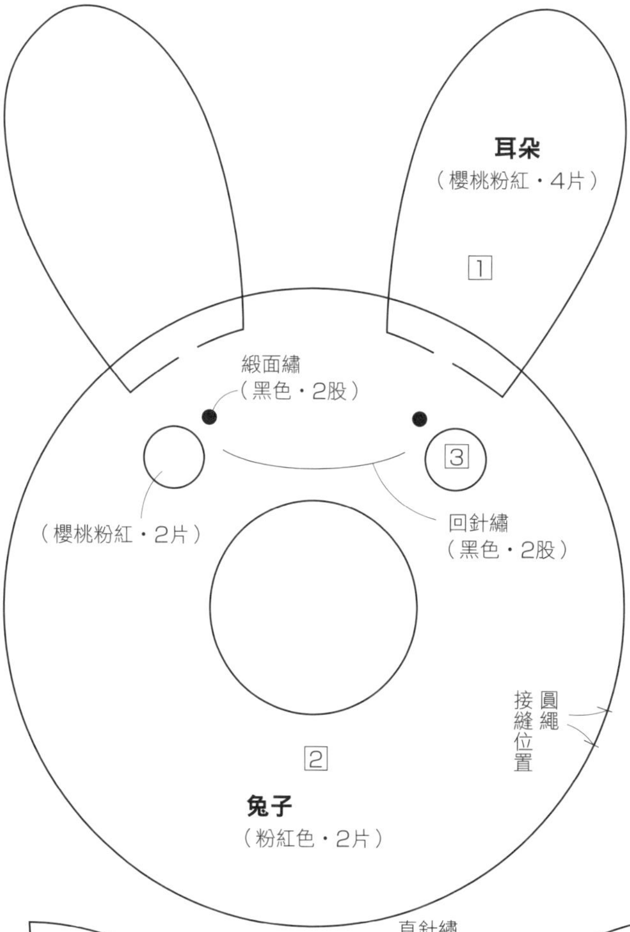
耳朵
（櫻桃粉紅・4片）
1
緞面繡
（黑色・2股）
3
（櫻桃粉紅・2片）
回針繡
（黑色・2股）
圓繩
接縫位置
2
兔子
（粉紅色・2片）

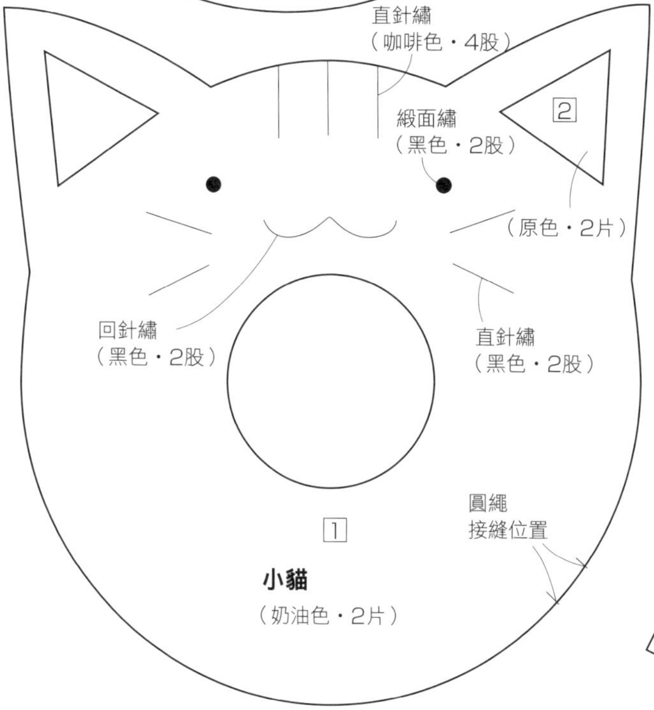
直針繡
（咖啡色・4股）
緞面繡
（黑色・2股）
2
（原色・2片）
回針繡
（黑色・2股）
直針繡
（黑色・2股）
圓繩
接縫位置
1
小貓
（奶油色・2片）

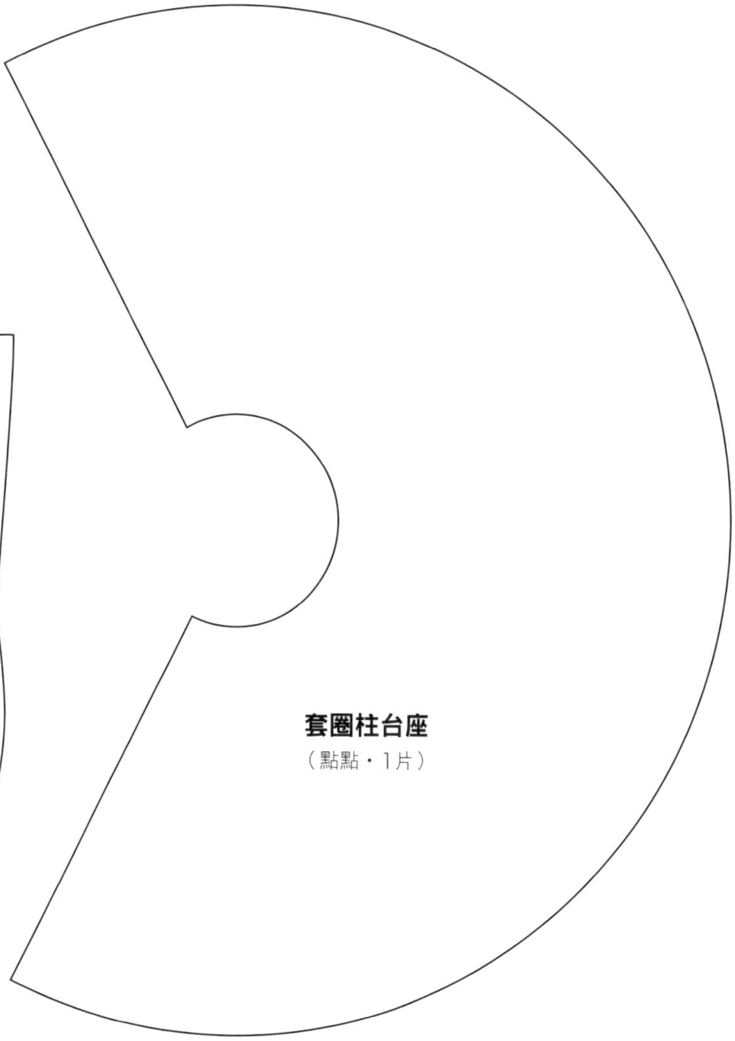
套圈柱台座
（點點・1片）

10 P.8

布繪本

材料

不織布
（白色・膚色）各18cm×18cm
（粉紅色・黃土色）各15cm×15cm
（咖啡色）14cm×12cm
（米色）14cm×8cm
（黑色）10cm×10cm
（深咖啡色・橘色）各5cm×5cm
A布（紅色素面）110cm寬×60cm
透明包裝袋（搓揉時會發出聲音）
　26cm×13cm　3片
25號繡線（黑色・白色）
魔鬼氈　2.5 cm寬×1.5cm
粗1cm圓繩　18cm
手工藝用白膠

●以與不織布相同顏色的車縫線進行縫製。
●縫合方法＆刺繡針法參見P.34。
●原寸紙型參見P.50至P.52。

※製圖皆已內含縫份。

製圖

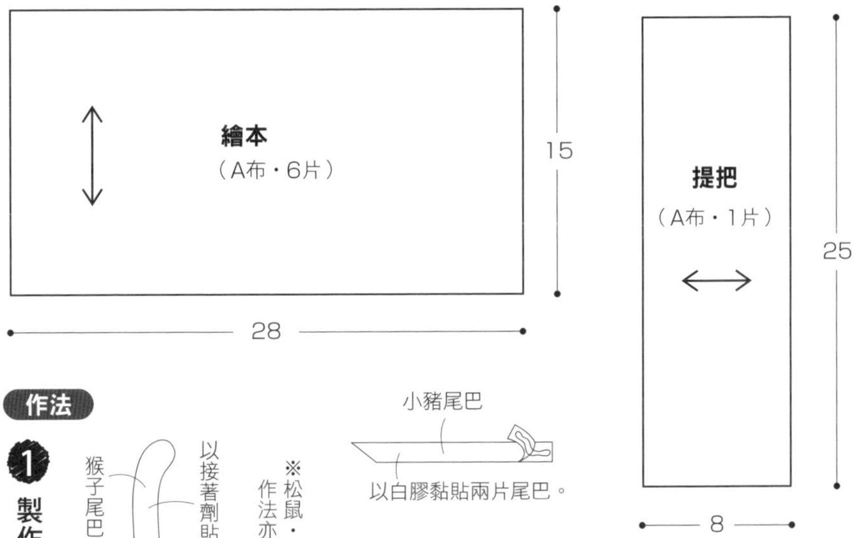
繪本
（A布・6片）
15
28
提把
（A布・1片）
25
8

作法

1 製作尾巴。

猴子尾巴
以接著劑貼合兩片猴子尾巴。

※松鼠・小狗・兔子作法亦同。

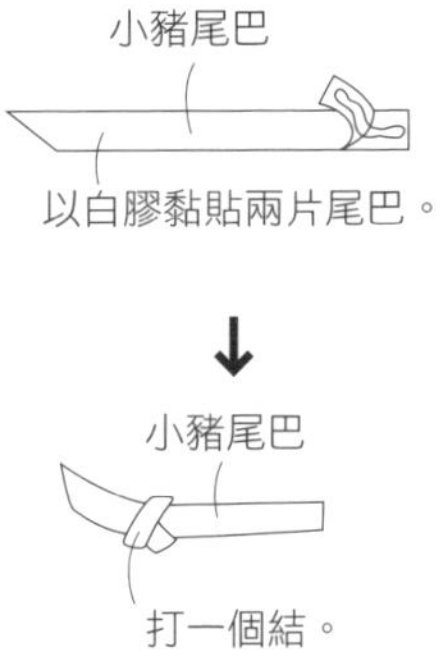
小豬尾巴
以白膠黏貼兩片尾巴。
小豬尾巴
打一個結。

2 製作動物表情。

③以白膠黏貼。
①以白膠黏貼。
②回針繡。
②以白膠黏貼。
①回針繡。
②以白膠黏貼。
①以白膠黏貼。
③回針繡。
②以白膠黏貼。
③直針繡。
①以白膠黏貼。
①以白膠黏貼。
③直針繡。
②以白膠黏貼。
①以白膠黏貼。
②直針繡。

3 貼上五官後，接縫尾巴＆進行刺繡。

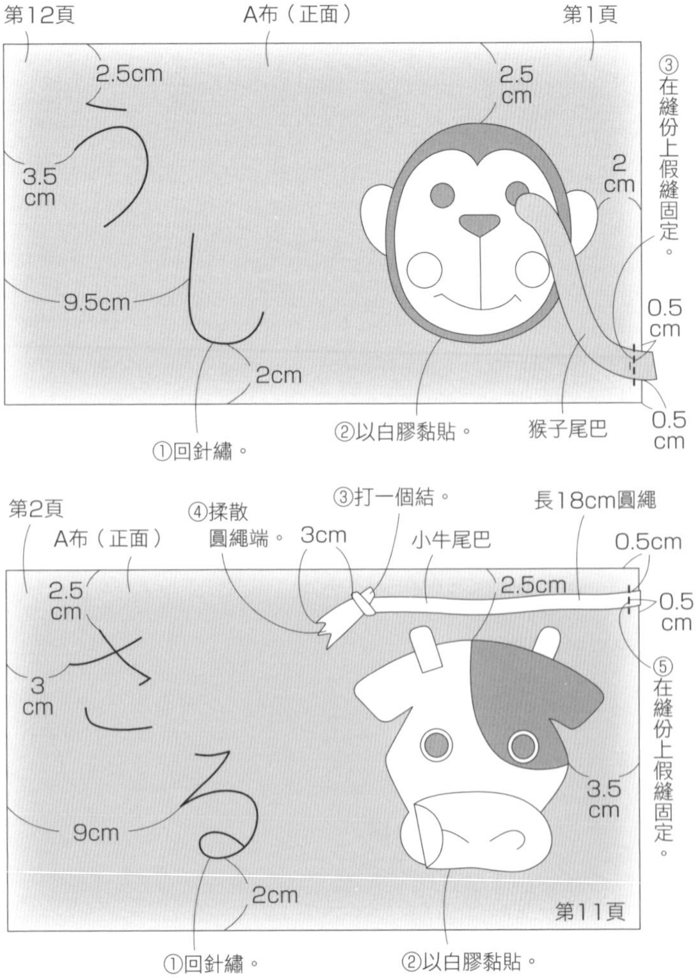
第12頁
A布（正面）
第1頁
2.5cm
2.5 cm
3.5 cm
2 cm
③在縫份上假縫固定。
9.5cm
0.5 cm
2cm
0.5 cm
①回針繡。
②以白膠黏貼。
猴子尾巴
第2頁
A布（正面）
④揉散圓繩端。
③打一個結。
3cm
小牛尾巴
長18cm圓繩
0.5cm
2.5 cm
2.5cm
0.5 cm
3 cm
⑤在縫份上假縫固定。
3.5 cm
9cm
2cm
第11頁
①回針繡。
②以白膠黏貼。

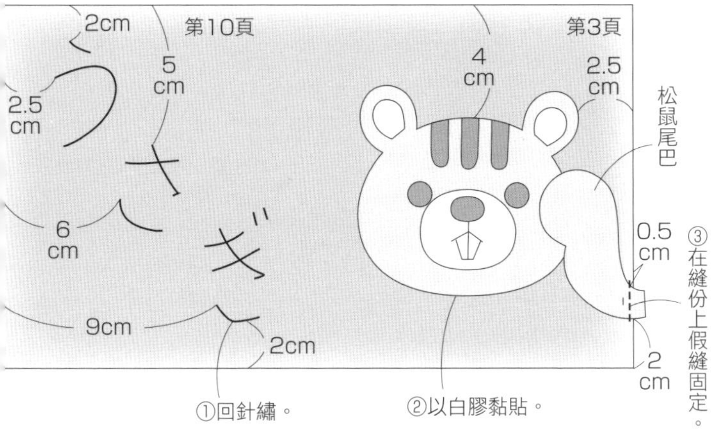

第10頁
第3頁
2cm
5 cm
2.5 cm
4 cm
2.5 cm
6 cm
9cm
2cm
松鼠尾巴
0.5 cm
③在縫份上假縫固定。
2 cm
①回針繡。
②以白膠黏貼。

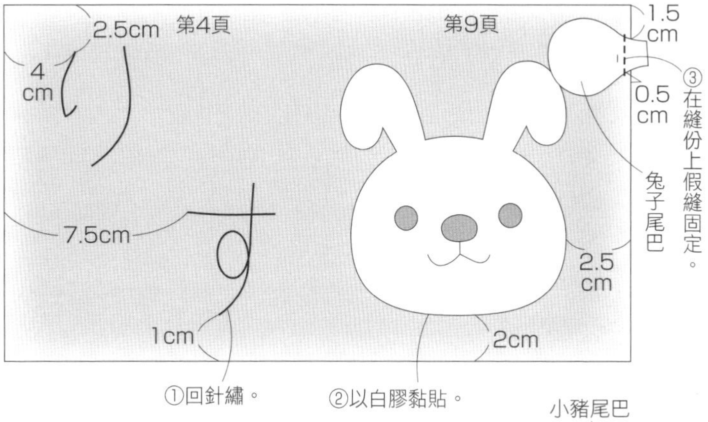

第4頁
第9頁
2.5cm
4 cm
1.5 cm
③在縫份上假縫固定。
0.5 cm
兔子尾巴
7.5cm
2.5 cm
1cm
2cm
①回針繡。
②以白膠黏貼。

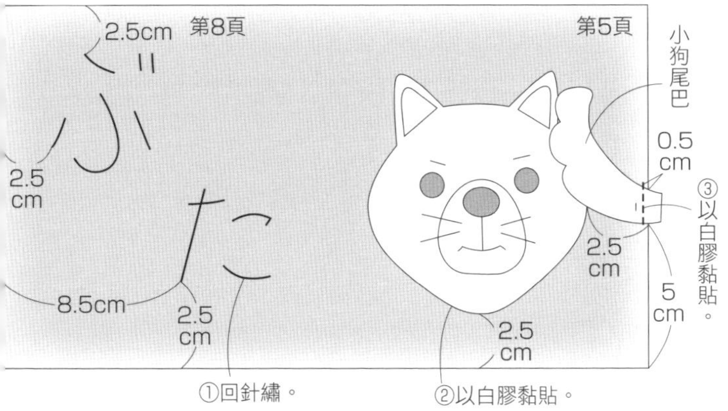

第8頁
第5頁
2.5cm
小狗尾巴
2.5 cm
0.5 cm
③以白膠黏貼。
2.5 cm
8.5cm
2.5 cm
5 cm
2.5 cm
①回針繡。
②以白膠黏貼。

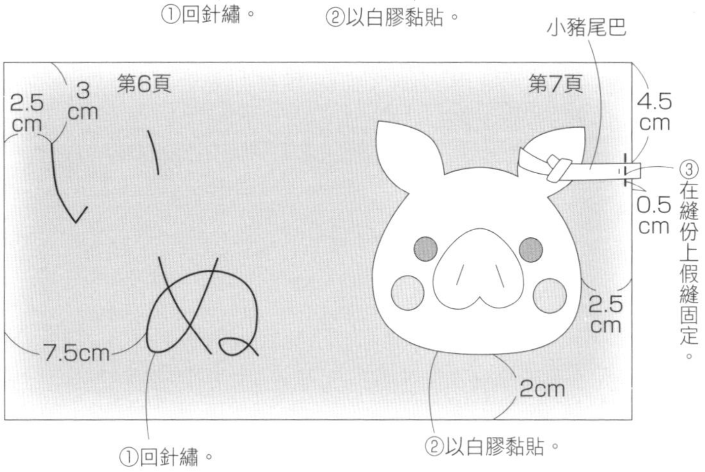

小豬尾巴
第6頁
第7頁
2.5 cm
3 cm
4.5 cm
③在縫份上假縫固定。
0.5 cm
2.5 cm
7.5cm
2cm
①回針繡。
②以白膠黏貼。

❹ 縫合繪本周圍。

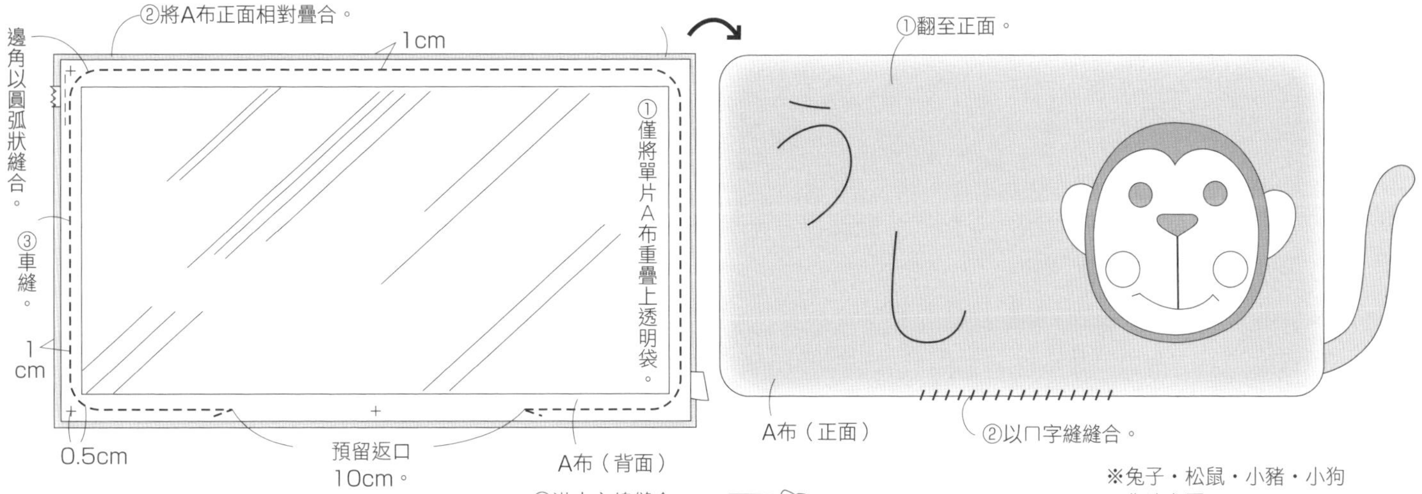

②將A布正面相對疊合。
1cm
邊角以圓弧狀縫合。
①僅將單片A布重疊上透明袋。
③車縫。
1 cm
0.5cm
預留返口10cm。
A布（背面）
①翻至正面。
A布（正面）
②以ㄇ字縫縫合。

※兔子・松鼠・小豬・小狗作法亦同。

❺ 重疊各頁進行縫合。

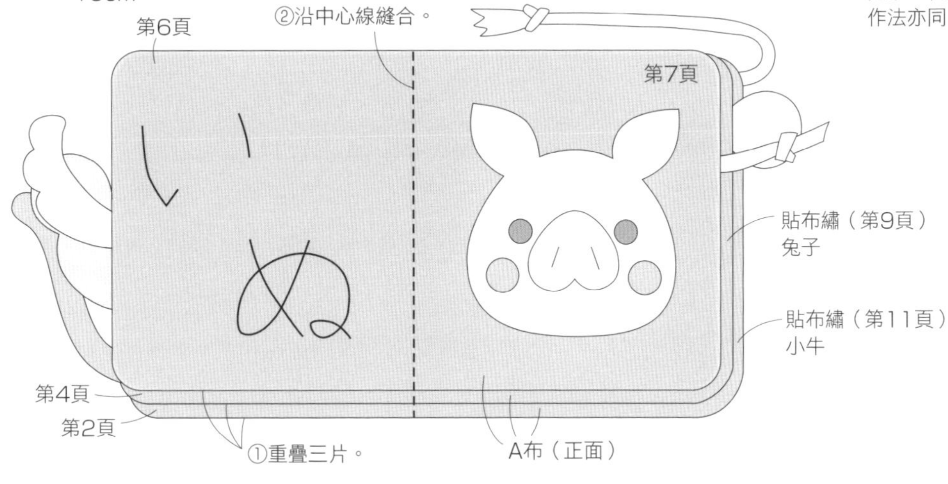

第6頁
②沿中心線縫合。
第7頁
貼布繡（第9頁）兔子
貼布繡（第11頁）小牛
第4頁
第2頁
①重疊三片。
A布（正面）

6 製作提把。

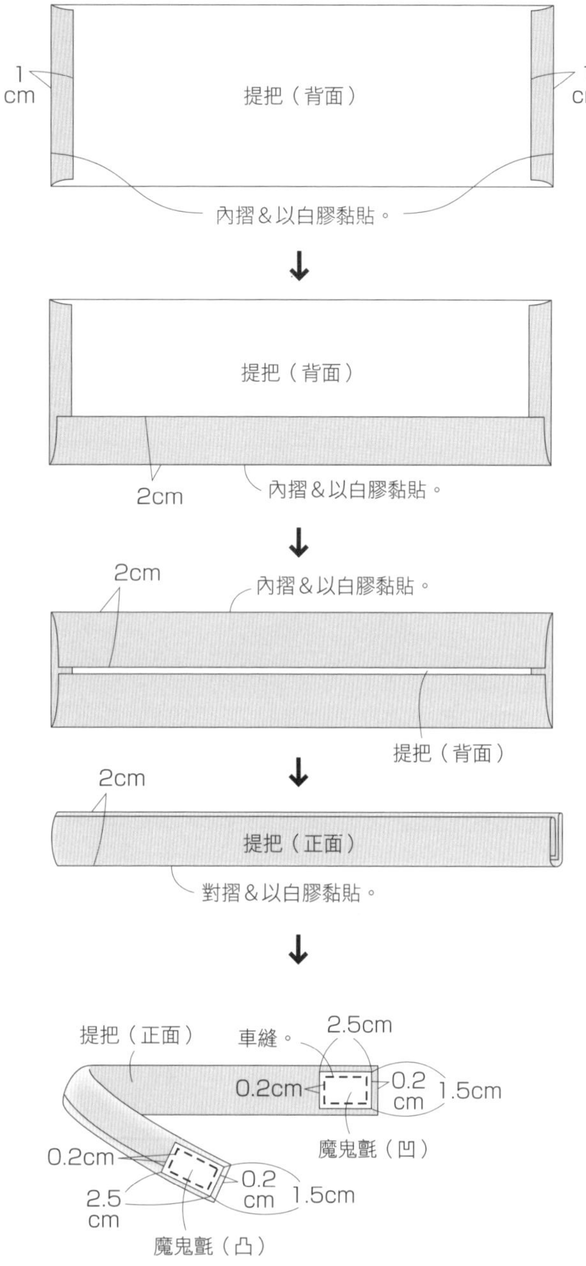

1 cm
提把（背面）
1 cm
內摺＆以白膠黏貼。
提把（背面）
2cm
內摺＆以白膠黏貼。
2cm
內摺＆以白膠黏貼。
提把（背面）
2cm
提把（正面）
對摺＆以白膠黏貼。
提把（正面）
車縫。
2.5cm
0.2cm
0.2 cm
1.5cm
魔鬼氈（凹）
0.2cm
2.5 cm
0.2 cm
1.5cm
魔鬼氈（凸）

7 接縫提把。

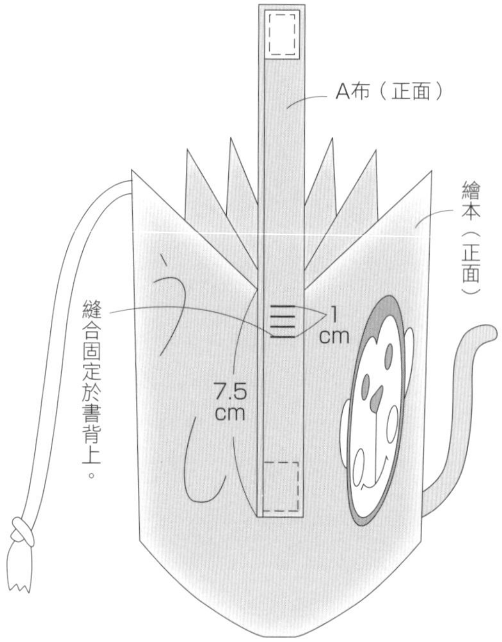

A布（正面）
繪本（正面）
縫合固定於書背上。
1 cm
7.5 cm

8 完成！

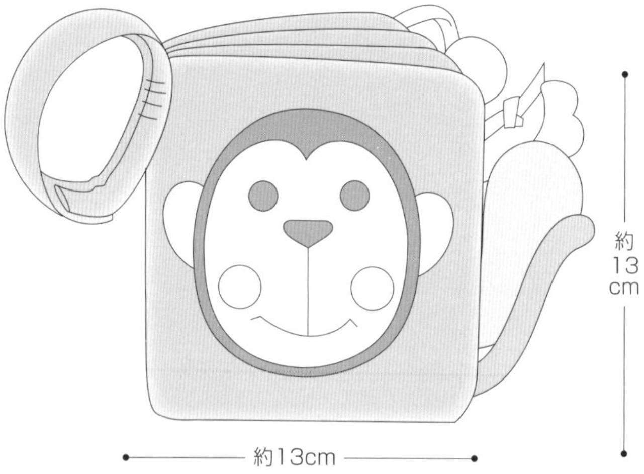

約13cm
約13cm

原寸紙型

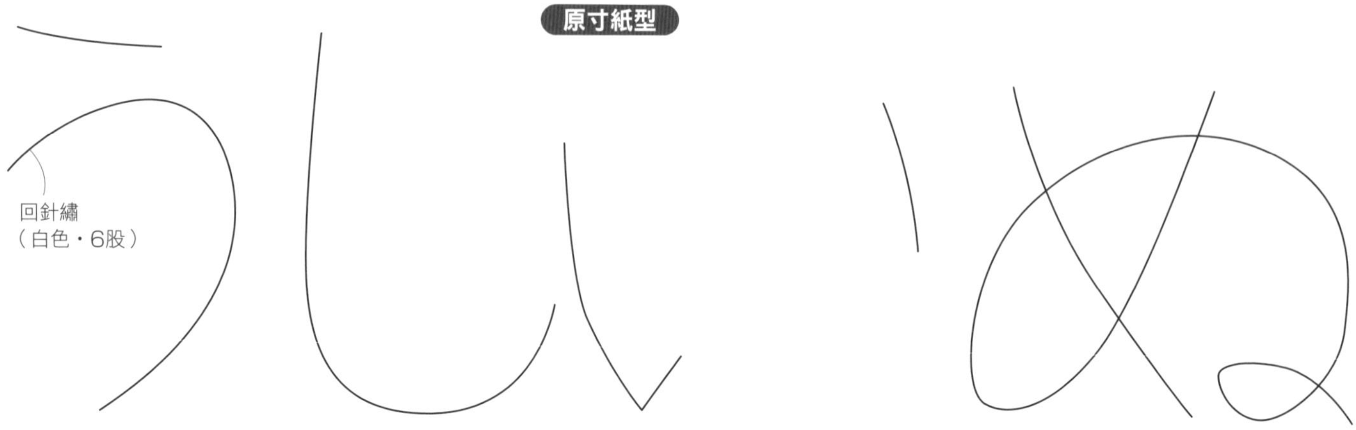

回針繡（白色・6股）

原寸紙型・圖案

＊不織布不需縫份，直接沿紙型線條裁剪即可。
＊□內的數字代表此處紙型重疊的層次。
請分別作出各組件的紙型，
再依數字順序重疊＆接縫製作。

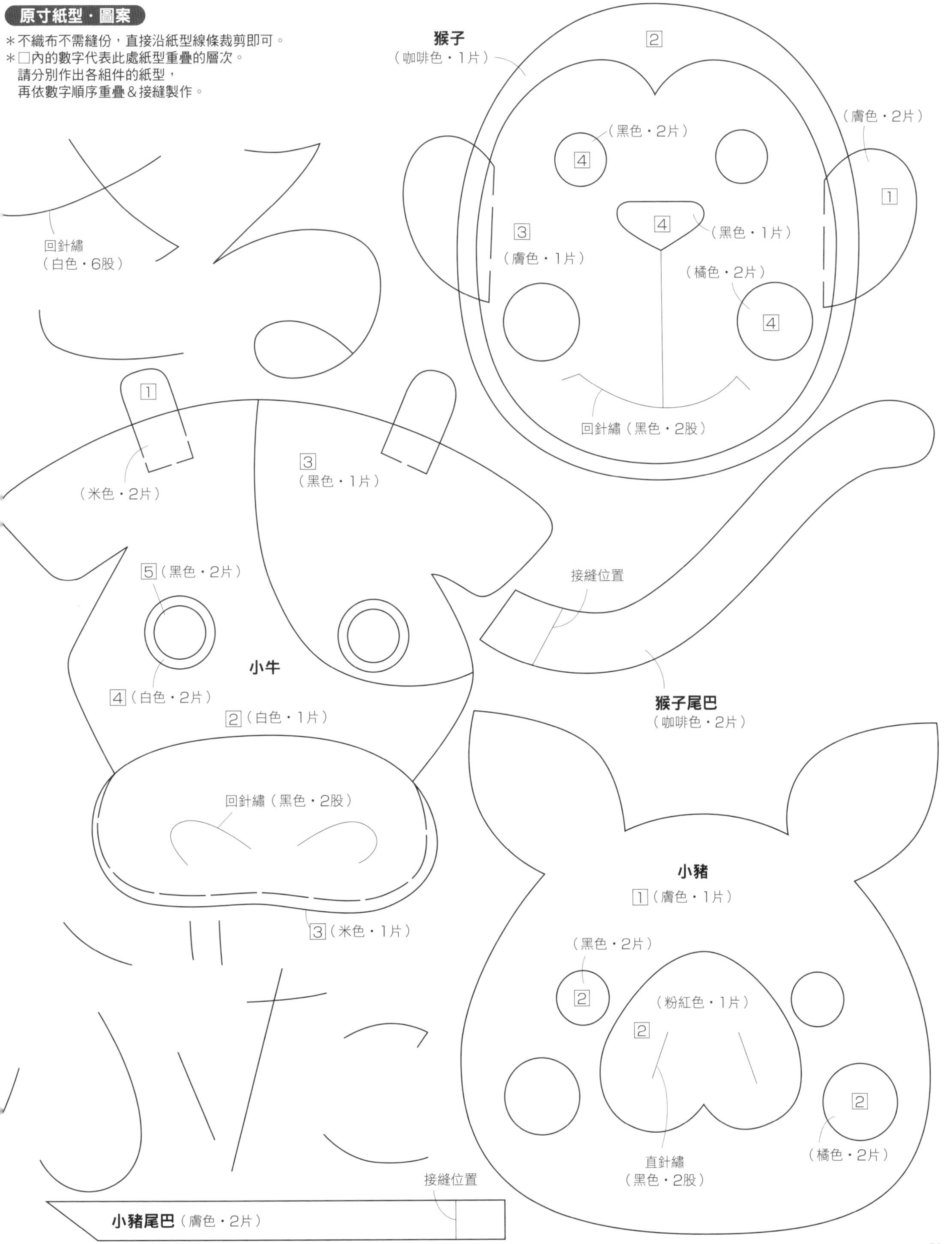

猴子
2
（咖啡色・1片）
（膚色・2片）
（黑色・2片）
4
1
4
（黑色・1片）
3
（膚色・1片）
（橘色・2片）
4
回針繡（黑色・2股）
回針繡
（白色・6股）
1
3
（黑色・1片）
（米色・2片）
5（黑色・2片）
接縫位置
小牛
4（白色・2片）
2（白色・1片）
猴子尾巴
（咖啡色・2片）
回針繡（黑色・2股）
3（米色・1片）
小豬
1（膚色・1片）
（黑色・2片）
2
（粉紅色・1片）
2
2
直針繡
（黑色・2股）
（橘色・2片）
接縫位置
小豬尾巴（膚色・2片）

原寸紙型・圖案

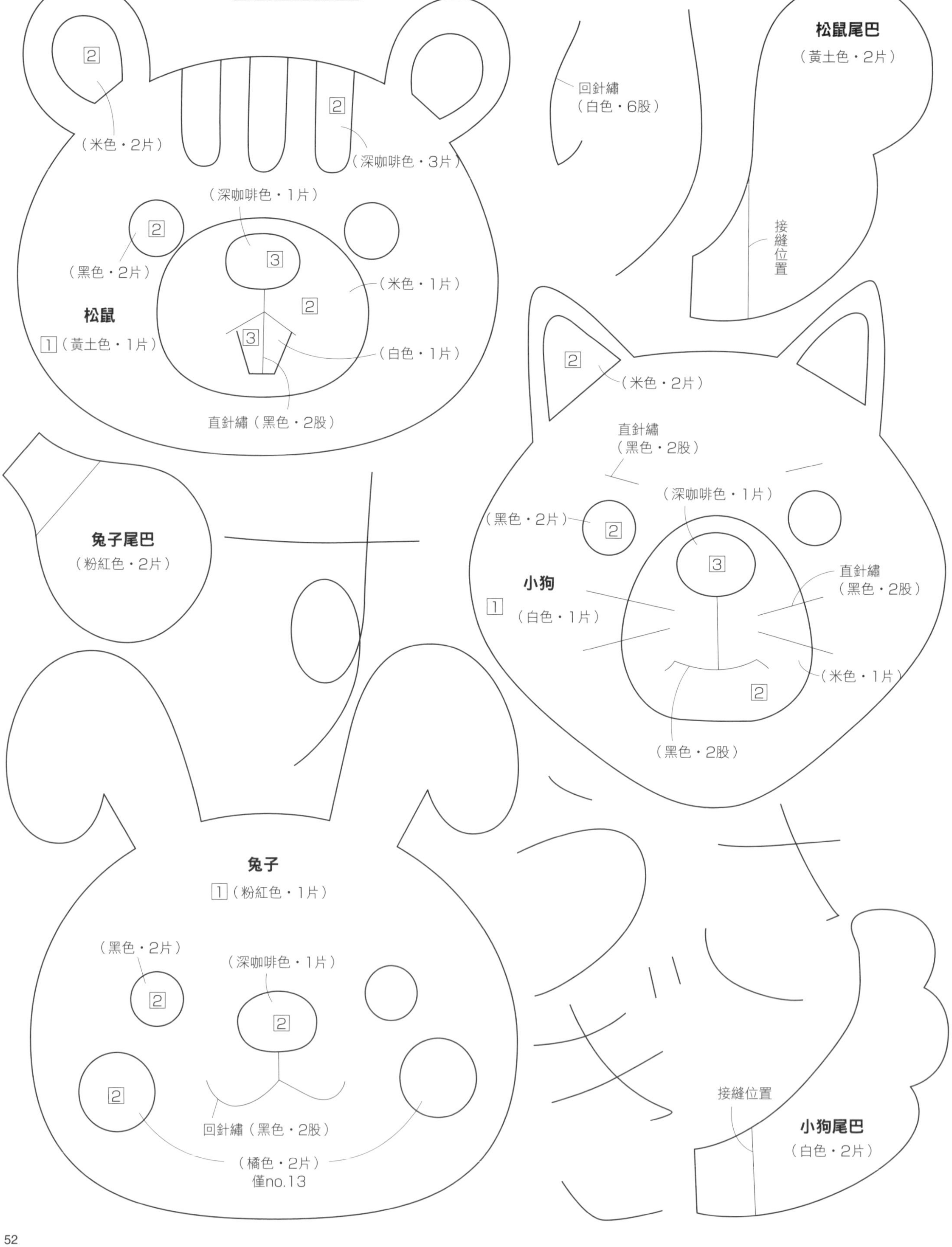

2
（米色・2片）
2
（深咖啡色・3片）
（深咖啡色・1片）
2
（黑色・2片）
3
2
（米色・1片）
松鼠
1（黃土色・1片）
3
（白色・1片）
直針繡（黑色・2股）
回針繡
（白色・6股）
松鼠尾巴
（黃土色・2片）
接縫位置
2
（米色・2片）
直針繡
（黑色・2股）
（深咖啡色・1片）
（黑色・2片）
2
3
小狗
1
（白色・1片）
直針繡
（黑色・2股）
（米色・1片）
2
（黑色・2股）
兔子尾巴
（粉紅色・2片）
兔子
1（粉紅色・1片）
（黑色・2片）
（深咖啡色・1片）
2
2
2
回針繡（黑色・2股）
（橘色・2片）
僅no.13
接縫位置
小狗尾巴
（白色・2片）

13 P.11

旋轉可愛動物

材料

毛巾布
（粉紅色）15cm×15cm×2片
（黃色）15cm×15cm
（橘色）15cm×13cm
（米色）15cm×10cm
（白色）15cm×9cm
（紅色・黃綠色）各13cm×13cm
（水藍色）13cm×13cm×2片
（膚色）12cm×12cm
（紫色・黑色）各10cm×10cm
（深咖啡色）5cm×4cm
25號繡線（同不織布顏色・黑色）
直徑0.8cm暗釦　3組
手工藝用白膠

●以與不織布相同顏色的1股25號繡線進行縫製。
●縫合方法＆刺繡針法參見P.34。
●原寸紙型參見P.51・P.52・P.55。

製圖

※製圖皆已內含縫份。

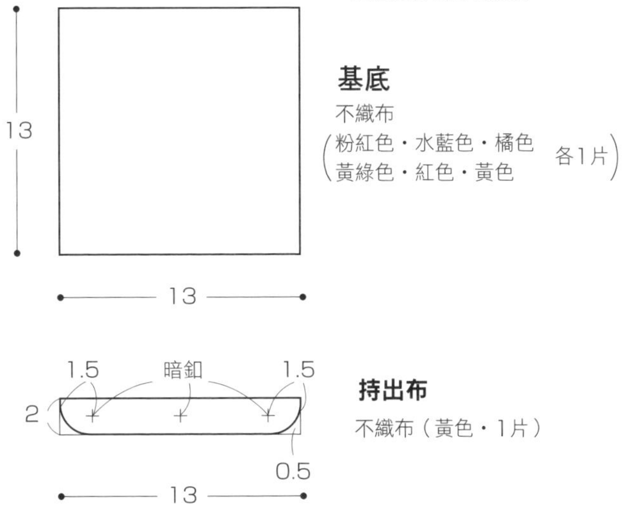

13
13
基底
不織布
（粉紅色・水藍色・橘色
黃綠色・紅色・黃色　各1片）
1.5
暗釦
1.5
2
0.5
13
持出布
不織布（黃色・1片）

作法

1 製作動物表情＆貼在基底上。

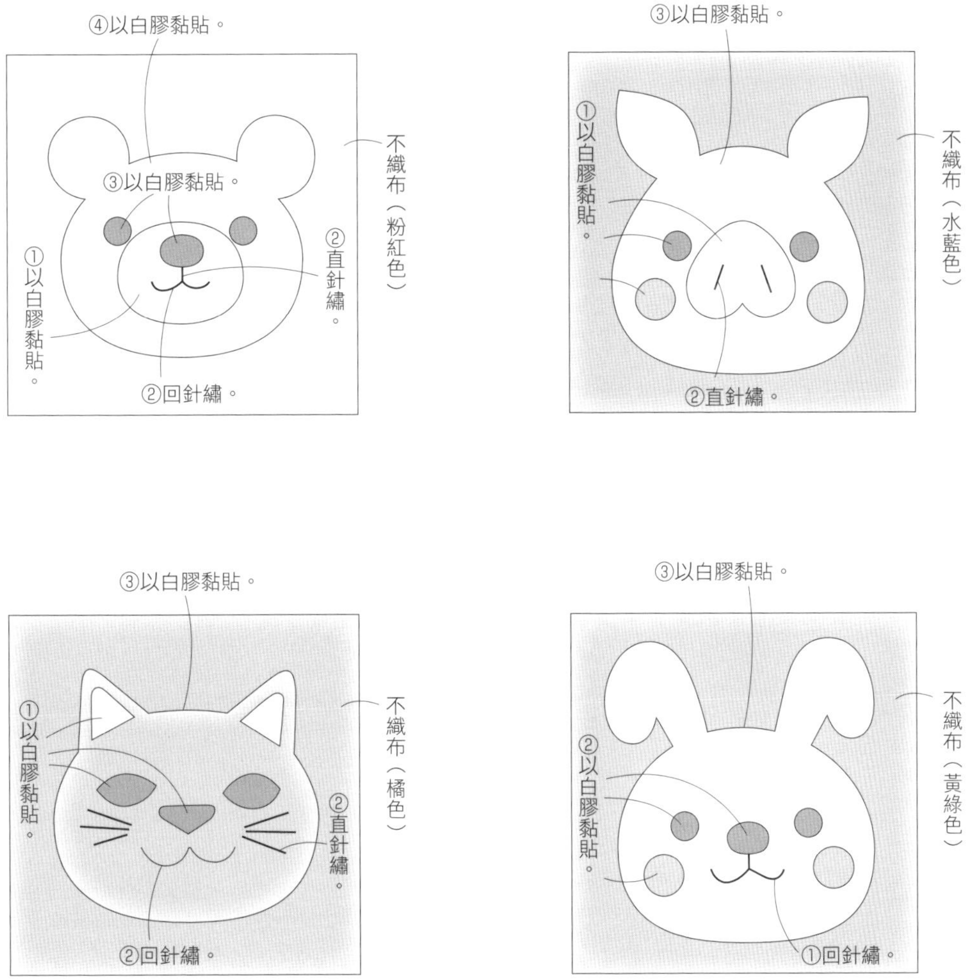

④以白膠黏貼。
③以白膠黏貼。
①以白膠黏貼。
②直針繡。
②回針繡。
不織布（粉紅色）
③以白膠黏貼。
①以白膠黏貼。
②直針繡。
不織布（水藍色）
③以白膠黏貼。
①以白膠黏貼。
②直針繡。
②回針繡。
不織布（橘色）
③以白膠黏貼。
②以白膠黏貼。
①回針繡。
不織布（黃綠色）

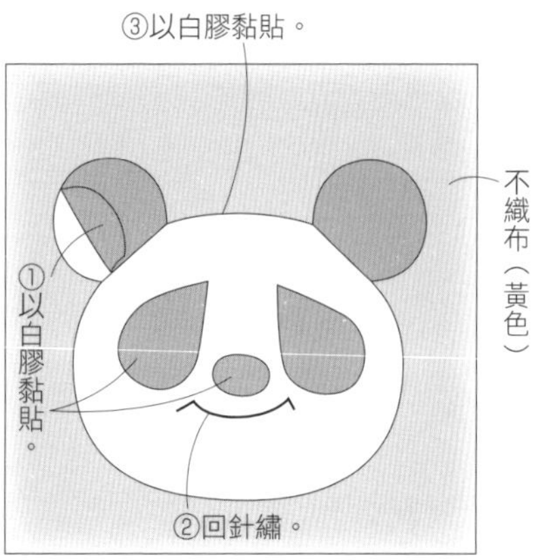
③以白膠黏貼。
不織布（黃色）
①以白膠黏貼。
②回針繡。

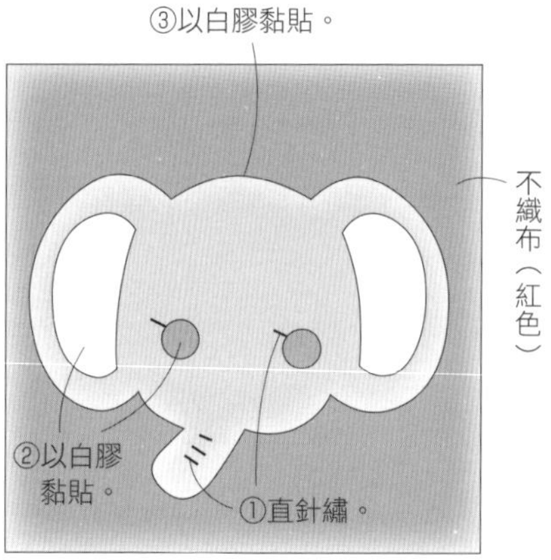
③以白膠黏貼。
不織布（紅色）
②以白膠黏貼。
①直針繡。

❷ 接縫基底，完成！

1.5cm
①縫上暗釦（凸）。
1
cm
1.5cm
②捲邊縫。

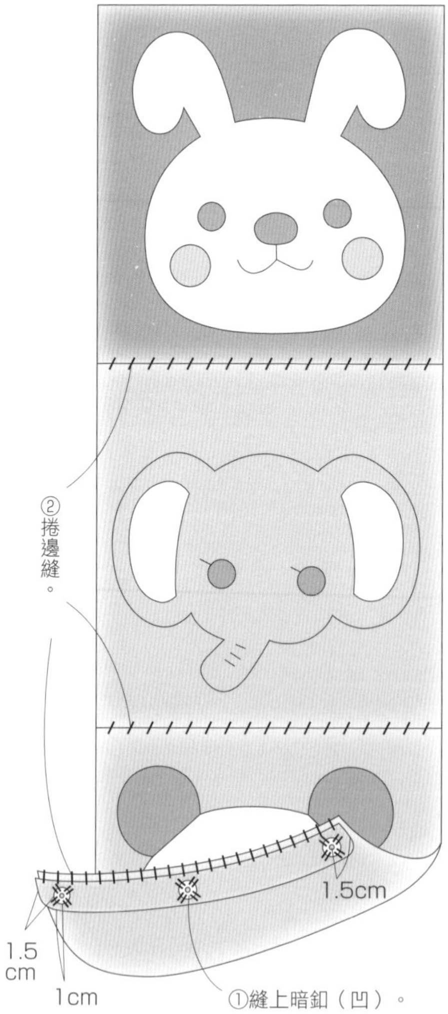
②捲邊縫。
1.5cm
1.5
cm
1cm
①縫上暗釦（凹）。

→

完成！

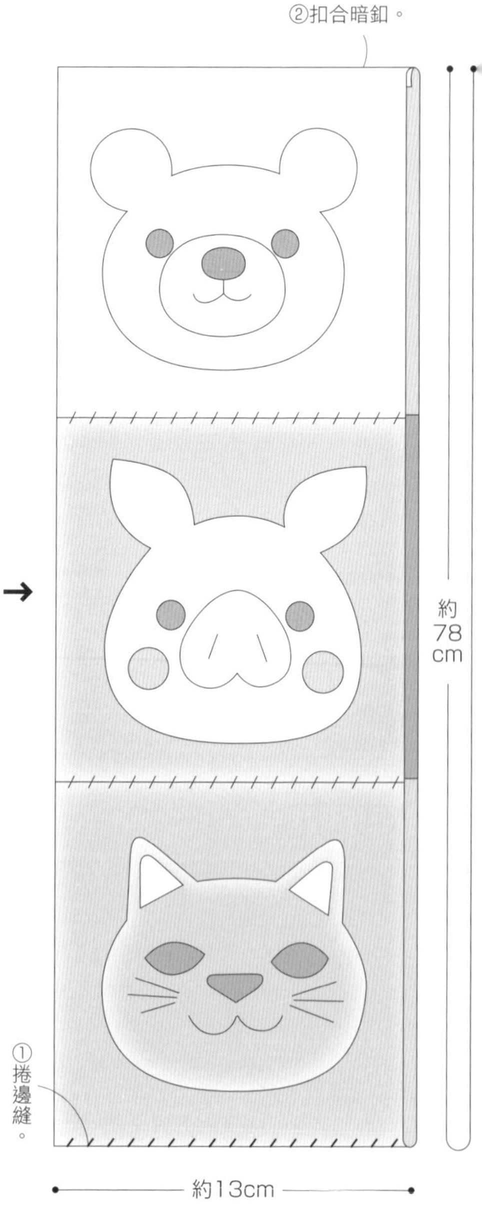
②扣合暗釦。
約
78
cm
①捲邊縫。
約13cm

原寸紙型

＊不織布不需縫份，直接沿紙型線條裁剪即可。
＊□內的數字代表此處紙型重疊的層次。
請分別作出各組件的紙型，
再依數字順序重疊＆接縫製作。
＊小豬參見P.51、兔子參見P.52。

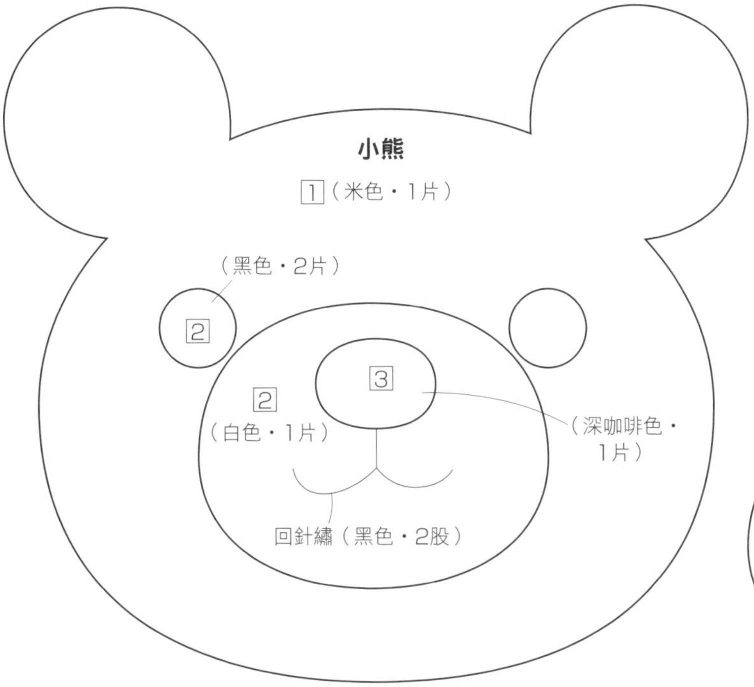
小熊
1（米色・1片）
（黑色・2片）
2
2
（白色・1片）
3
（深咖啡色・1片）
回針繡（黑色・2股）

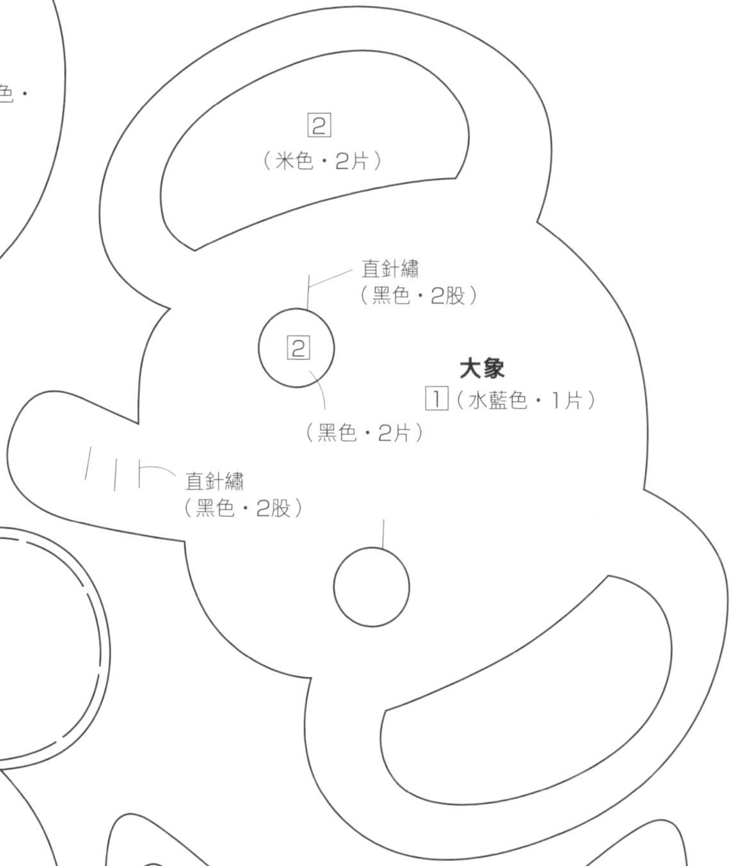
2
（米色・2片）
直針繡（黑色・2股）
2
大象
1（水藍色・1片）
（黑色・2片）
直針繡（黑色・2股）

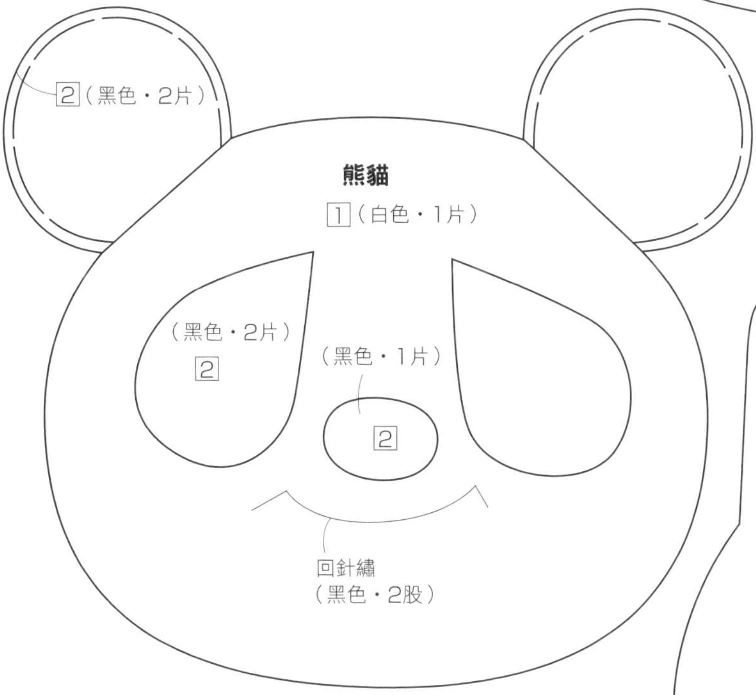
2（黑色・2片）
熊貓
1（白色・1片）
（黑色・2片）
2
（黑色・1片）
2
回針繡（黑色・2股）

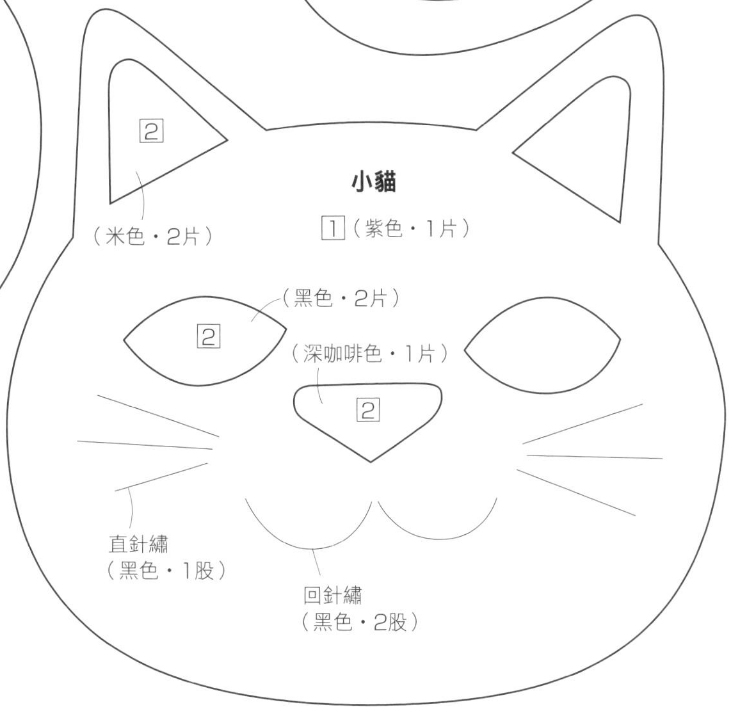
2
小貓
1（紫色・1片）
（米色・2片）
（黑色・2片）
2
（深咖啡色・1片）
2
直針繡（黑色・1股）
回針繡（黑色・2股）

11・12 P.10

拉拉看！拉拉看！

11 材料

不織布
（紅色）18cm×18cm×2片
（水藍色・黃色）各10cm×8cm
（黃綠色）10cm×7cm
厚紙板　25.7cm×36.4cm（B4尺寸）×1片
25號繡線（同不織布顏色・白色）
粗0.6cm圓繩（黃色）90cm
彈珠　1個
手工藝用白膠
透明膠帶
雙面膠

12 材料

不織布
（黃綠色）18cm×18cm×2片
（紫色・黃色・粉紅色）各10cm×10cm
厚紙板　25.7cm×36.4cm（B4尺寸）×1片
25號繡線（同不織布顏色・白色）
粗0.6cm圓繩（紅色）90cm
彈珠　1個
手工藝用白膠
透明膠帶
雙面膠

●以與不織布相同顏色的1股25號繡線進行縫製。
●縫合方法＆刺繡針法參見P.34。
●**原寸紙型參見P.58。**

作法

1 連接兩片厚紙板＆開洞孔。

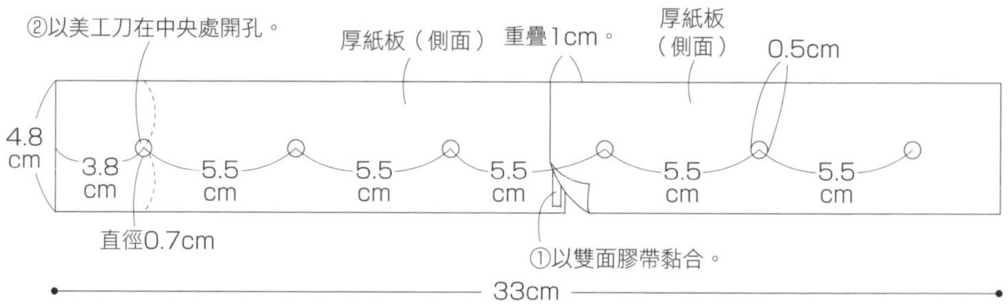
②以美工刀在中央處開孔。
厚紙板（側面）
重疊1cm。
厚紙板（側面）
0.5cm
4.8 cm
3.8 cm
5.5 cm
5.5 cm
5.5 cm
5.5 cm
5.5 cm
直徑0.7cm
①以雙面膠帶黏合。
33cm

2 製作厚紙板基底。

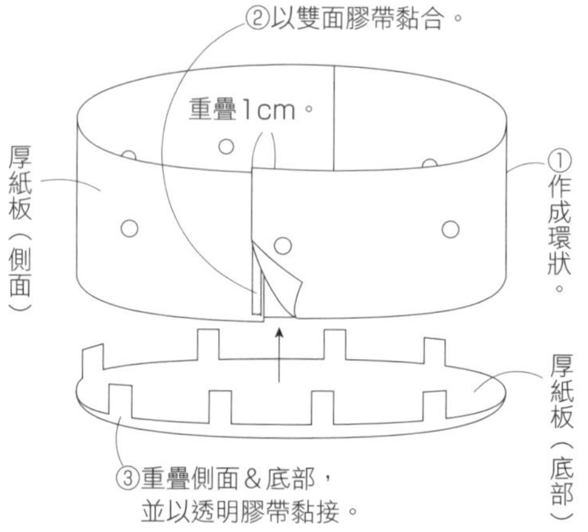
②以雙面膠帶黏合。
重疊1cm。
厚紙板（側面）
①作成環狀。
厚紙板（底部）
③重疊側面＆底部，
並以透明膠帶黏接。

3 接縫側面不織布＆割開洞孔。

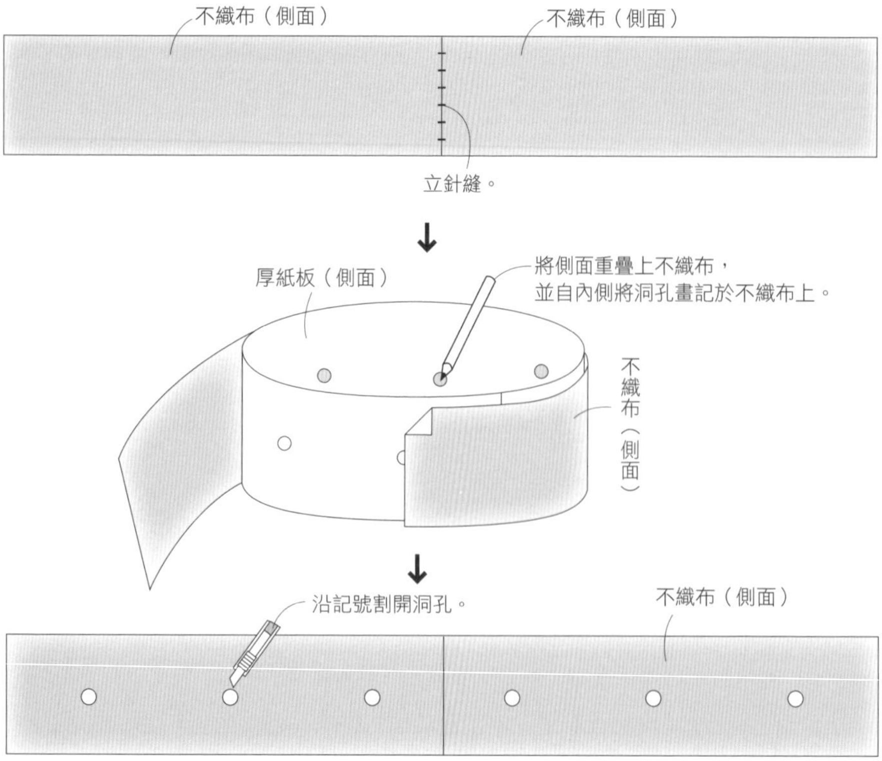
不織布（側面）
不織布（側面）
立針縫。
厚紙板（側面）
將側面重疊上不織布，
並自內側將洞孔畫記於不織布上。
不織布（側面）
沿記號割開洞孔。
不織布（側面）

4 將不織布貼在厚紙板上。

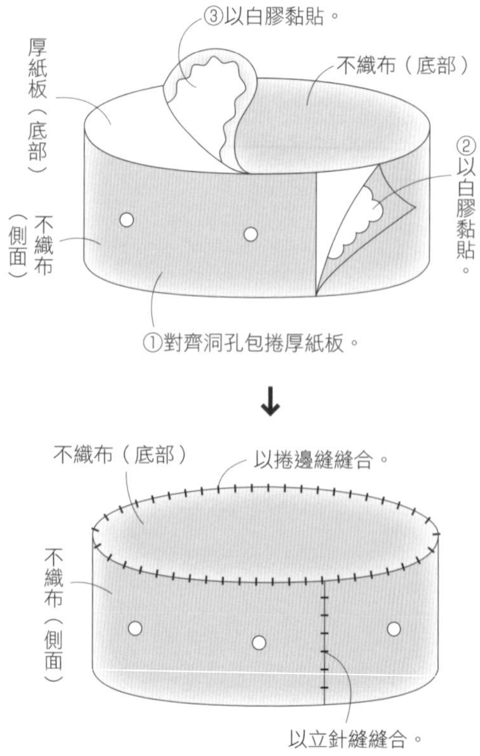
③以白膠黏貼。
厚紙板（底部）
不織布（底部）
②以白膠黏貼。
不織布（側面）
①對齊洞孔包捲厚紙板。
不織布（底部）
以捲邊縫縫合。
不織布（側面）
以立針縫縫合。

5 穿過圓繩。

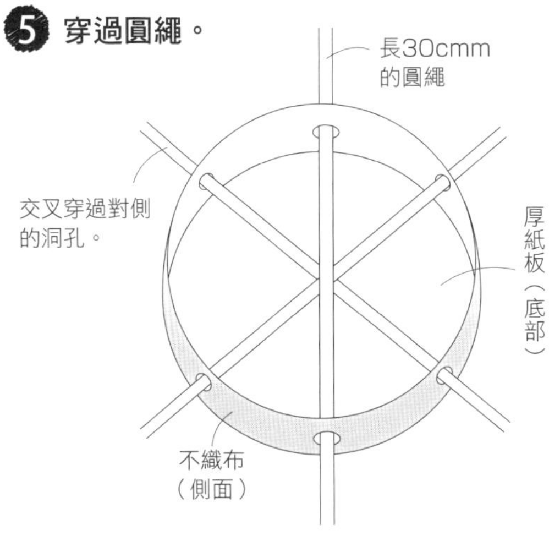
長30cmm
的圓繩
交叉穿過對側
的洞孔。
厚紙板（底部）
不織布
（側面）

6 貼上厚紙板上側面。

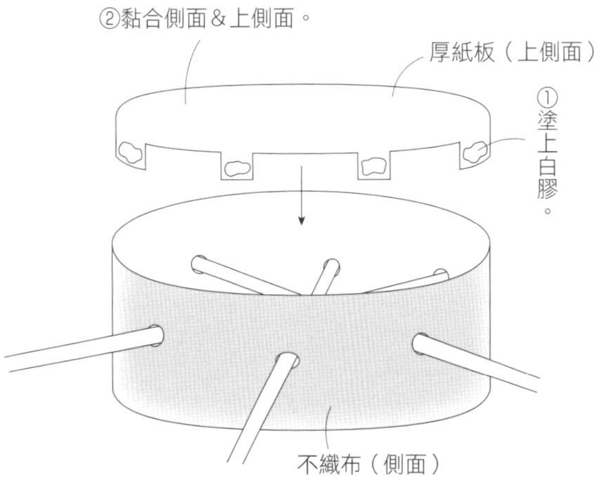
②黏合側面＆上側面。
厚紙板（上側面）
①塗上白膠。
不織布（側面）

7 將上側面貼上不織布裝飾圖案。

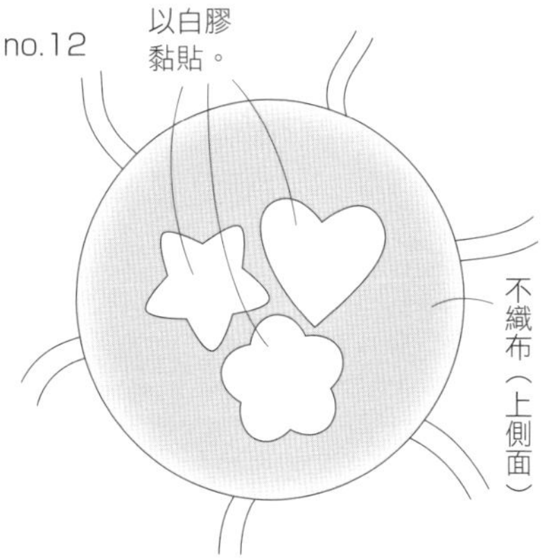
no.12
以白膠
黏貼。
不織布（上側面）

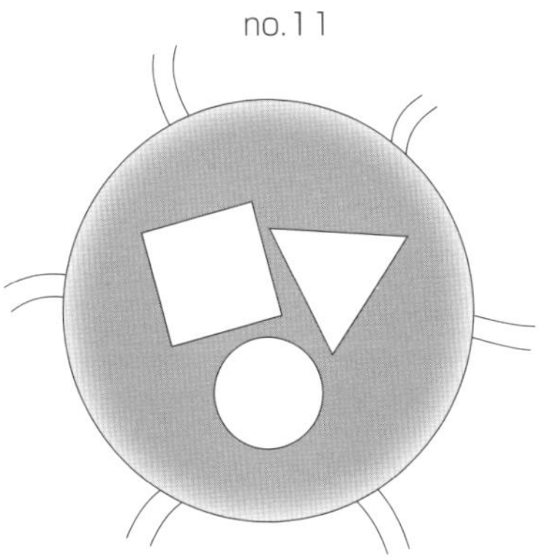
no.11

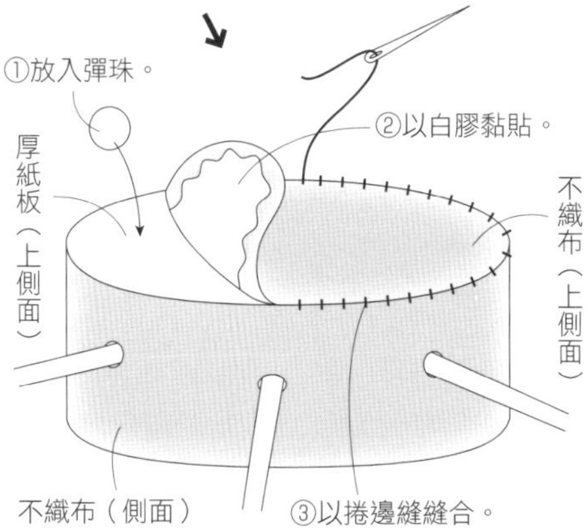
①放入彈珠。
②以白膠黏貼。
厚紙板（上側面）
不織布（上側面）
不織布（側面）
③以捲邊縫縫合。

8 將圓繩邊端貼上裝飾，完成！

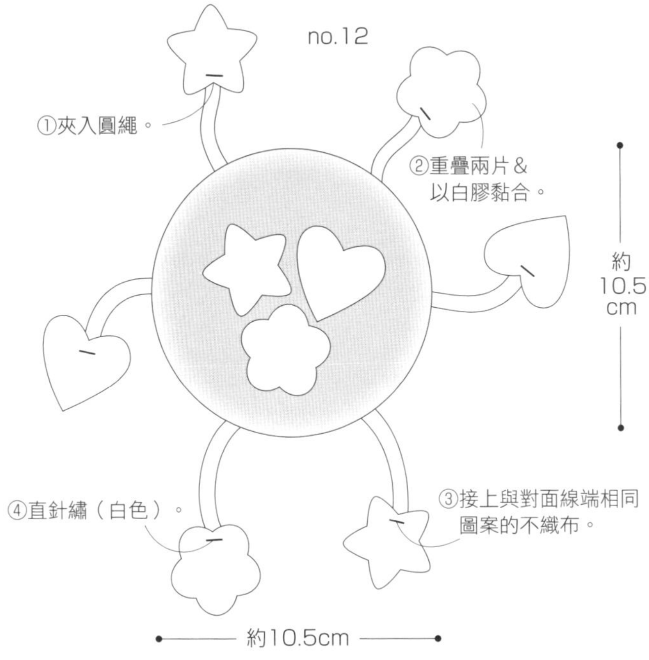
no.12
①夾入圓繩。
②重疊兩片＆
以白膠黏合。
約
10.5
cm
④直針繡（白色）。
③接上與對面線端相同
圖案的不織布。
約10.5cm

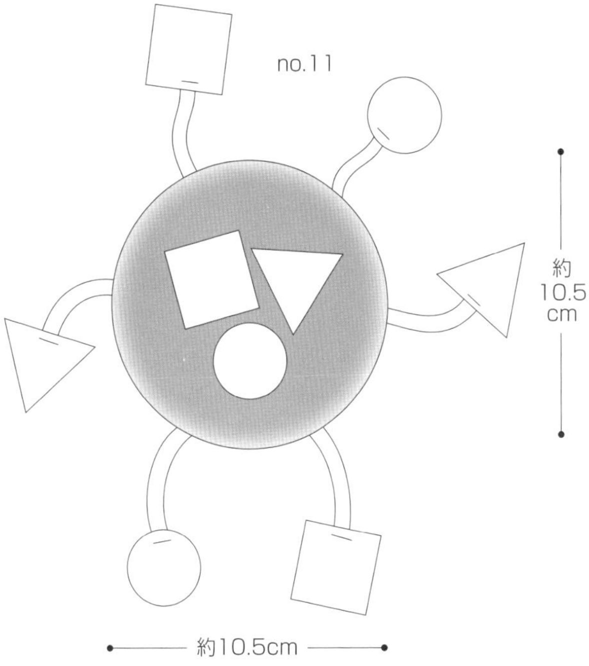
no.11
約
10.5
cm
約10.5cm

原寸紙型

＊不織布不需縫份，直接沿紙型線條裁剪即可。
＊♥＝厚紙板黏貼處。上側面＆底部厚紙板請沿附黏份紙型的外側線裁剪。

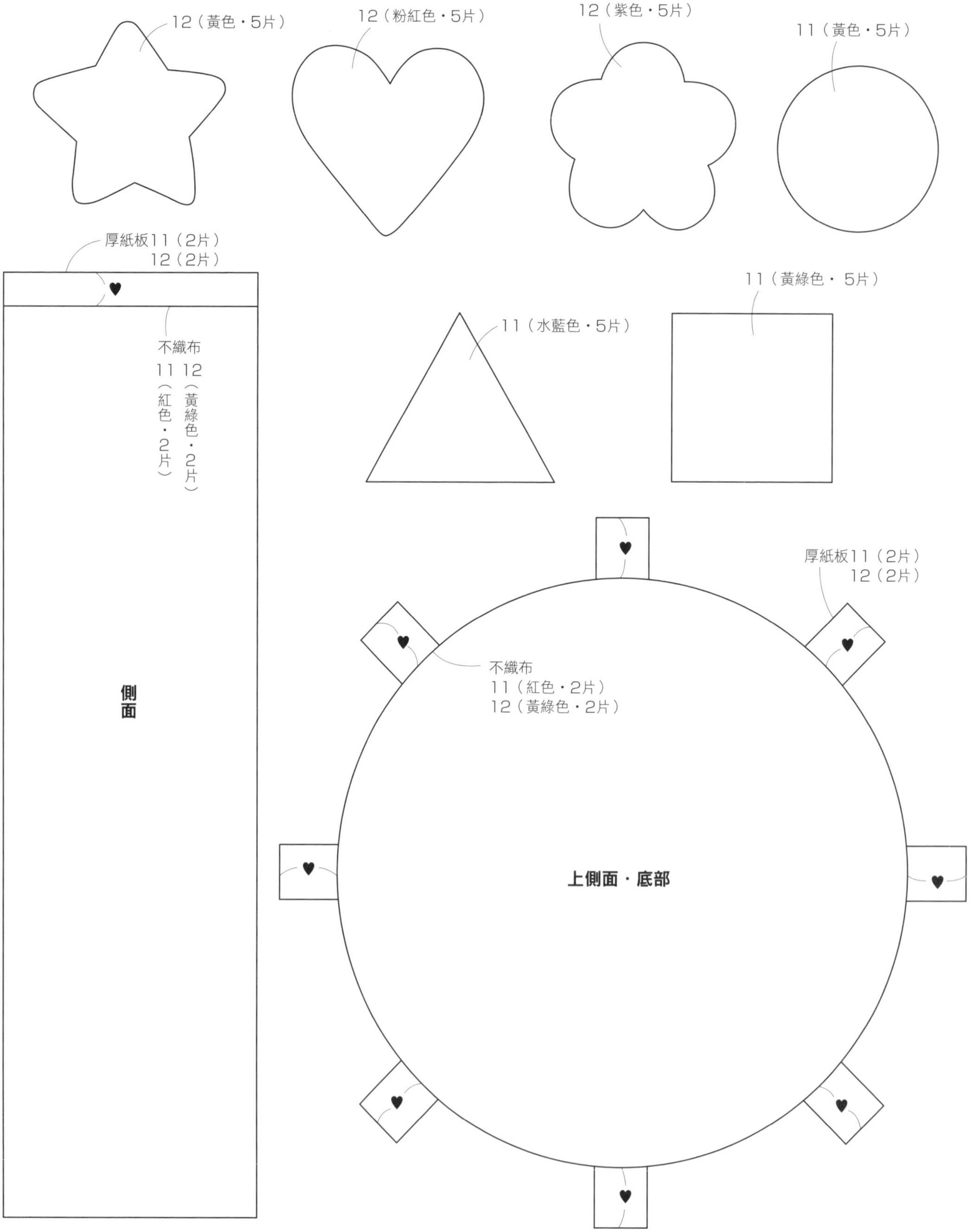
12（黃色・5片）
12（粉紅色・5片）
12（紫色・5片）
11（黃色・5片）
厚紙板11（2片）
12（2片）
不織布
11（紅色・2片）
12（黃綠色・2片）
側面
11（水藍色・5片）
11（黃綠色・5片）
厚紙板11（2片）
12（2片）
不織布
11（紅色・2片）
12（黃綠色・2片）
上側面・底部

14 P.12

交通工具組合
巴士

材料

毛巾布
（黃色）18cm×18cm
（橘色）13cm×9cm
（白色）10cm×10cm
（黑色）8cm×9cm
（群青色）4cm×2cm
厚4cm海綿　13cm×8cm
25號繡線（同不織布顏色）

●以與不織布相同顏色的2股25號繡線進行縫製。
●縫合方法＆刺繡針法參見P.34。
●**原寸紙型參見P.59・P.60。**

作法

1 裁切海綿。

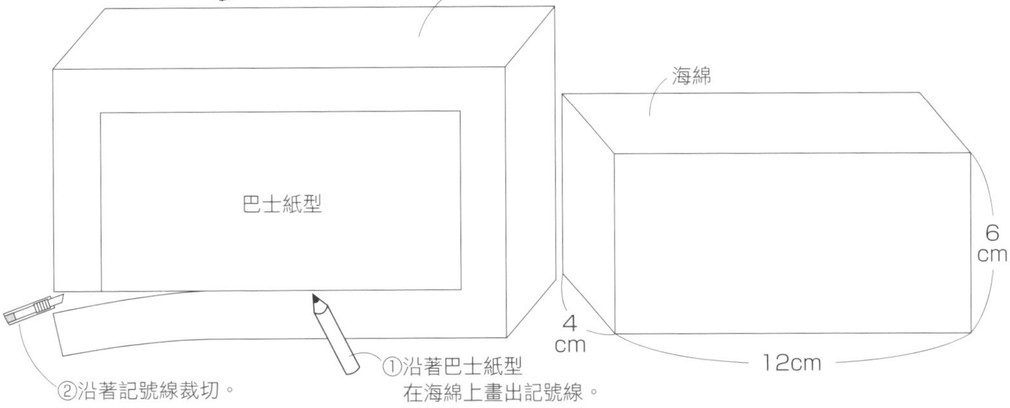

海綿
海綿
巴士紙型
6cm
4cm
12cm
①沿著巴士紙型在海綿上畫出記號線。
②沿著記號線裁切。

2 縫上側面的裝飾圖案。

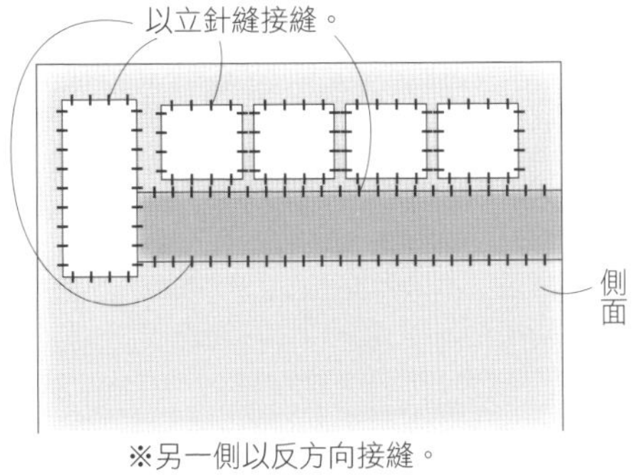

以立針縫接縫。
側面
※另一側以反方向接縫。

3 將前側面＆後側面縫上裝飾圖案。

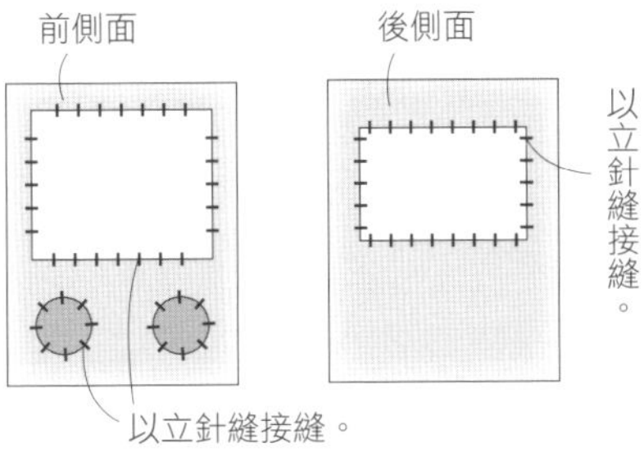

前側面
後側面
以立針縫接縫
以立針縫接縫。

4 接縫公車側面・底部・上側面・前側面＆縫上一片輪胎。

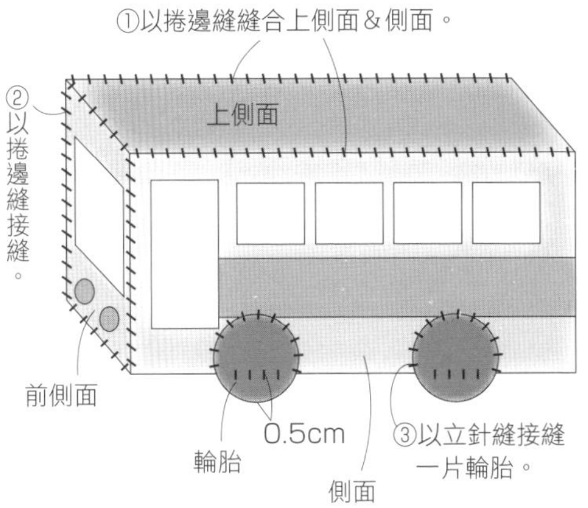

①以捲邊縫縫合上側面＆側面。
上側面
②以捲邊縫接縫。
前側面
0.5cm
輪胎
側面
③以立針縫接縫一片輪胎。

5 放入海綿，疊上後側面＆另一片輪胎後，縫合固定。

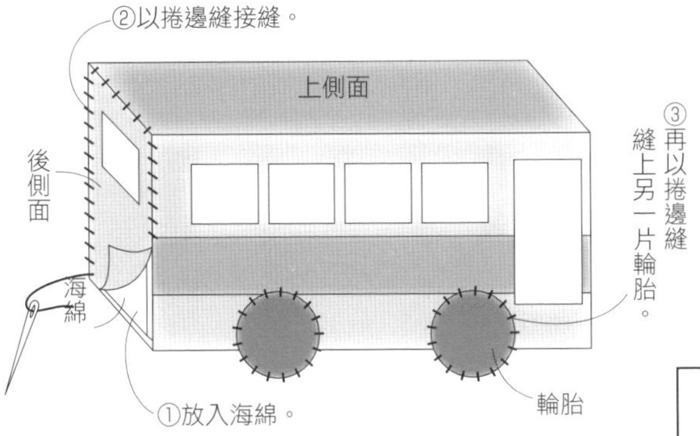

②以捲邊縫接縫。
上側面
後側面
海綿
③再以捲邊縫縫上另一片輪胎。
①放入海綿。
輪胎

6 完成！

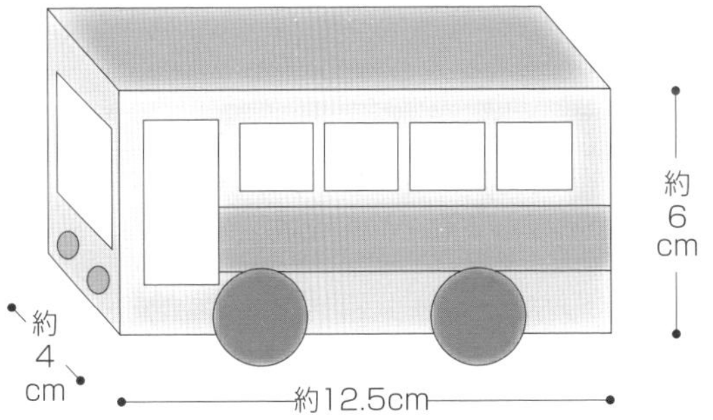

約6cm
約4cm
約12.5cm

原寸紙型

＊不織布不需縫份，直接沿紙型線條裁剪即可。
＊□內的數字代表此處紙型重疊的層次。
請分別作出各組件的紙型，再依數字順序重疊＆接縫製作。

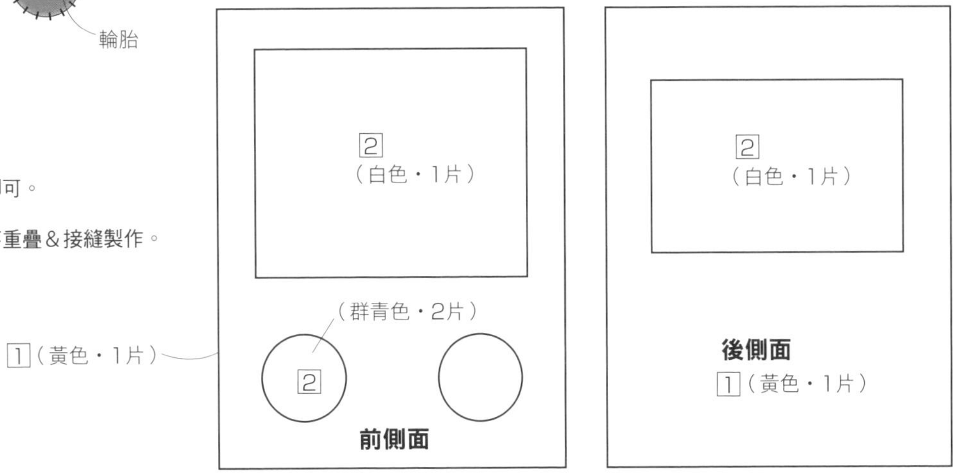

2（白色・1片）
（群青色・2片）
2
1（黃色・1片）
前側面
2（白色・1片）
後側面
1（黃色・1片）

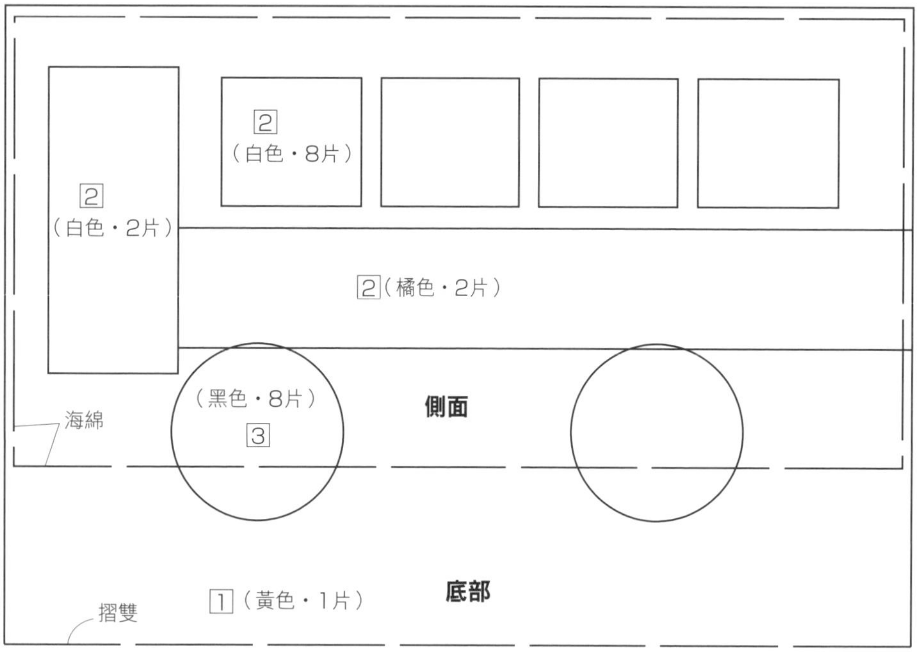

原寸紙型
2
（白色・8片）
2
（白色・2片）
2（橘色・2片）
（黑色・8片）
3
側面
海綿
1（黃色・1片）
底部
摺雙

上側面
（橘色・1片）

15 P.12

交通工具組合
卡車

材料

毛巾布
（群青色）18cm×18cm
（橘色）13cm×12cm
（灰砂色）12cm×8cm
（黑色）10cm×10cm
（奶油色）9cm×8cm
（深藍色）4cm×2cm
厚4cm海綿　12cm×8cm
25號繡線（同不織布顏色・咖啡色）
●以與不織布相同顏色的2股25號繡線進行縫製。
●縫合方法＆刺繡針法參見P.34。
●**原寸紙型參見P.59・P.60。**

作法

1 裁切海綿。

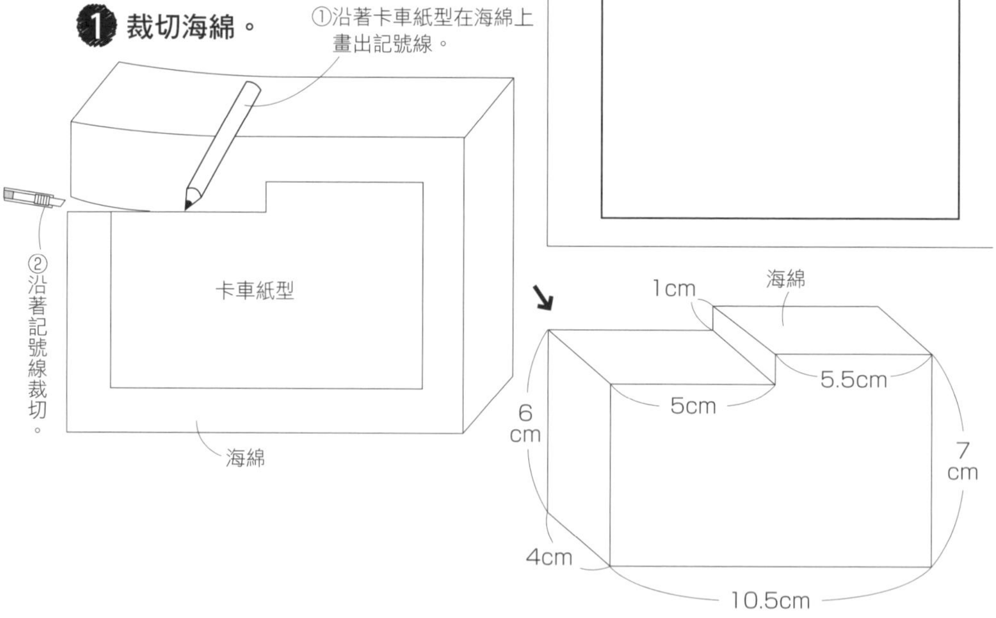

①沿著卡車紙型在海綿上畫出記號線。
②沿著記號線裁切。
卡車紙型
海綿
1cm
海綿
5.5cm
5cm
6cm
7cm
4cm
10.5cm

2 進行貨櫃的刺繡。

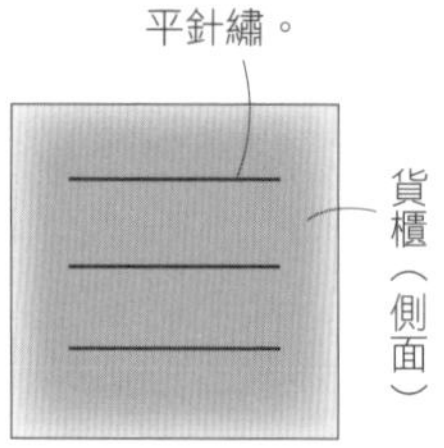

平針繡。
貨櫃（側面）

※製作2片。

3 接縫側面組件。

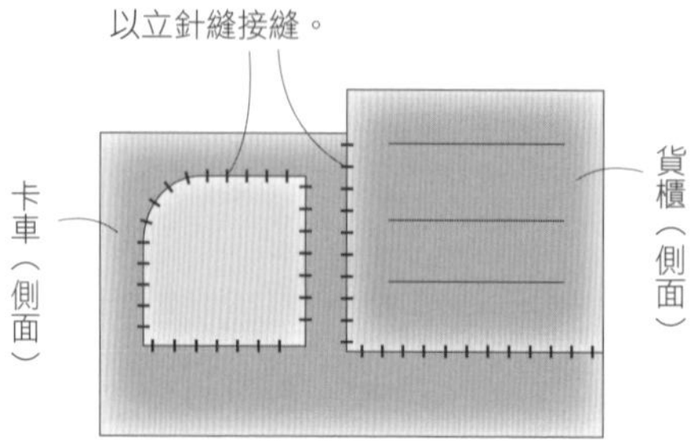

以立針縫接縫。
卡車（側面）
貨櫃（側面）

※另一側以相反方向縫製。

4 將前側面縫上裝飾圖案。

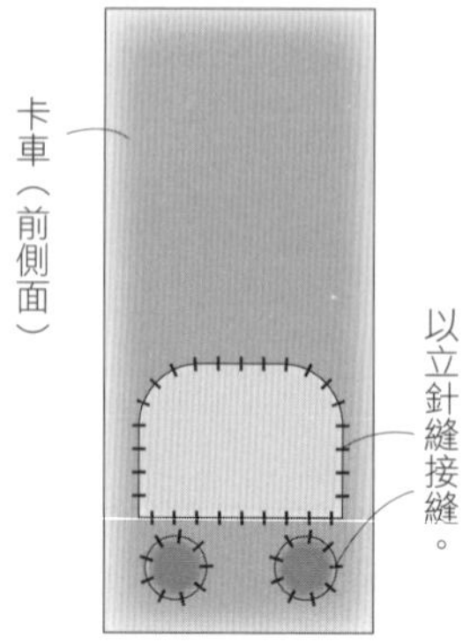

卡車（前側面）
以立針縫接縫。

5 接縫貨櫃上側面＆卡車前後側面。

①以捲邊縫縫合。
卡車（前側面）
貨櫃（上側面）
②以捲邊縫縫合。
卡車（後側面）

6 接縫側面・前後側面・上側面。

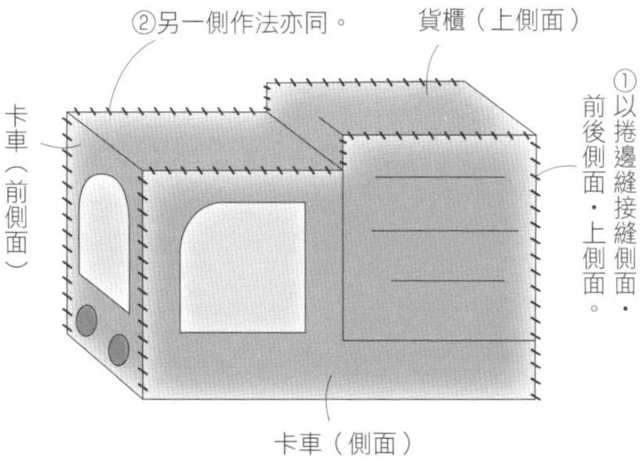
②另一側作法亦同。
貨櫃（上側面）
卡車（前側面）
①以捲邊縫接縫側面・前後側面・上側面。
卡車（側面）

7 放入海綿，接縫底部＆一片輪胎。

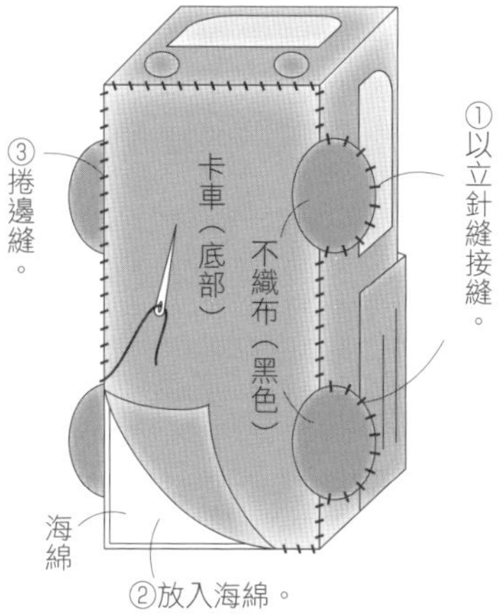
③捲邊縫。
卡車（底部）
不織布（黑色）
①以立針縫接縫。
海綿
②放入海綿。

8 將另一片輪胎縫上內圈＆重疊縫合輪胎，完成！

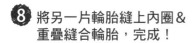

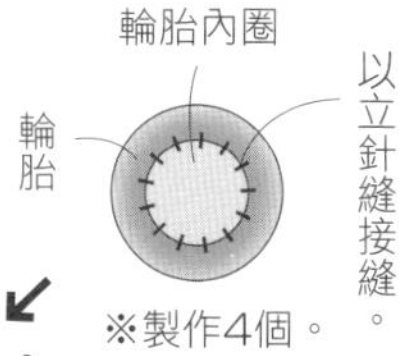
輪胎內圈
輪胎
以立針縫接縫。
※製作4個。

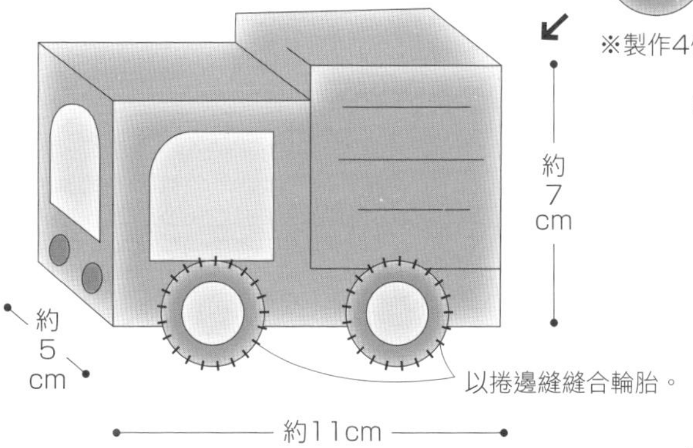
約7cm
約5cm
以捲邊縫縫合輪胎。
約11cm

原寸紙型

＊不織布不需縫份，直接沿紙型線條裁剪即可。

＊□內的數字代表此處紙型重疊的層次。請分別作出各組件的紙型，再依數字順序重疊＆接縫製作。

卡車後側面
（群青色・1片）

1（群青色・1片）
卡車上側面
卡車前側面
2（奶油色・1片）
2
（深藍色・2片）

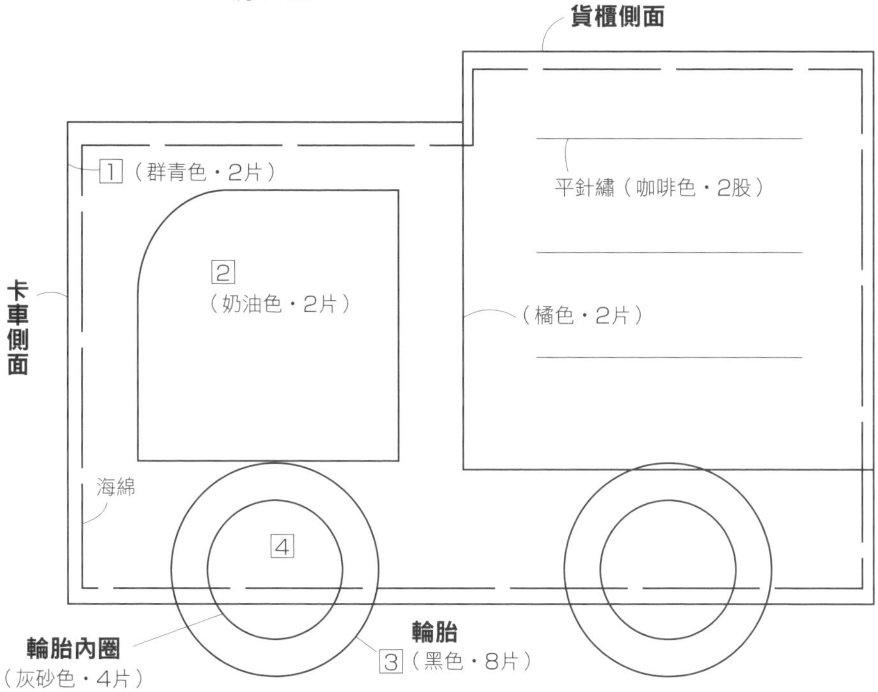
貨櫃側面
1（群青色・2片）
平針繡（咖啡色・2股）
2（奶油色・2片）
卡車側面
（橘色・2片）
海綿
4
輪胎內圈
（灰砂色・4片）
輪胎
3（黑色・8片）

原寸紙型

＊不織布不需縫份，直接沿紙型線條裁剪即可。

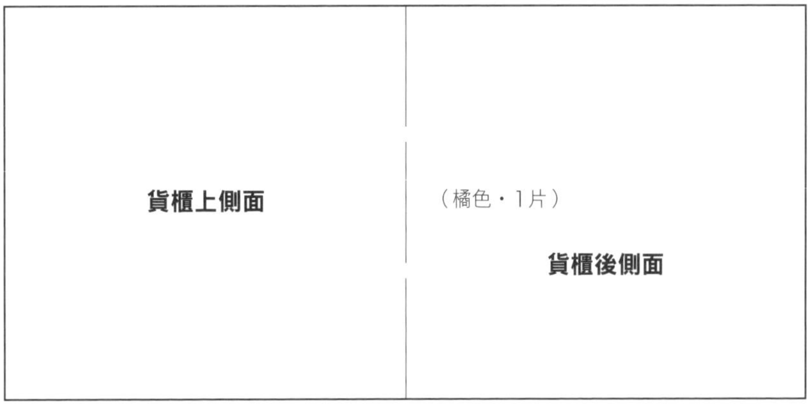

貨櫃上側面
（橘色・1片）
貨櫃後側面

底部
（灰砂色・1片）

16 P.12

交通工具組合
轎車

材料

毛巾布
（紅色）20cm×18cm
（黑色・天藍色）各10cm×10cm
（灰砂色）5cm×5cm
（黃色）5cm×2cm
（白色）3cm×2cm
厚4cm海綿　12cm×8cm
25號繡線（同不織布顏色）

●以與不織布相同顏色的2股25號繡線進行縫製。

●縫合方法＆刺繡針法參見P.34。

●原寸紙型參見P. 63。

作法

1 裁切海綿。

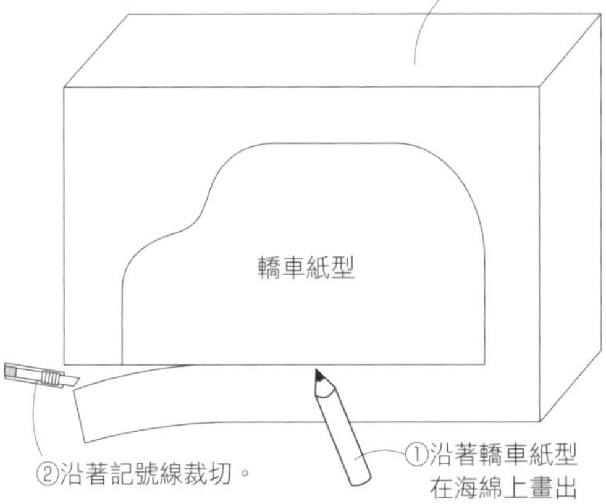

海綿
轎車紙型
②沿著記號線裁切。
①沿著轎車紙型
在海綿上畫出
記號線。

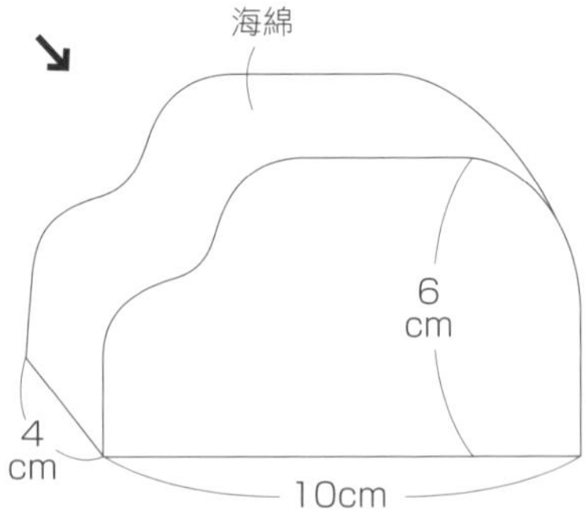

海綿
6
cm
4
cm
10cm

2 將側面縫上裝飾組件。

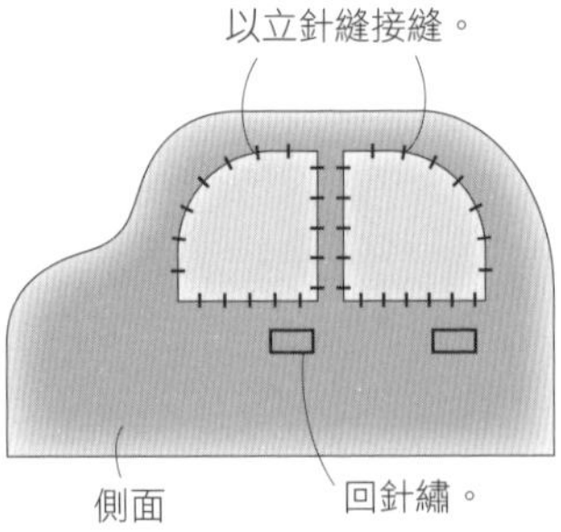

以立針縫接縫。
側面
回針繡。

※另一側以相反方向縫製。

3 將上側面縫上裝飾組件。

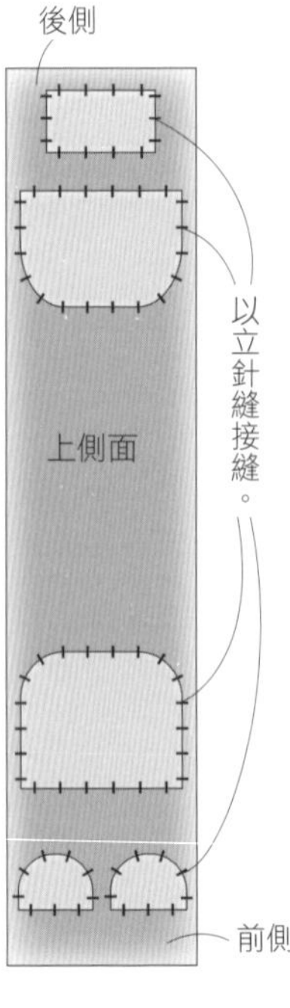

後側
以立針縫接縫。
上側面
前側

4 接縫側面＆上側面。

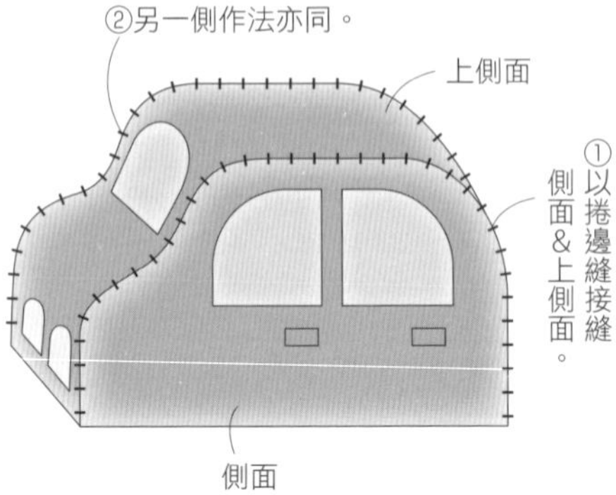

②另一側作法亦同。
上側面
①以捲邊縫接縫側面＆上側面。
側面

5 放入海綿後，接縫底部＆一片輪胎。

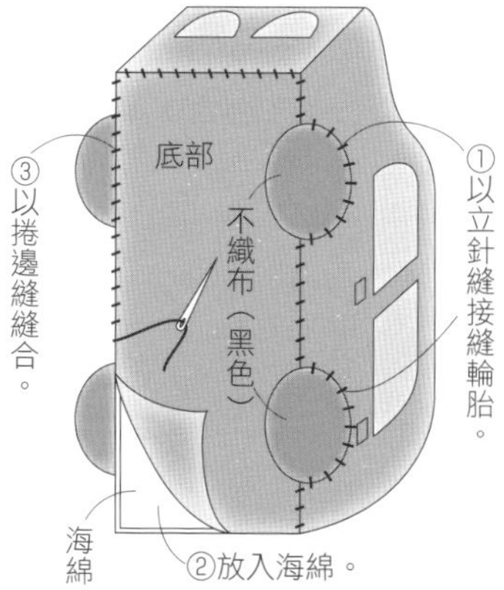

底部
不織布（黑色）
①以立針縫接縫輪胎。
②放入海綿。
③以捲邊縫縫合。
海綿

6 另取一片輪胎縫上內圈。

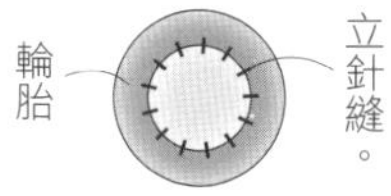

輪胎
立針縫。

※製作4個。

7 重疊＆縫上步驟6的輪胎，完成！

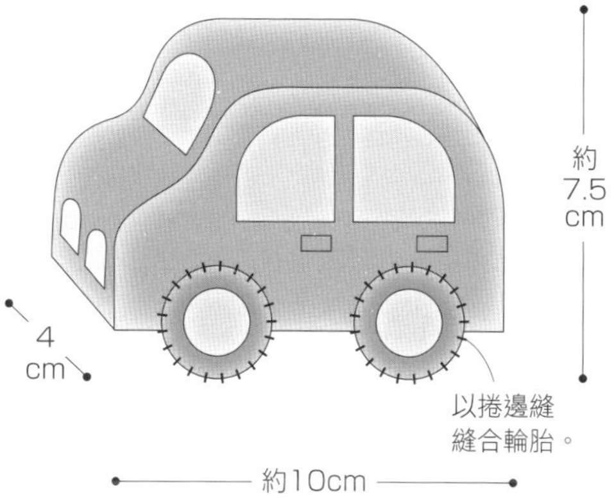

約7.5cm
4cm
以捲邊縫縫合輪胎。
約10cm

原寸紙型

＊不織布不需縫份，直接沿紙型線條裁剪即可。
＊□內的數字代表此處紙型重疊的層次。請分別作出各組件的紙型，再依數字順序重疊＆接縫製作。

底部
（紅色・1片）

後側
2（白色・1片）
2（天藍色・1片）
上側面
1（紅色・1片）
2（天藍色・1片）
2
（黃色・2片）
前側

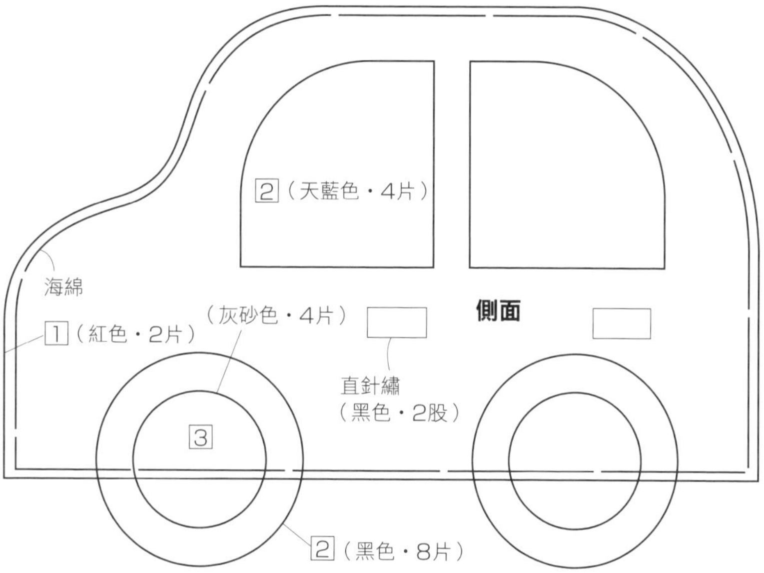

2（天藍色・4片）
海綿
1（紅色・2片）
（灰砂色・4片）
直針繡
（黑色・2股）
側面
3
2（黑色・8片）

17 P.14

水果

材料

毛巾布
（橘色）18cm×18cm
（白色・粉紅色）各18cm×10cm
（黃綠色・紅色）各15cm×15cm
（綠色）7cm×7cm
（咖啡色）5cm×5cm
25號繡線（同不織布顏色）
粗0.5cm圓繩　55cm
手工藝用棉花　適量
圓珠　2個

- 以與不織布相同顏色的1股25號繡線進行縫製。
- 縫合方法＆刺繡針法參見P.34。
- **原寸紙型參見P.65。**

作法

1 製作草莓。

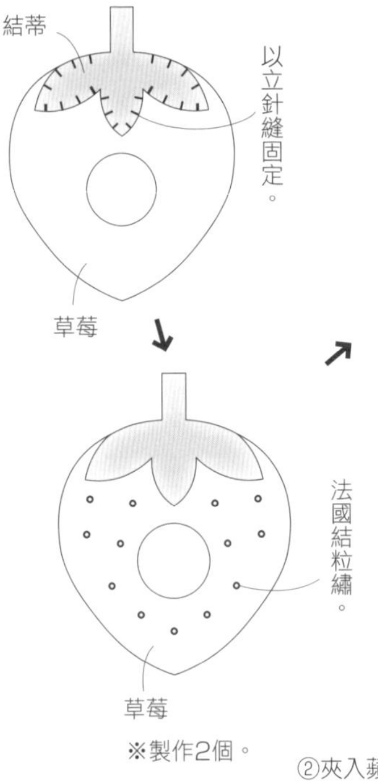

結蒂
以立針縫固定。
草莓
法國結粒繡。
草莓
※製作2個。

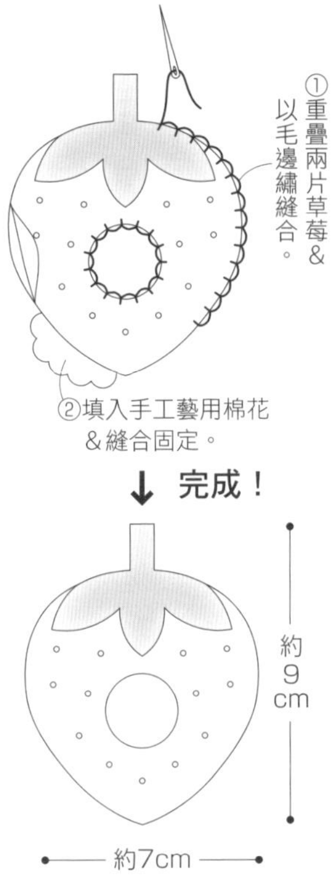

①重疊兩片草莓＆以毛邊繡縫合。
②填入手工藝用棉花＆縫合固定。
完成！
約9cm
約7cm

2 將圓繩穿過圓珠。

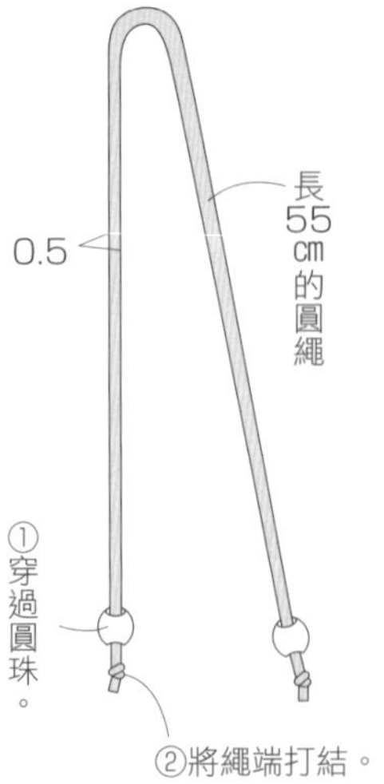

0.5
長55cm的圓繩
①穿過圓珠。
②將繩端打結。

3 製作蘋果。

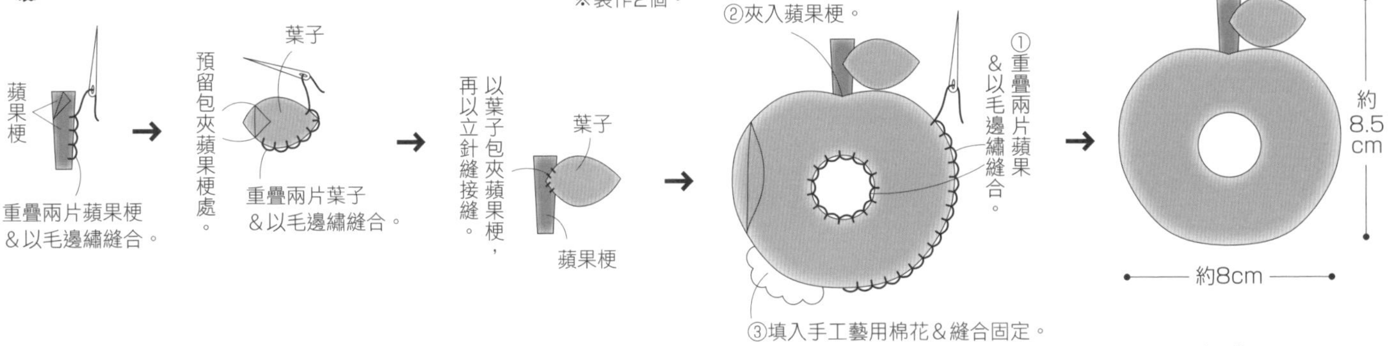

蘋果梗
重疊兩片蘋果梗＆以毛邊繡縫合。
葉子
預留包夾蘋果梗處。
重疊兩片葉子＆以毛邊繡縫合。
以葉子包夾蘋果梗，再以立針縫接縫。
葉子
蘋果梗
②夾入蘋果梗。
①重疊兩片蘋果＆以毛邊繡縫合。
③填入手工藝用棉花＆縫合固定。
完成！
約8.5cm
約8cm

4 製作西洋梨

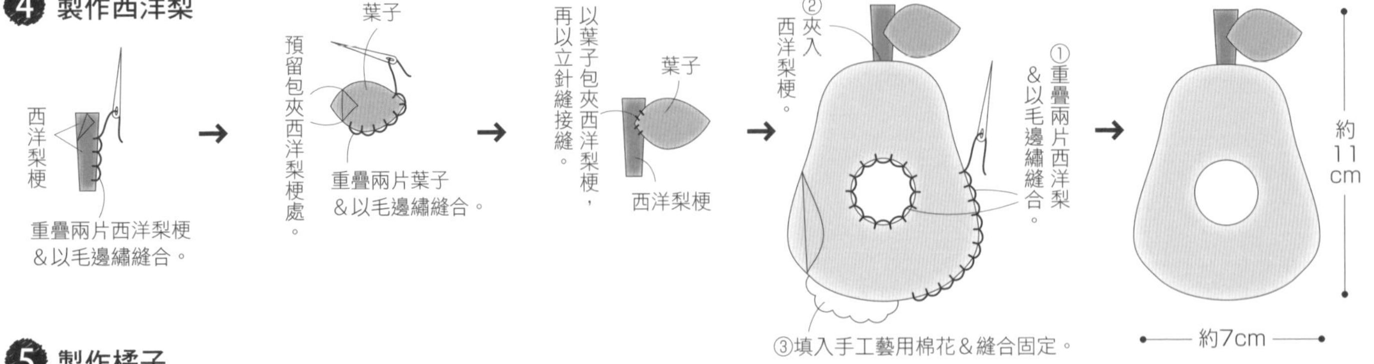

西洋梨梗
重疊兩片西洋梨梗＆以毛邊繡縫合。
葉子
預留包夾西洋梨梗處。
重疊兩片葉子＆以毛邊繡縫合。
以葉子包夾西洋梨梗，再以立針縫接縫。
葉子
西洋梨梗
②夾入西洋梨梗。
①重疊兩片西洋梨＆以毛邊繡縫合。
③填入手工藝用棉花＆縫合固定。
完成！
約11cm
約7cm

5 製作橘子

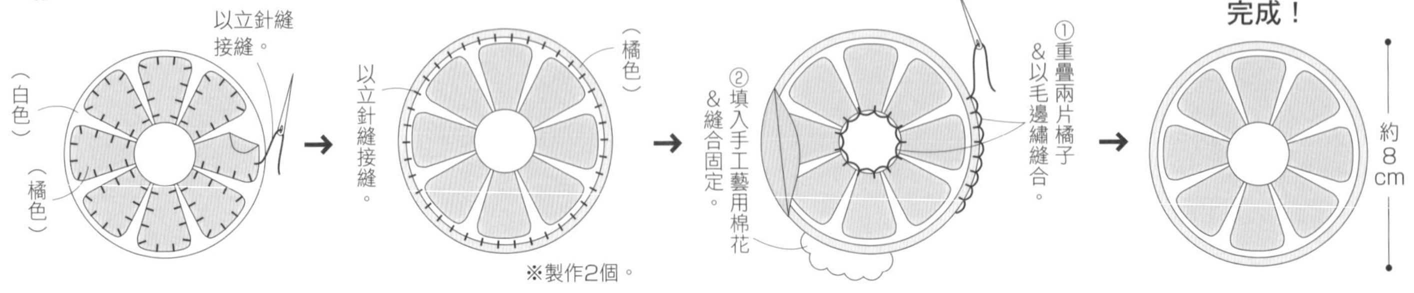

以立針縫接縫。
（白色）
（橘色）
以立針縫接縫。
（橘色）
※製作2個。
②填入手工藝用棉花＆縫合固定。
①重疊兩片橘子＆以毛邊繡縫合。
完成！
約8cm

原寸紙型

＊不織布不需縫份，直接沿紙型線條裁剪即可。
＊□內的數字代表此處紙型重疊的層次。請分別作出各組件的紙型，再依數字順序重疊＆接縫製作。

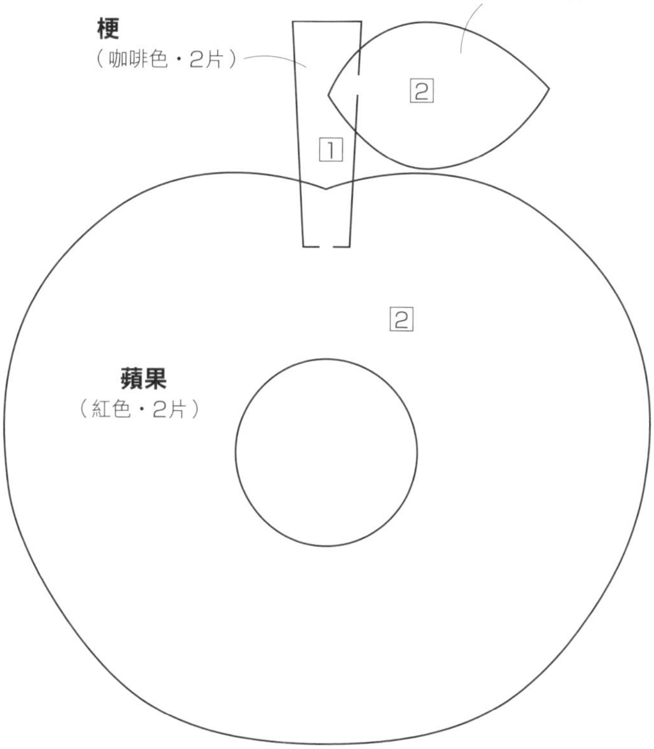
葉子
（綠色・2片）
梗
（咖啡色・2片）
1
2
2
蘋果
（紅色・2片）

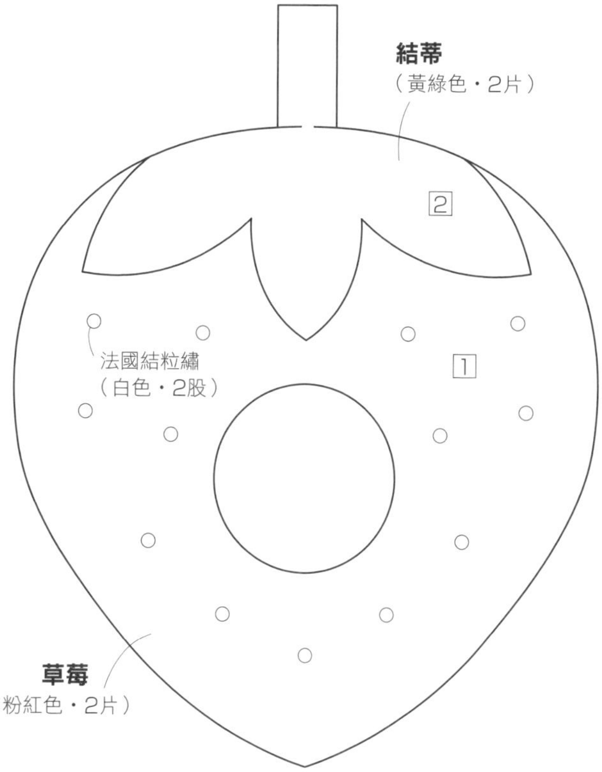
結蒂
（黃綠色・2片）
2
1
法國結粒繡
（白色・2股）
草莓
（粉紅色・2片）

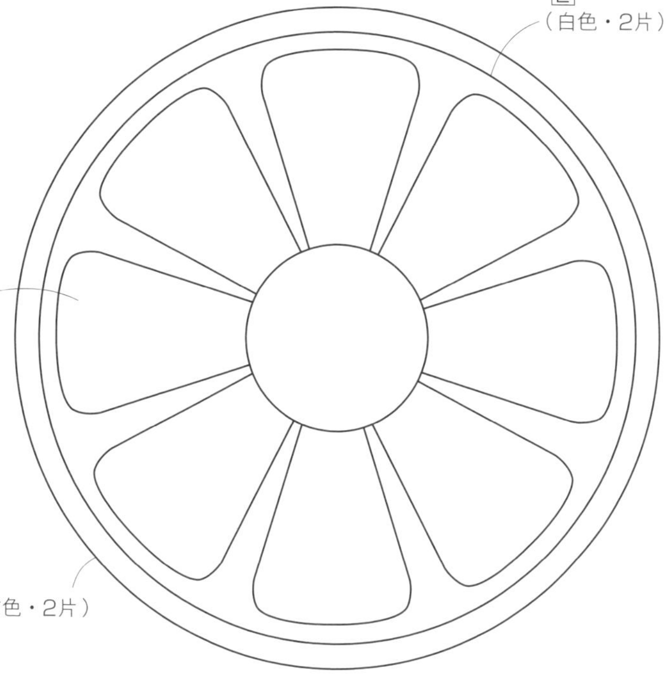
2
（白色・2片）
3
（橘色・16片）
橘子
1（橘色・2片）

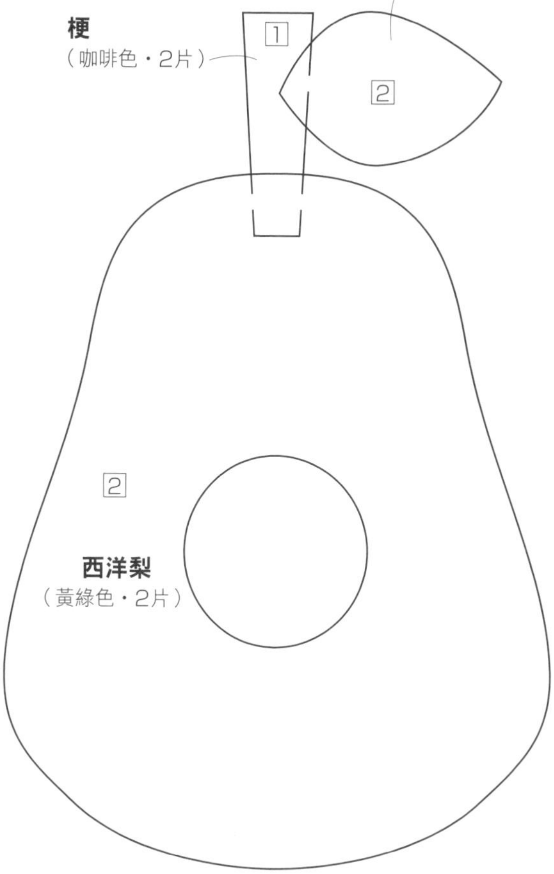
葉子
（綠色・2片）
梗
（咖啡色・2片）
1
2
2
西洋梨
（黃綠色・2片）

16 P.19

積木

材料

不織布
（紅色・黃色・黃綠色）
各26cm×26cm
各13cm×7cm
（橘色・綠色・水藍色）
各15cm×15cm
厚紙板　25.7cm×36.4cm（B4尺寸）×3片
25號繡線（同不織布顏色・咖啡色）
鈕釦・珠珠等（放入積木中以產生聲音）適量
手工藝用白膠
透明膠帶
●以與不織布相同顏色的2股25號繡線
進行縫製。
●縫合方法＆刺繡針法參見P.34。
●**原寸紙型參見P.67。**

作法

1 組合厚紙板。

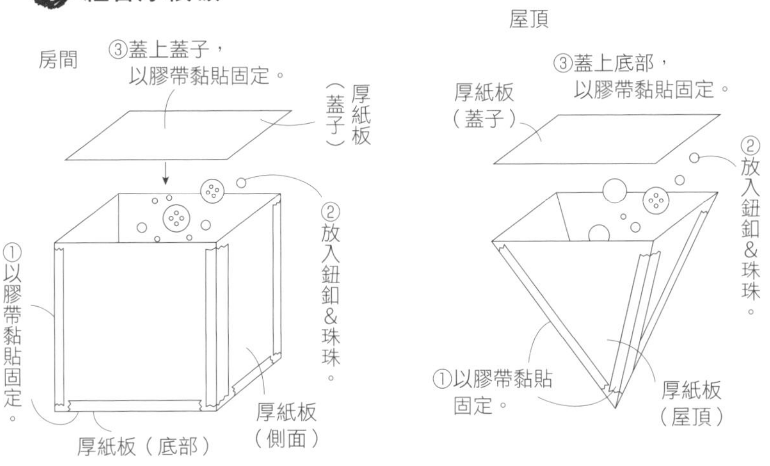

※如果沒有手邊鈕釦或珠珠，以豆子或米粒代替也OK。

2 在不織布上進行窗戶圖案刺繡。

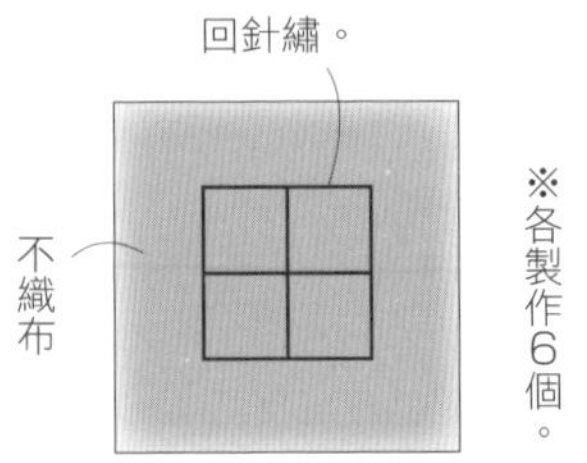

3 貼上不織布。

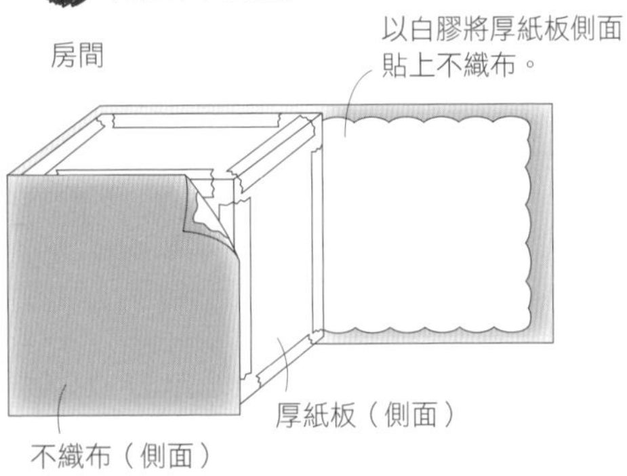

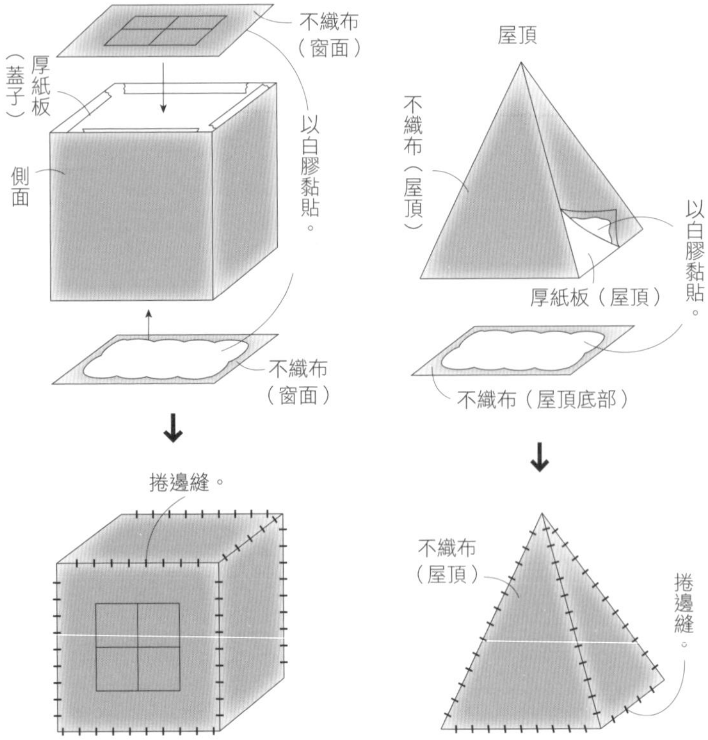

4 完成！

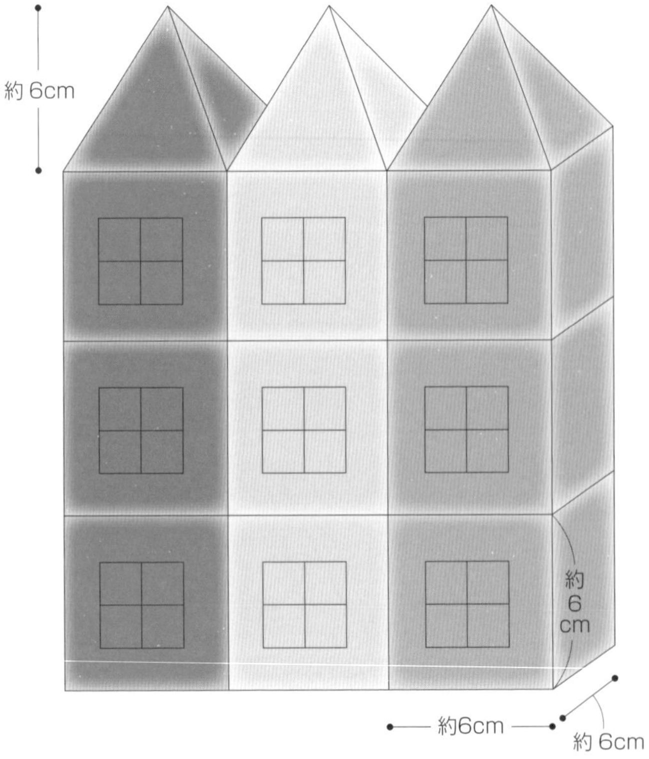

原寸紙型

＊不織布・厚紙板皆不需縫份，直接沿紙型線條裁剪即可。

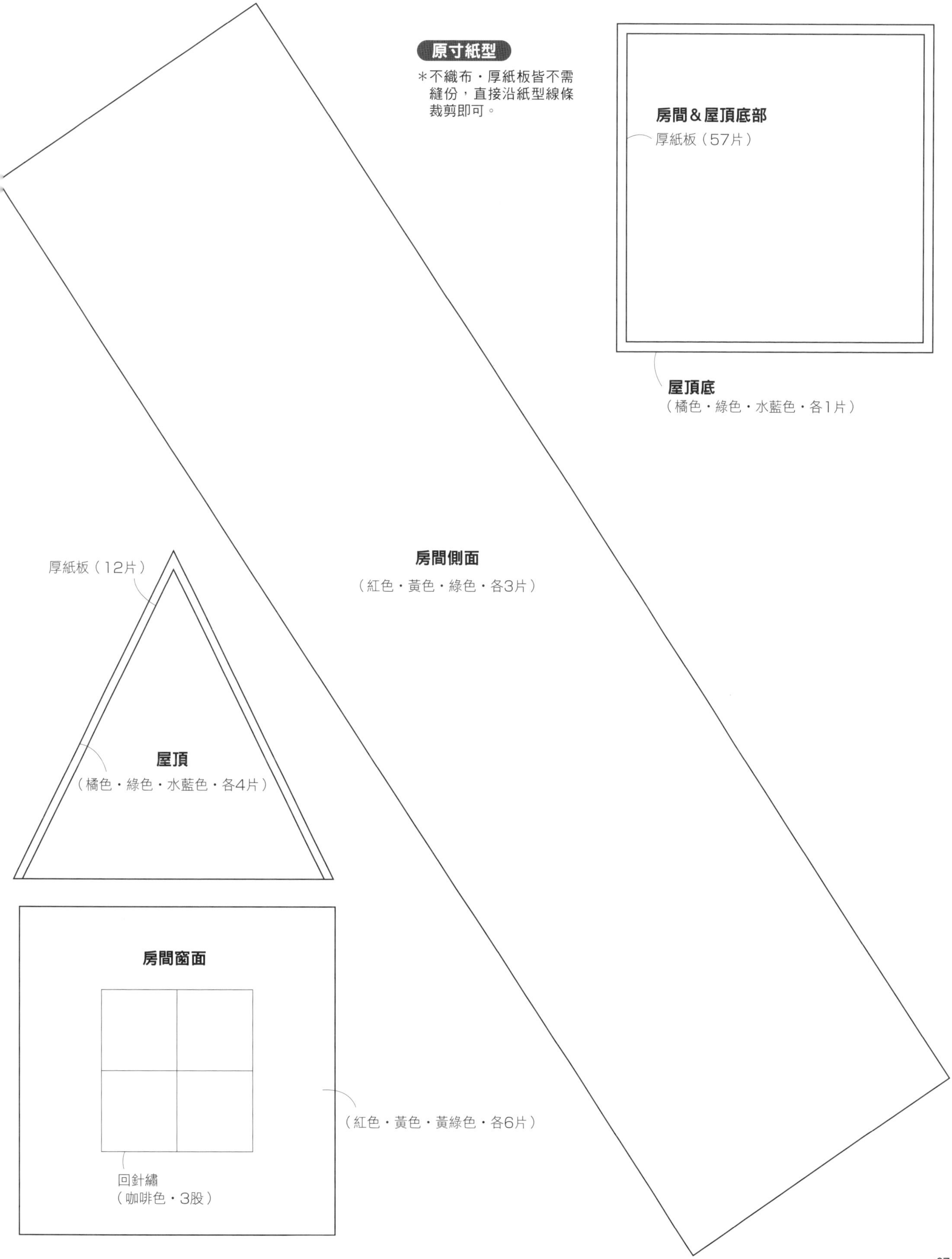
房間＆屋頂底部
厚紙板（57片）
屋頂底
（橘色・綠色・水藍色・各1片）
房間側面
（紅色・黃色・綠色・各3片）
厚紙板（12片）
屋頂
（橘色・綠色・水藍色・各4片）
房間窗面
回針繡
（咖啡色・3股）
（紅色・黃色・黃綠色・各6片）

20 P.18

生日蛋糕

材料

毛巾布
（淺黃色）32cm×16cm
（原色）32cm×15cm
（黃綠色）18cm×9cm
（紅色）15cm×14cm
（奶油色）14cm×13cm
（黃色）10cm×10cm
（白色）23cm×0.5cm
25號繡線（同不織布顏色・咖啡色・黑色）
手工藝用棉花　適量
魔鬼氈　直徑2cm圓形（僅使用凸面）
●以與不織布相同顏色的2股25號繡線進行縫製。
●縫合方法＆刺繡針法參見P.34。
●**原寸紙型參見P.70。**

製圖

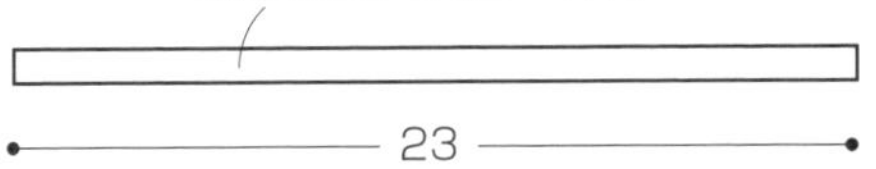

蠟燭裝飾（白色・1片）
0.5
23

※製圖不含縫份。

作法 **1 製作圓形海綿蛋糕。**

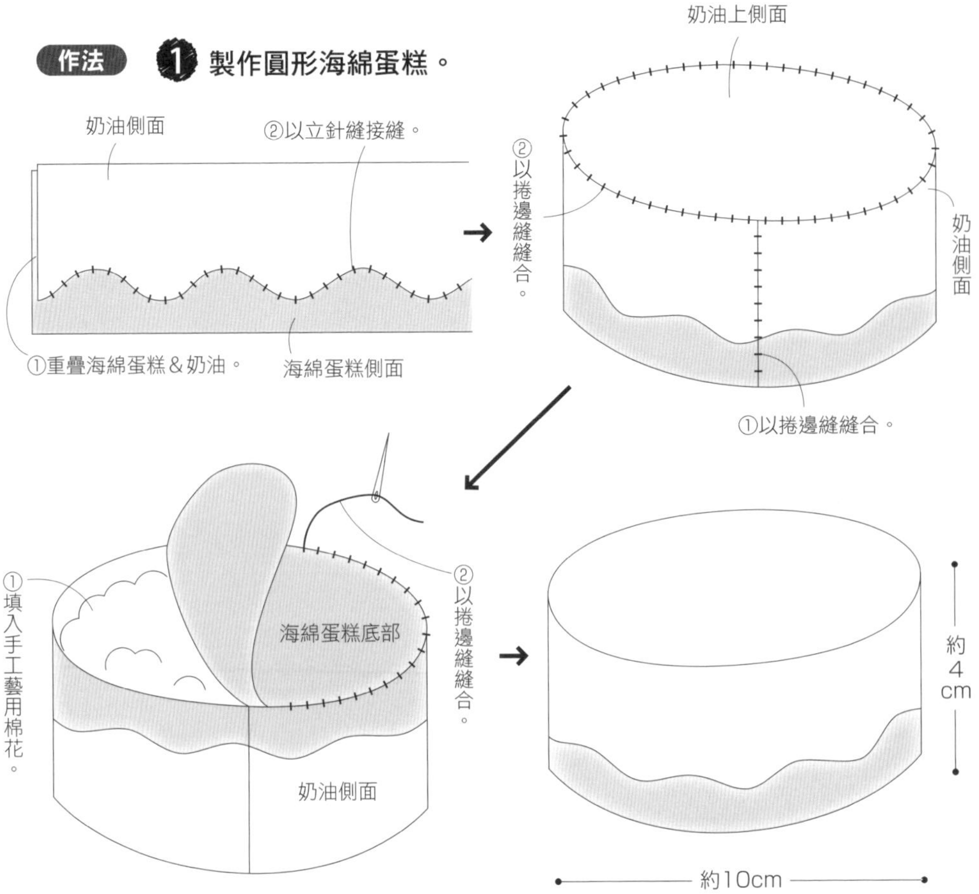

奶油側面
②以立針縫接縫。
①重疊海綿蛋糕＆奶油。
海綿蛋糕側面
奶油上側面
②以捲邊縫縫合。
奶油側面
①以捲邊縫縫合。
①填入手工藝用棉花。
海綿蛋糕底部
②以捲邊縫縫合。
奶油側面
約4cm
約10cm

2 製作草莓。

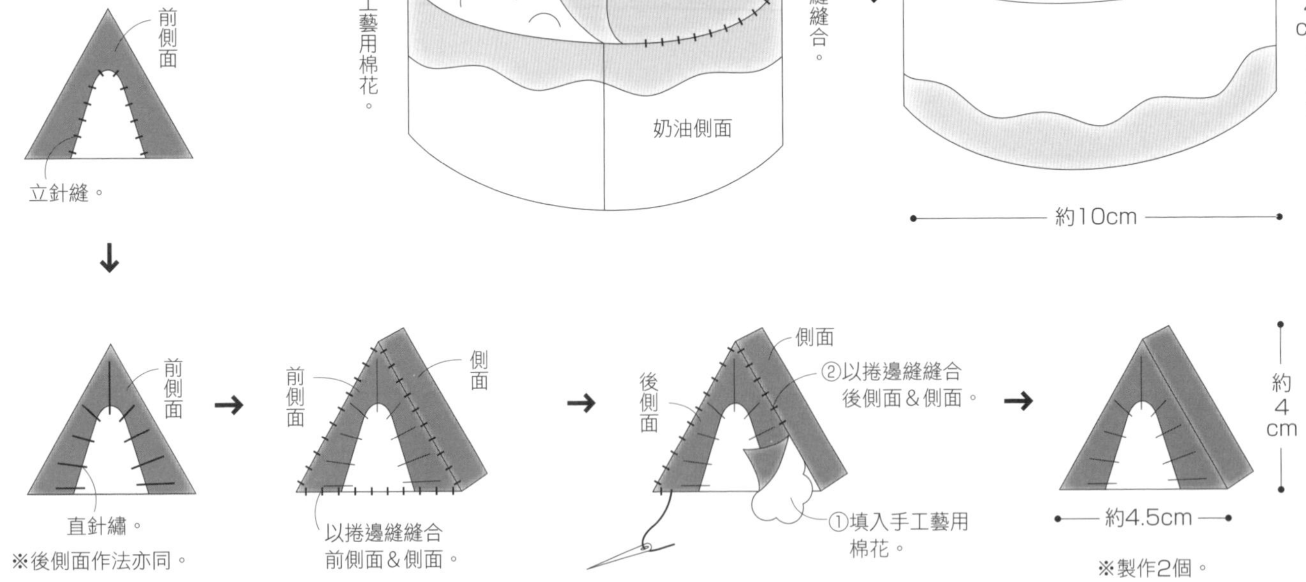

前側面
立針縫。
前側面
直針繡。
※後側面作法亦同。
前側面
側面
以捲邊縫縫合前側面＆側面。
後側面
側面
②以捲邊縫縫合後側面＆側面。
①填入手工藝用棉花。
約4cm
約4.5cm
※製作2個。

3 製作香蕉。

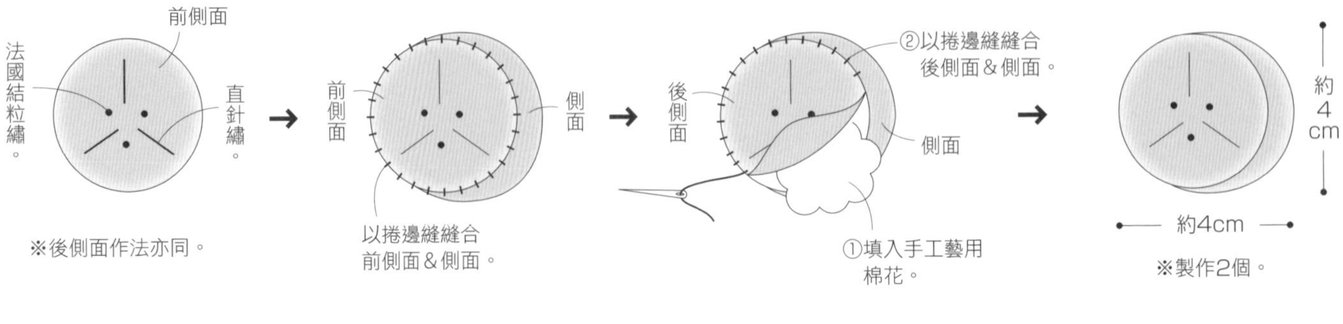

前側面
法國結粒繡。
直針繡。
※後側面作法亦同。
前側面
側面
以捲邊縫縫合前側面＆側面。
後側面
②以捲邊縫縫合後側面＆側面。
側面
①填入手工藝用棉花。
約4cm
約4cm
※製作2個。

4 製作小黃瓜。

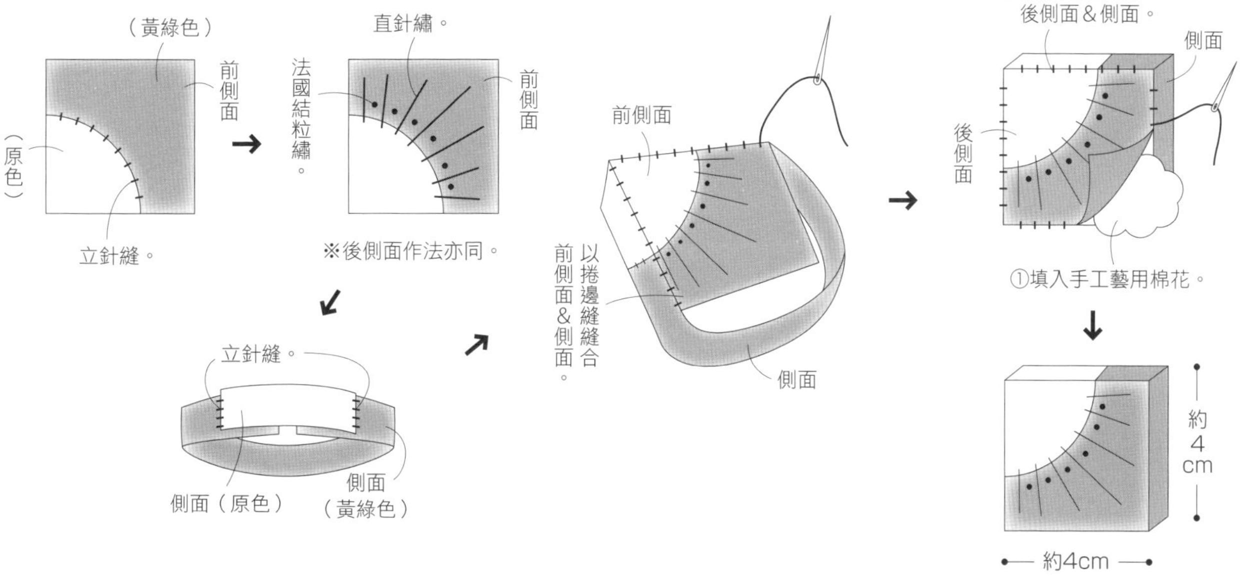

（黃綠色）
前側面
（原色）
立針縫。
直針繡。
法國結粒繡。
前側面
※後側面作法亦同。
立針縫。
側面（原色）
側面（黃綠色）
前側面
以捲邊縫縫合前側面&側面。
側面
②以捲邊縫縫合後側面&側面。
側面
後側面
①填入手工藝用棉花。
約4cm
約4cm

※製作2個。

5 製作蠟燭。

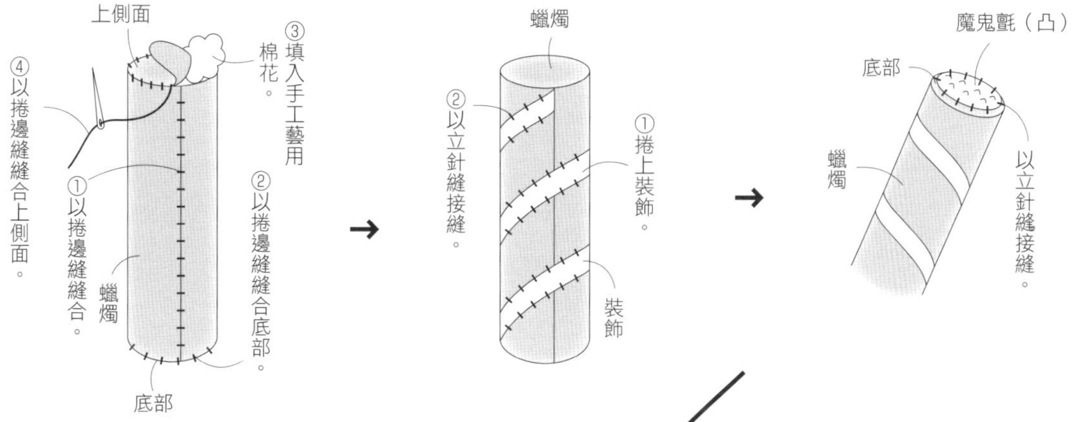

上側面
③填入手工藝用棉花。
④以捲邊縫縫合上側面。
①以捲邊縫縫合。
②以捲邊縫縫合底部。
蠟燭
底部
蠟燭
②以立針縫接縫。
①捲上裝飾。
裝飾
魔鬼氈（凸）
底部
蠟燭
以立針縫接縫。

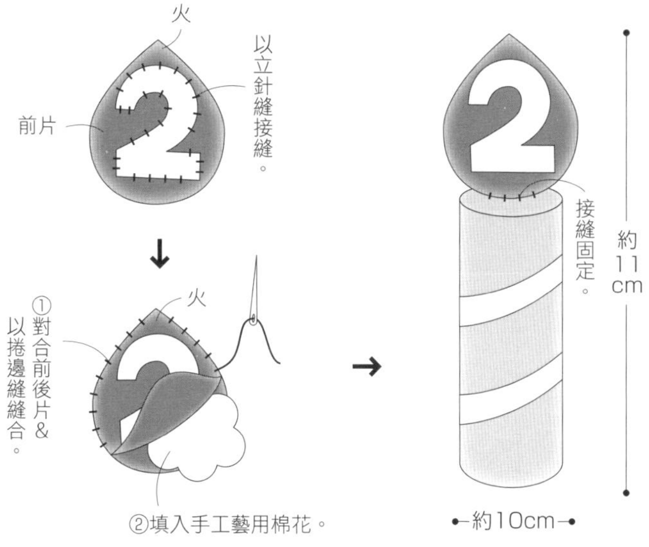

火
前片
以立針縫接縫。
火
①對合前後片&以捲邊縫縫合。
②填入手工藝用棉花。
接縫固定。
約11cm
約10cm

6 完成！

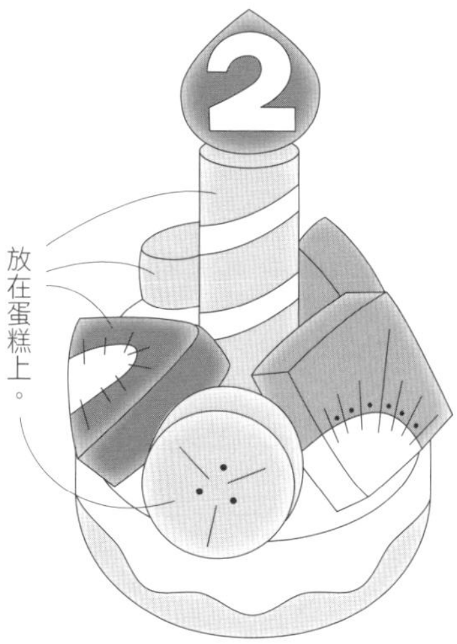

放在蛋糕上。

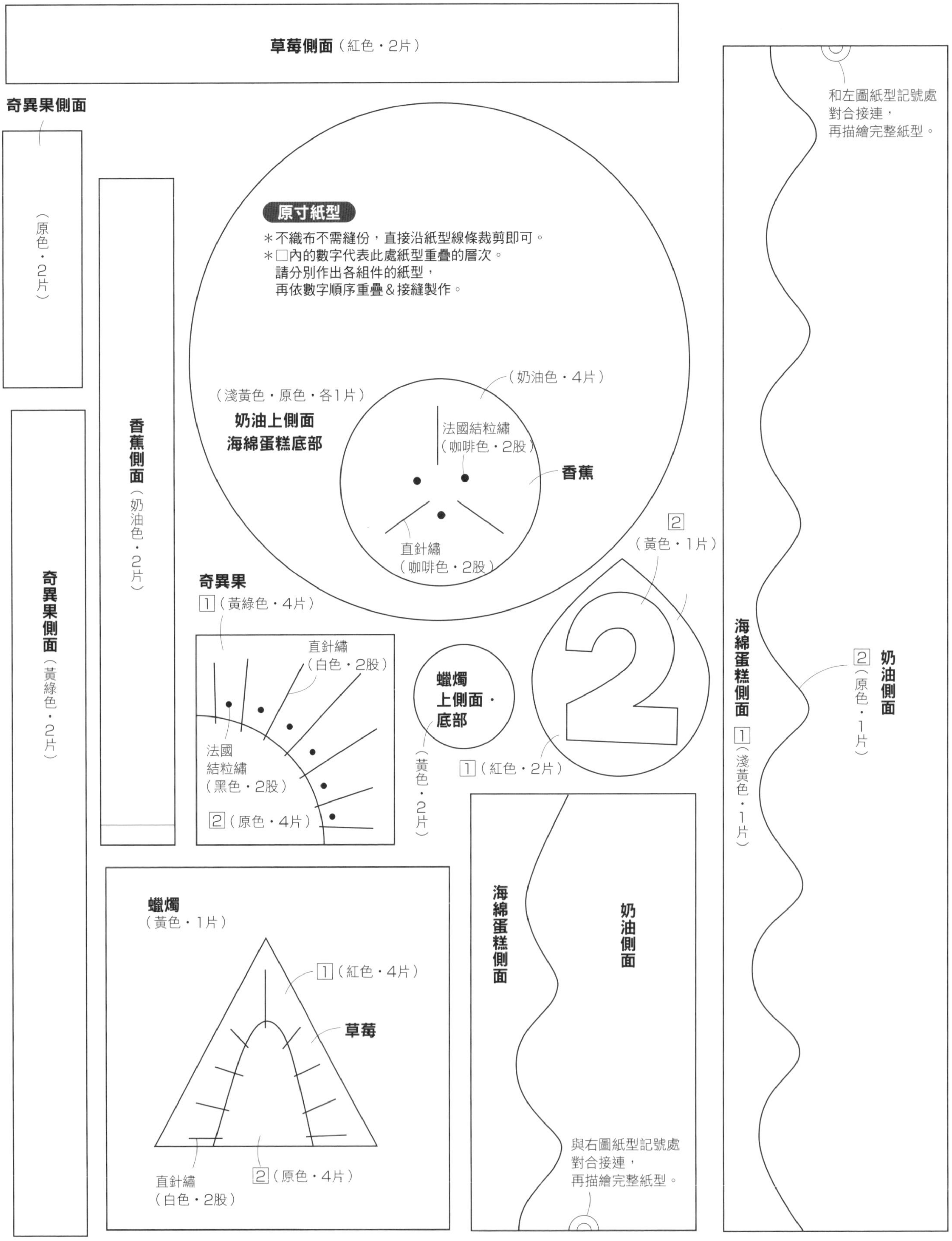
草莓側面（紅色・2片）
奇異果側面
（原色・2片）
奇異果側面（黃綠色・2片）
香蕉側面（奶油色・2片）
原寸紙型
＊不織布不需縫份，直接沿紙型線條裁剪即可。
＊□內的數字代表此處紙型重疊的層次。
請分別作出各組件的紙型，
再依數字順序重疊＆接縫製作。
（淺黃色・原色・各1片）
奶油上側面
海綿蛋糕底部
（奶油色・4片）
法國結粒繡
（咖啡色・2股）
香蕉
直針繡
（咖啡色・2股）
奇異果
1（黃綠色・4片）
直針繡
（白色・2股）
法國
結粒繡
（黑色・2股）
2（原色・4片）
蠟燭
上側面・
底部
（黃色・2片）
2
（黃色・1片）
1（紅色・2片）
蠟燭
（黃色・1片）
1（紅色・4片）
草莓
直針繡
（白色・2股）
2（原色・4片）
海綿蛋糕側面
奶油側面
與右圖紙型記號處
對合接連，
再描繪完整紙型。
和左圖紙型記號處
對合接連，
再描繪完整紙型。
海綿蛋糕側面
1（淺黃色・1片）
2（原色・1片）
奶油側面

18 P.14

毛毛蟲

材料

毛巾布
（紅色・橘色・黃色・藍色・水藍色・紫色）
各18cm×10cm
（黃綠色）16cm×16cm
（白色）3cm×2cm
（咖啡色）2cm×1cm
25號繡線（同不織布顏色・粉紅色）
粗0.1cm蠟繩（咖啡色）16cm
粗0.5cm圓繩（黃綠色）55cm
珠珠　1個
手工藝用棉花　適量
●以與不織布相同顏色的1股25號繡線進行縫製。
●縫合方法＆刺繡針法參見P.34。

原寸紙型

＊不織布不需縫份，直接沿紙型線條裁剪即可。
＊□內的數字代表此處紙型重疊的層次。
請分別作出各組件的紙型，再依數字順序重疊＆接縫製作。

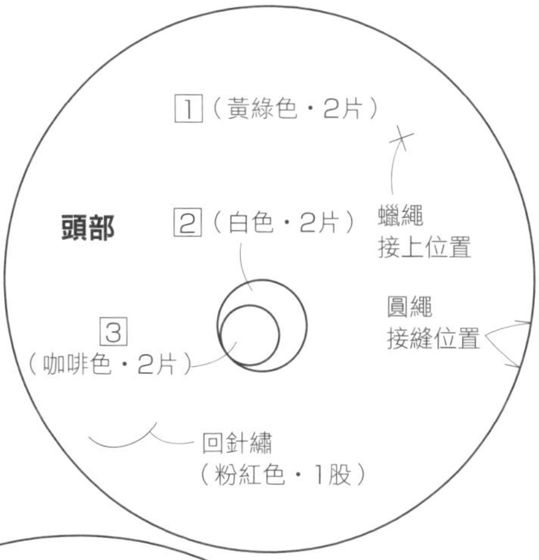
頭部
1（黃綠色・2片）
2（白色・2片）
3（咖啡色・2片）
蠟繩
接上位置
圓繩
接縫位置
回針繡
（粉紅色・1股）

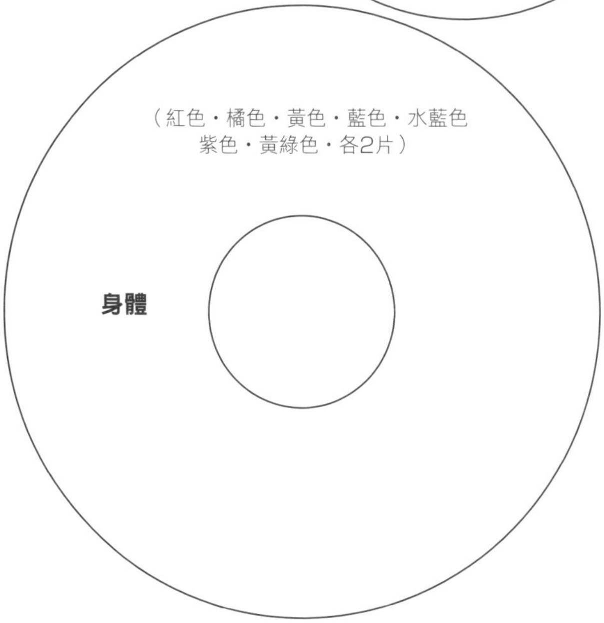
身體
（紅色・橘色・黃色・藍色・水藍色
紫色・黃綠色・各2片）

作法

1 製作毛毛蟲頭部。

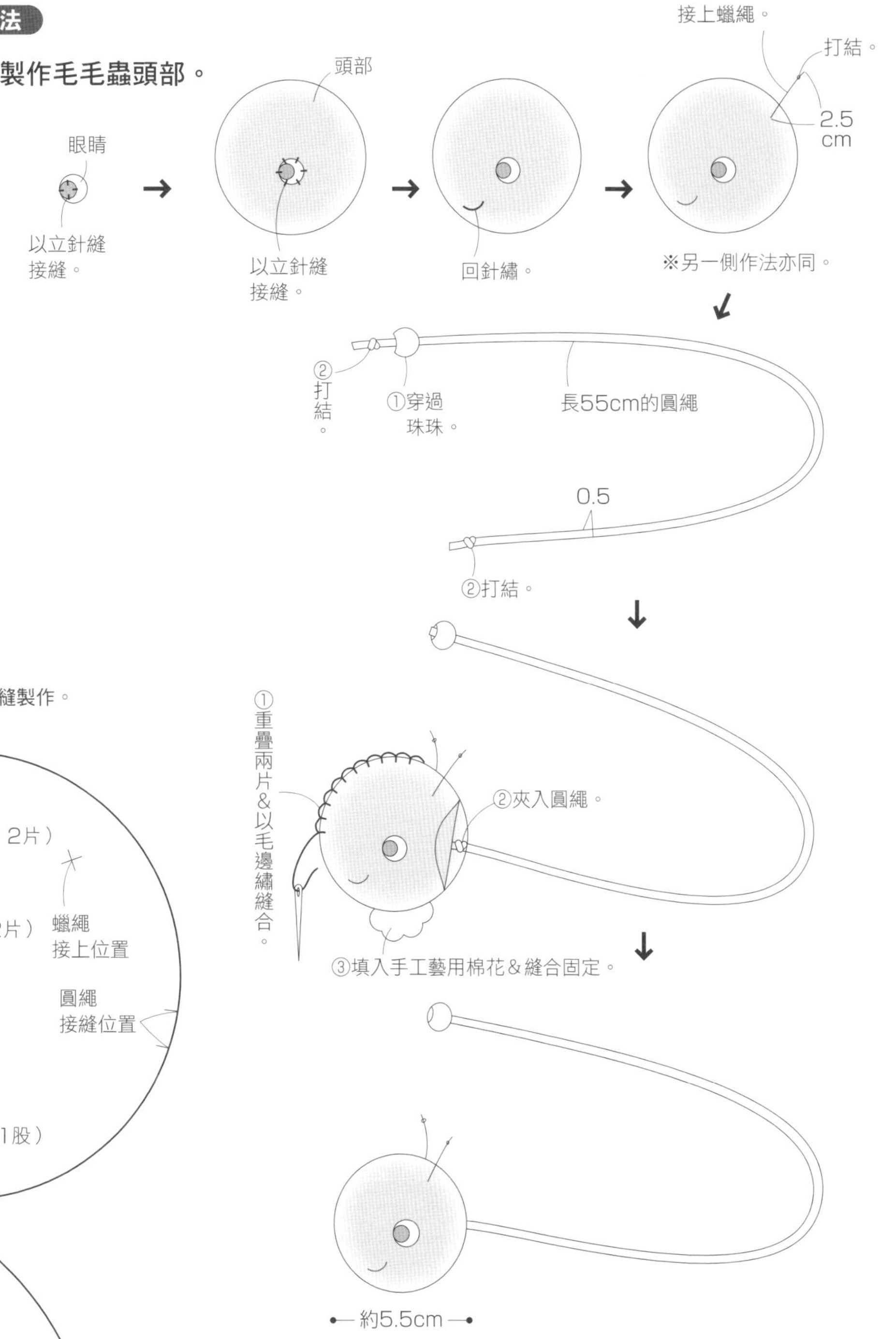
眼睛
以立針縫
接縫。
頭部
以立針縫
接縫。
回針繡。
接上蠟繩。
打結。
2.5
cm
※另一側作法亦同。
②打結。
①穿過
珠珠。
長55cm的圓繩
0.5
②打結。
①重疊兩片＆以毛邊繡縫合。
②夾入圓繩。
③填入手工藝用棉花＆縫合固定。
約5.5cm

2 製作毛毛蟲身體。

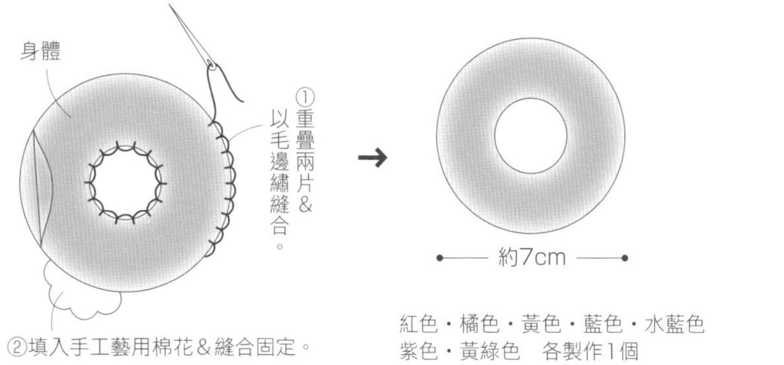
身體
①重疊兩片＆以毛邊繡縫合。
②填入手工藝用棉花＆縫合固定。
約7cm

紅色・橘色・黃色・藍色・水藍色
紫色・黃綠色　各製作1個

22 P.20

剝香蕉

材料

毛巾布

（膚色・黃色・檸檬黃）各18cm×18cm

25號繡線（同不織布顏色・深咖啡色）

魔鬼氈　2.5cm寬×8cm

響鈴　1個

手工藝用棉花　適量

●以與不織布相同顏色的3股25號繡線進行縫製。

●縫合方法＆刺繡針法參見P.34。

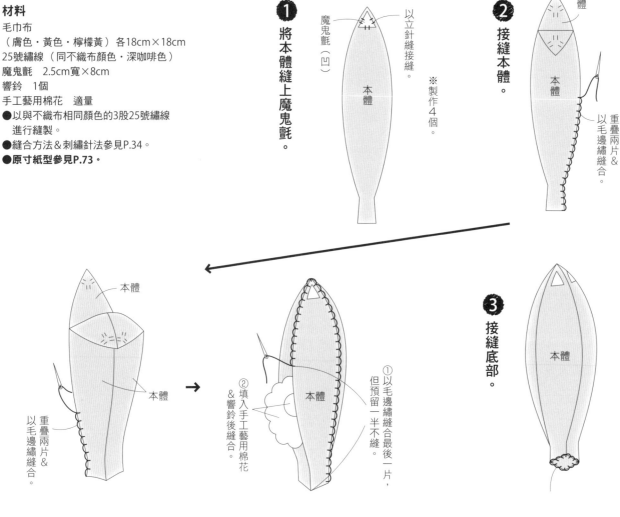

●**原寸紙型參見P.73。**

作法

1 將本體縫上魔鬼氈。

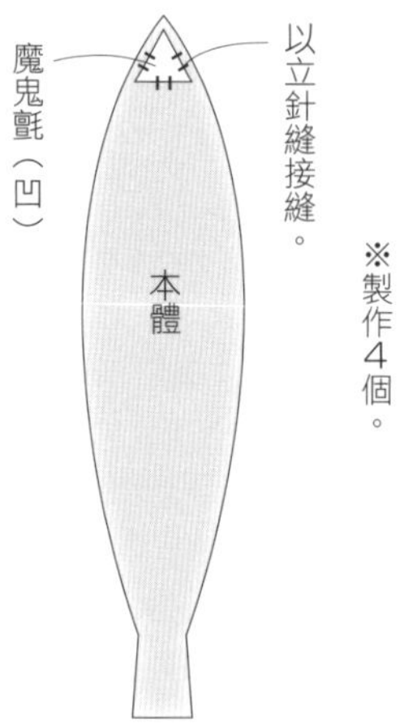

魔鬼氈（凹）
以立針縫接縫。
本體
※製作4個。

2 接縫本體。

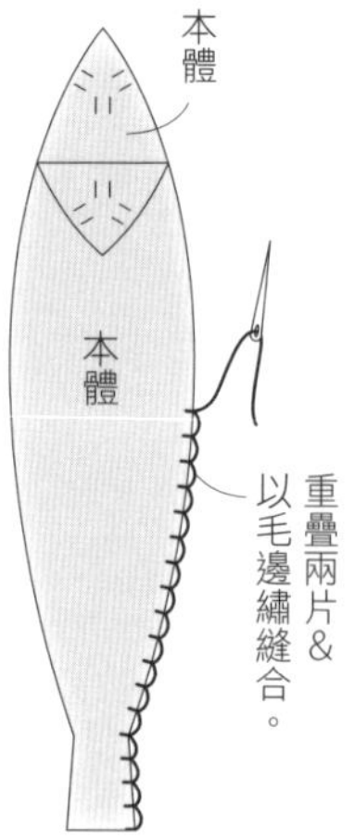

本體
本體
重疊兩片＆以毛邊繡縫合。

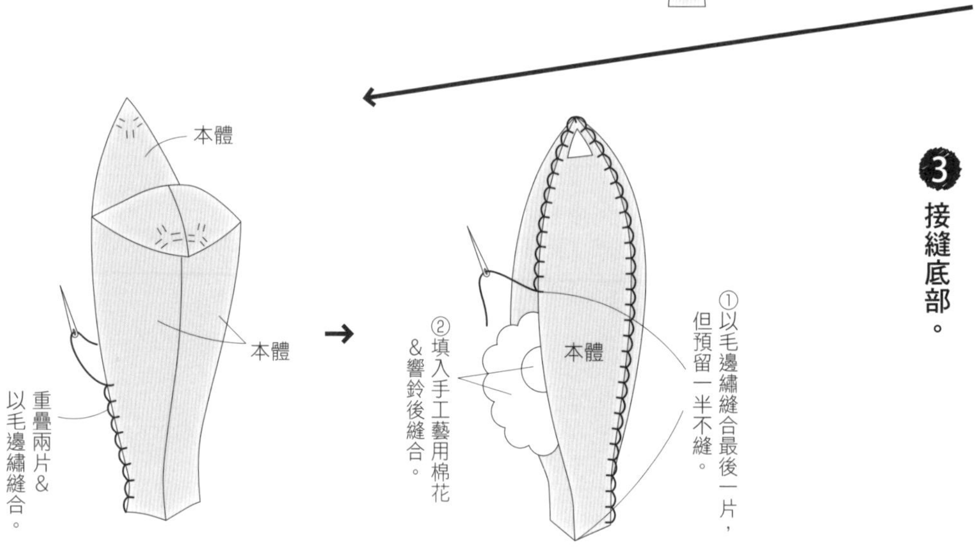

本體
本體
重疊兩片＆以毛邊繡縫合。
本體
①以毛邊繡縫合最後一片，但預留一半不縫。
②填入手工藝用棉花＆響鈴後縫合。

3 接縫底部。

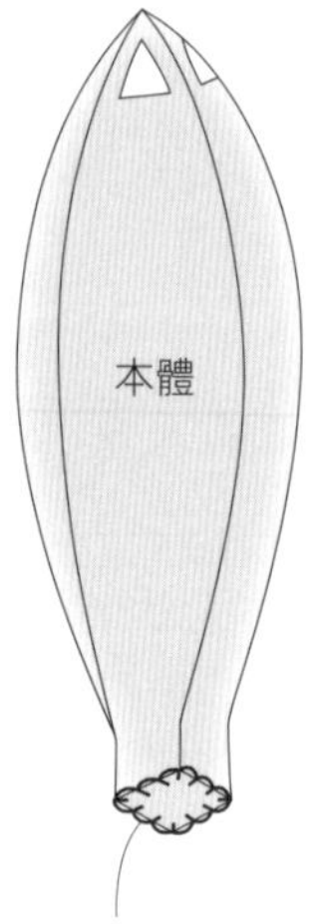

本體

4 將香蕉皮縫上魔鬼氈。

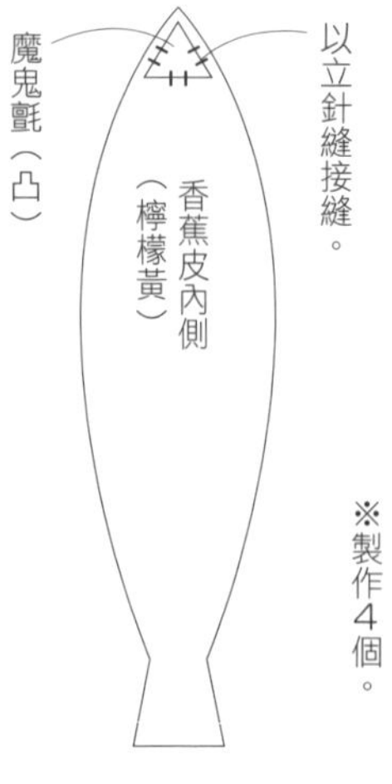

魔鬼氈（凸）
以立針縫接縫。
香蕉皮內側（檸檬黃）
※製作4個。

5 接縫香蕉皮。

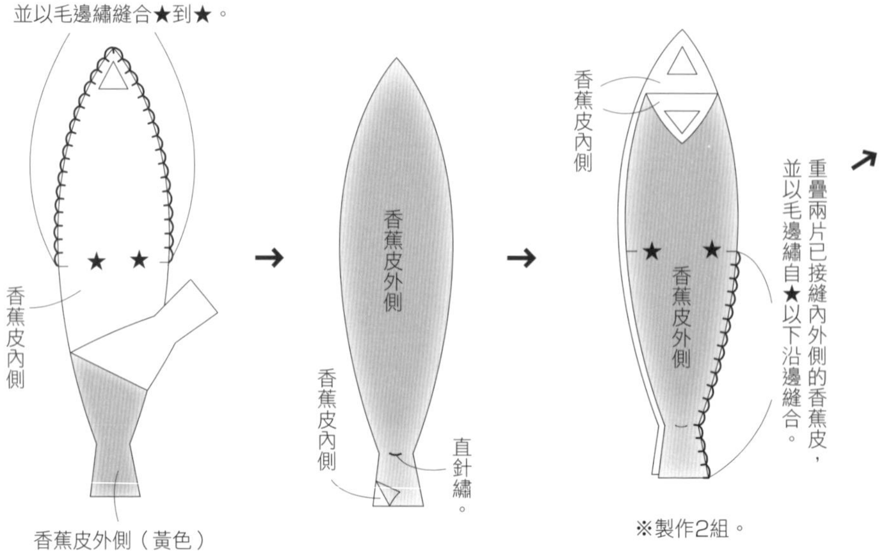

重疊兩片，
並以毛邊繡縫合★到★。
★ ★
香蕉皮內側
香蕉皮外側（黃色）
香蕉皮外側
香蕉皮內側
直針繡。
香蕉皮內側
★ ★
香蕉皮外側
重疊兩片已接縫內外側的香蕉皮，並以毛邊繡自★以下沿邊縫合。
※製作2組。

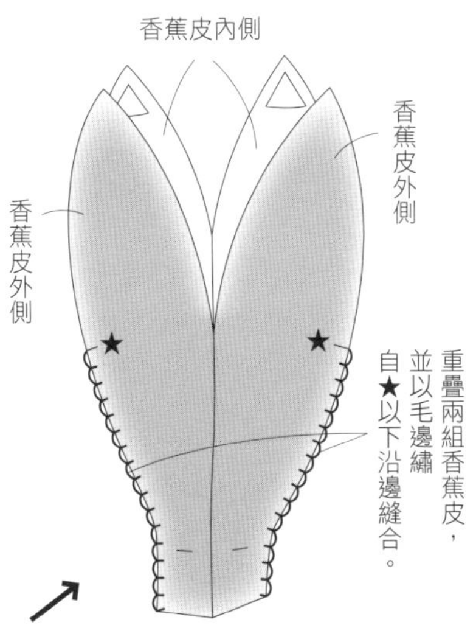
香蕉皮內側
香蕉皮外側
香蕉皮外側
★
★
重疊兩組香蕉皮，並以毛邊繡自★以下沿邊縫合。

6 接縫底部。

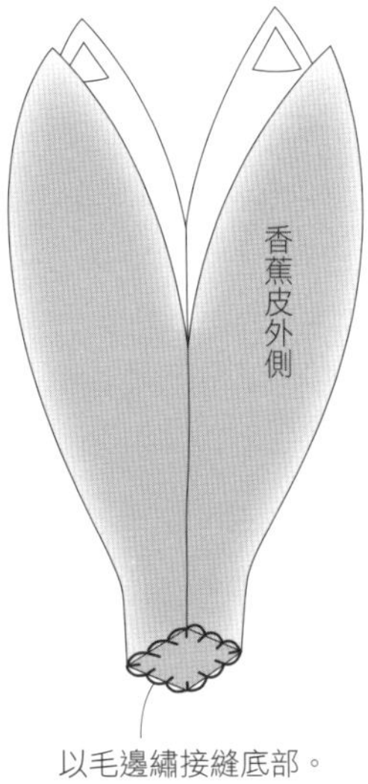
香蕉皮外側
以毛邊繡接縫底部。

7 將本體放入香蕉皮中。

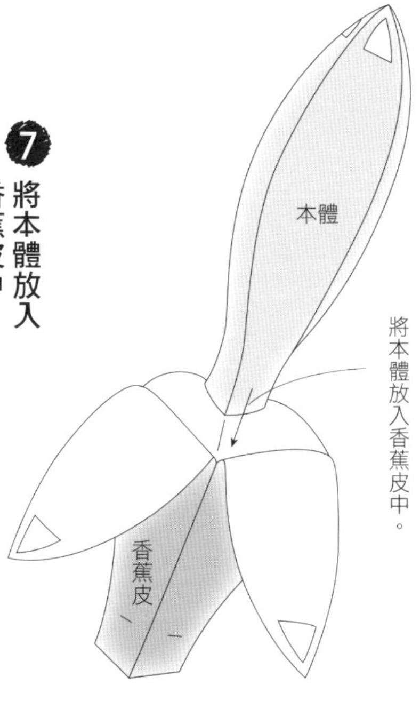
本體
將本體放入香蕉皮中。
香蕉皮

8 完成！

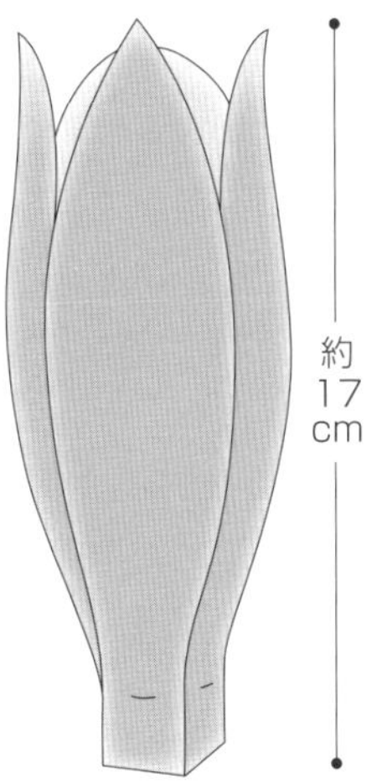
約17cm

原寸紙型

＊不織布不需縫份，直接沿紙型線條裁剪即可。

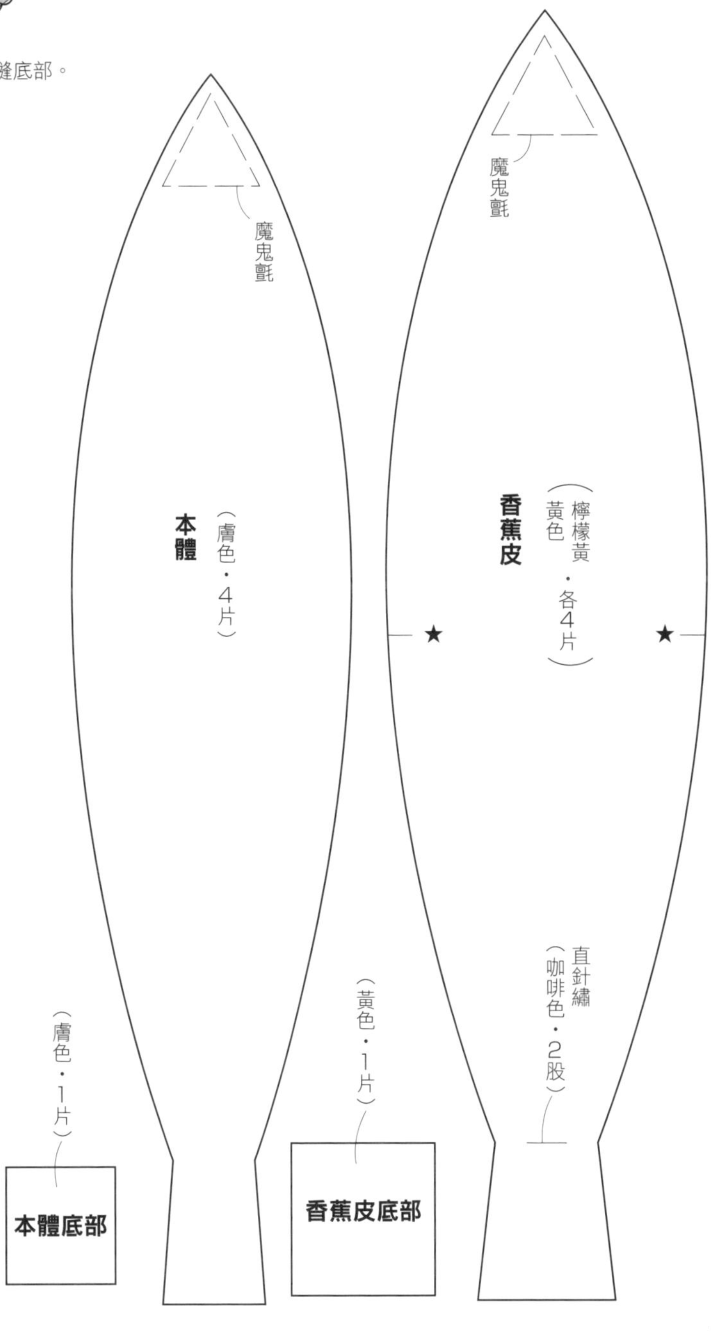
魔鬼氈
本體
（膚色・4片）
魔鬼氈
香蕉皮
（檸檬黃 黃色・各4片）
★
★
直針繡（咖啡色・2股）
（膚色・1片）
本體底部
（黃色・1片）
香蕉皮底部

21 P.20

挑蠶豆

材料

毛巾布

（綠色）15cm×9cm

（檸檬黃）15cm×8cm

（黃綠色・藍綠色・深綠色）各5cm×5cm

25號繡線（同不織布顏色）

粗0.2cm彈性繩（藍綠色）15cm

手工藝用棉花　適量

●以與不織布相同顏色的2股25號繡線進行縫製。

●縫合方法＆刺繡針法參見P.34。

作法

❶ 將彈性繩打結。

長5cm的彈性繩
在兩端製作結目。

❷ 製作蠶豆。

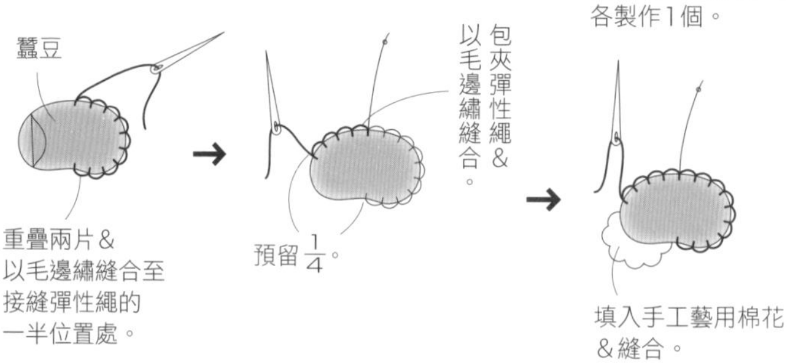

蠶豆
重疊兩片＆以毛邊繡縫合至接縫彈性繩的一半位置處。
包夾彈性繩＆以毛邊繡縫合。
預留$\frac{1}{4}$。
※黃綠色・藍綠色・深綠色各製作1個。
填入手工藝用棉花＆縫合。

❸ 包夾蠶豆＆接縫內莢。

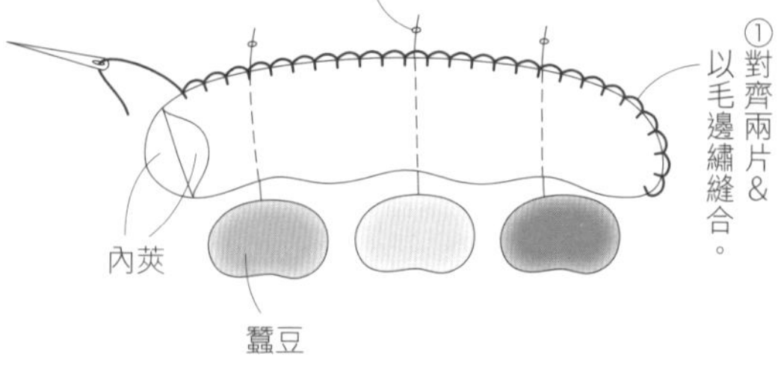

②夾入彈性繩。
①對齊兩片＆以毛邊繡縫合。
內莢
蠶豆

❹ 重疊＆縫合內、外莢。

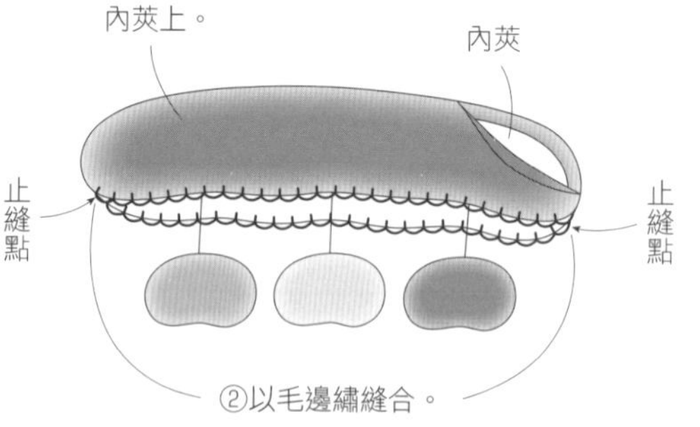

①將外莢重疊在內莢上。
內莢
止縫點
止縫點
②以毛邊繡縫合。

↓

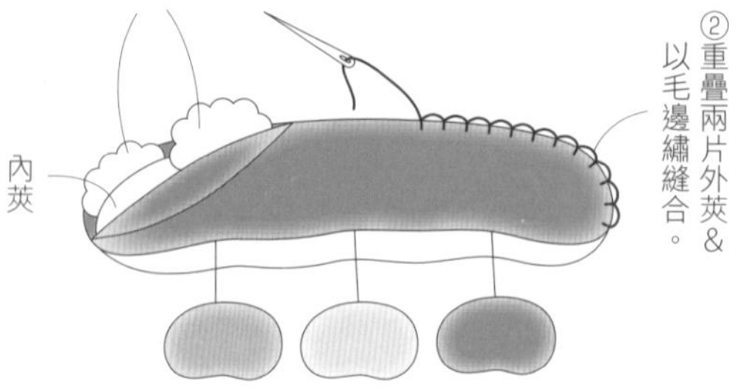

①將內莢兩側填入少量手工藝用棉花。
內莢
②重疊兩片外莢＆以毛邊繡縫合。

※注意棉花量不可太多，不然蠶豆放不進去。

❺ 完成！

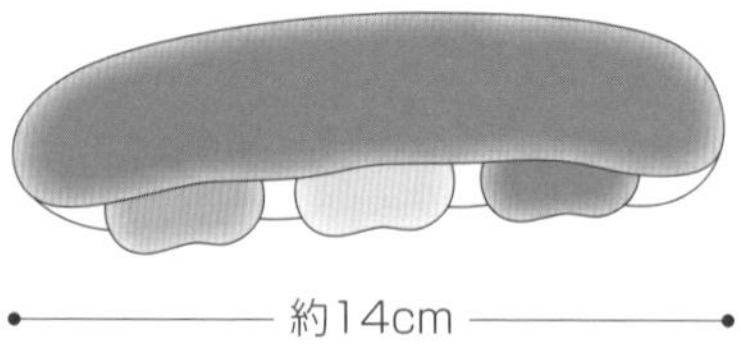

約14cm

原寸紙型

＊不織布不需縫份，直接沿紙型線條裁剪即可。

＊□內的數字代表此處紙型重疊的層次。請分別作出各組件的紙型，再依數字順序重疊＆接縫製作。

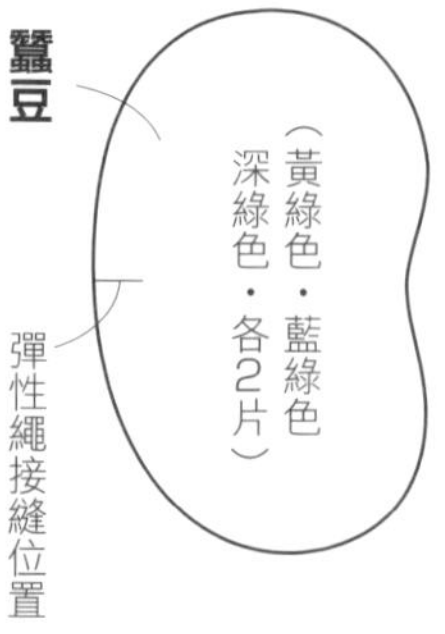

蠶豆
（黃綠色・藍綠色・深綠色・各2片）
彈性繩接縫位置

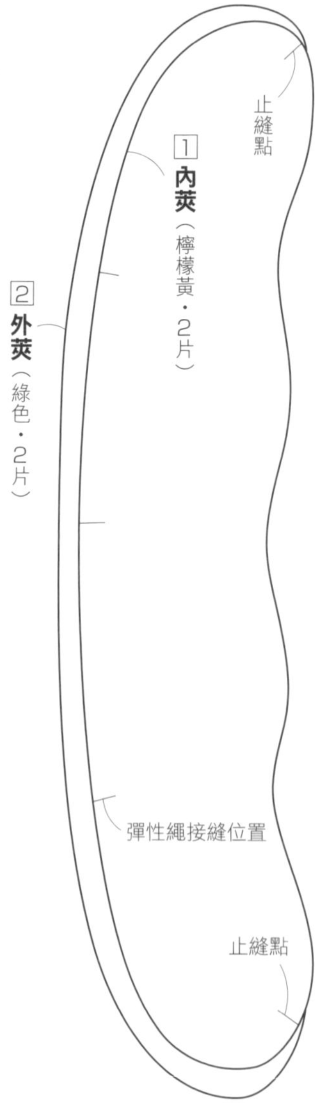

止縫點
1 內莢（檸檬黃・2片）
2 外莢（綠色・2片）
彈性繩接縫位置
止縫點

23 P.21

指偶手套

材料

毛巾布
（黃綠色）18cm×10cm
（綠色）18cm×5cm
（灰色）10cm×10cm
（橘色）10cm×5cm
（咖啡色・深咖啡色）各5cm×5cm
（藍色）5cm×4cm
（檸檬黃）4cm×3cm
（玫瑰紅・黃色・紅色）各3cm×2cm
軍用手套（灰色・黑色）各1片
大圓珠（黑色）10個
手工藝用棉花　適量
熱熔槍
壓克力顏料（黑色）
●以與不織布相同顏色的車縫線
　進行縫製。

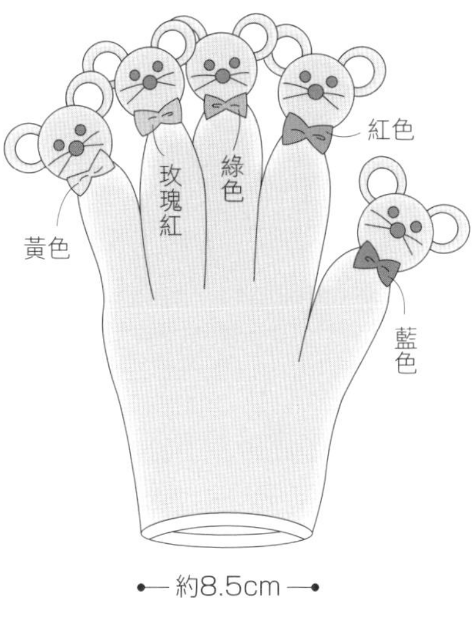

軍用手套（黑色）
約24cm
約8.5cm
紅色
玫瑰紅
綠色
黃色
藍色

作法

1 製作老鼠。

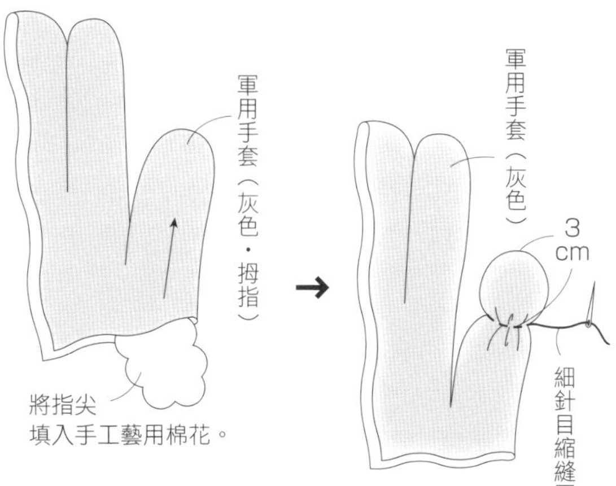

軍用手套（灰色・拇指）
將指尖
填入手工藝用棉花。
軍用手套（灰色）
3cm
細針目縮縫固定。

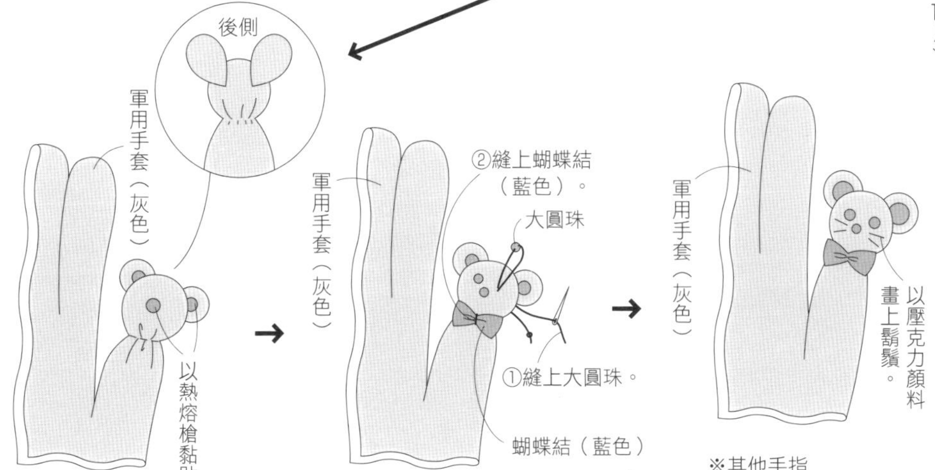

後側
軍用手套（灰色）
以熱熔槍黏貼。
軍用手套（灰色）
②縫上蝴蝶結（藍色）。
大圓珠
①縫上大圓珠。
蝴蝶結（藍色）
軍用手套（灰色）
以壓克力顏料畫上鬍鬚。

※其他手指
作法亦同。

2 加上草叢。

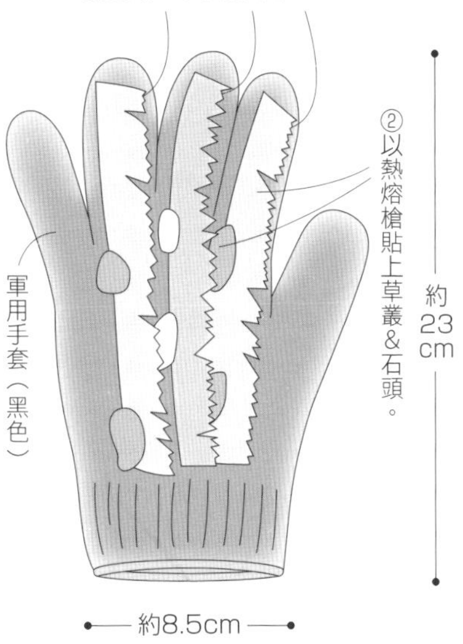

①剪出如草叢般的牙口。
②以熱熔槍貼上草叢&石頭。
軍用手套（黑色）
約23cm
約8.5cm

原寸紙型

＊不織布不需縫份，直接沿紙型線條裁剪即可。
＊□內的數字代表此處紙型重疊的層次。請分別作出各組件的紙型，再依數字順序重疊＆接縫製作。

（玫瑰紅・黃色・紅色・黃綠色・藍色）各1片
蝴蝶結
縮縫。

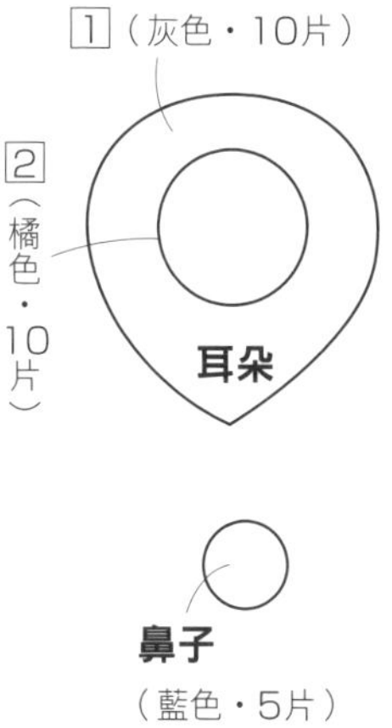

1（灰色・10片）
2（橘色・10片）
耳朵
鼻子
（藍色・5片）

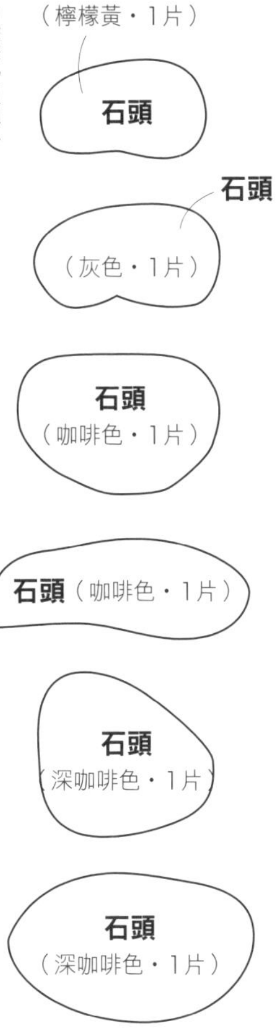

（檸檬黃・1片）
石頭
石頭
（灰色・1片）
石頭
（咖啡色・1片）
石頭（咖啡色・1片）
石頭
（深咖啡色・1片）
石頭
（深咖啡色・1片）

草叢（黃綠色・2片）（綠色・1片）
剪成鋸齒狀。
牙口止點位置
剪牙口。

冰淇淋劍球

材料（1個）

不織布

（淺咖啡色）20cm×15cm×2片

（白色）7cm×3cm

厚紙板　23cm×15cm

粗毛線　適量（no.26粉紅色・no.27藍色）

25號繡線（同不織布顏色・水藍色）

粗0.4cm圓繩　50cm

油性筆（黑色）

手工藝用白膠

透明膠帶

雙面膠帶

●以與不織布相同顏色的1股25號繡線進行縫製。

●縫合方法＆刺繡針法參見P.34。

●**原寸紙型參見P.77。**

作法

1 製作冰淇淋餅乾筒。

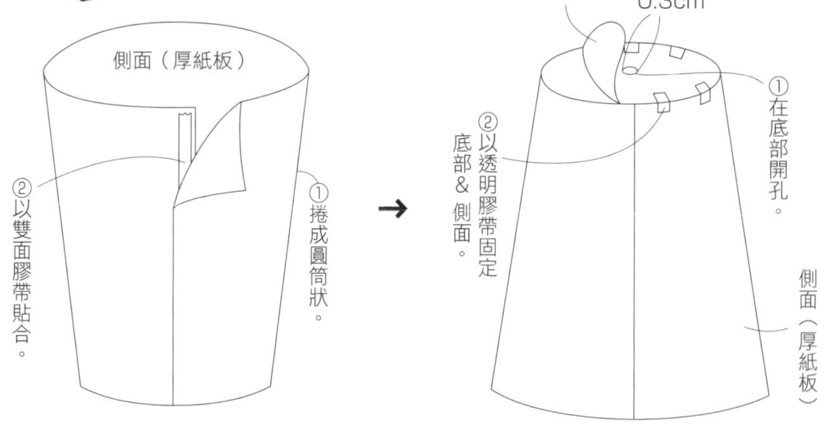
側面（厚紙板）
②以雙面膠帶貼合。
①捲成圓筒狀。
底部（厚紙板）
0.3cm
①在底部開孔。
②以透明膠帶固定底部＆側面。
側面（厚紙板）

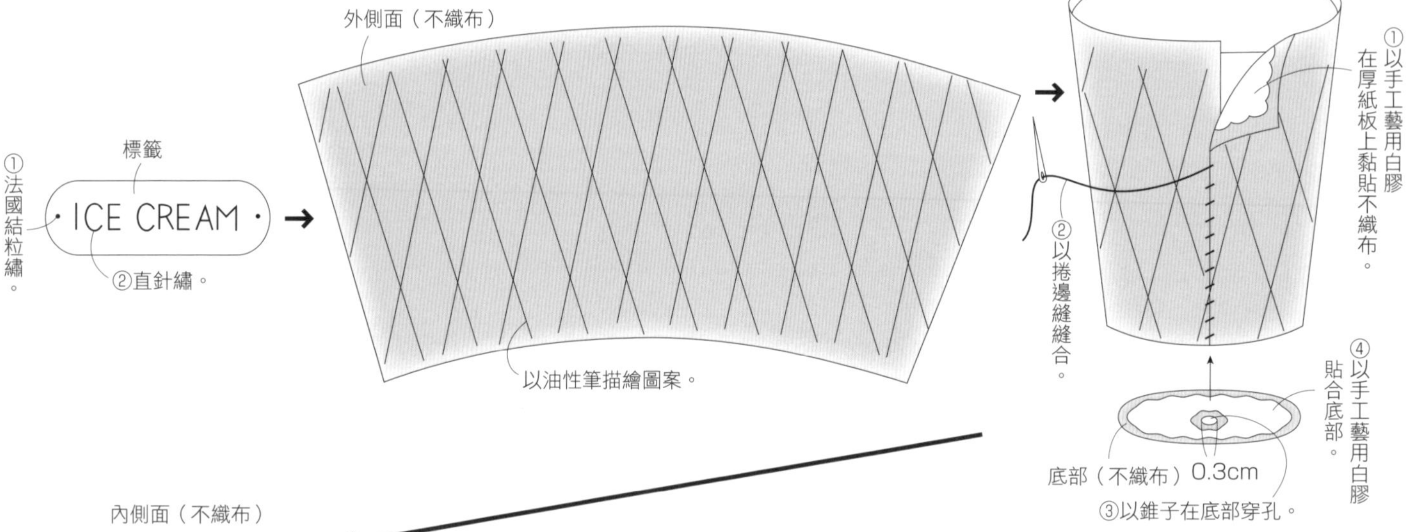
標籤
①法國結粒繡。
ICE CREAM
②直針繡。
外側面（不織布）
以油性筆描繪圖案。
側面（厚紙板）
①以手工藝用白膠在厚紙板上黏貼不織布。
②以捲邊縫縫合。
④以手工藝用白膠貼合底部。
底部（不織布）0.3cm
③以錐子在底部穿孔。

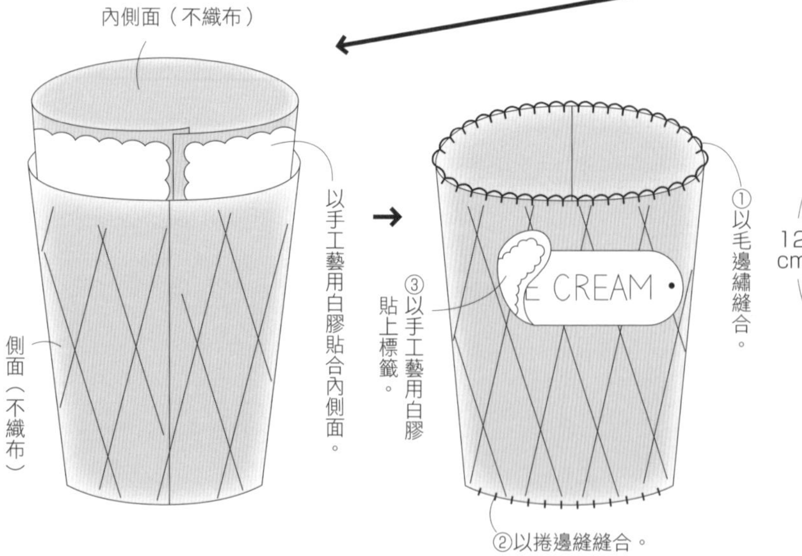
內側面（不織布）
以手工藝用白膠貼合內側面。
側面（不織布）
①以毛邊繡縫合。
③以手工藝用白膠貼上標籤。
E CREAM
②以捲邊縫縫合。

2 製作冰淇淋。

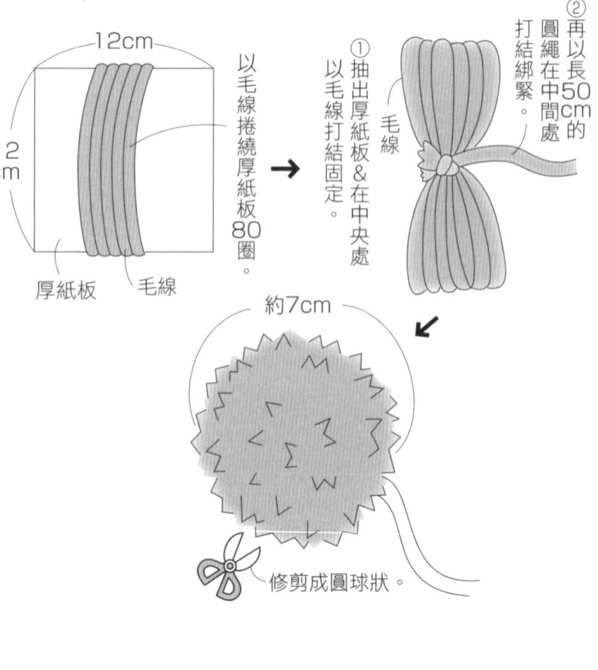
12cm
12cm
以毛線捲繞厚紙板80圈。
厚紙板
毛線
①抽出厚紙板＆在中央處以毛線打結固定。
毛線
②再以長50cm的圓繩在中間處打結綁緊。
約7cm
修剪成圓球狀。

❸ 將冰淇淋餅乾筒裝上冰淇淋。

②
打一個結。
ICE CREAM
①從底部洞孔
穿入繩子。

❹ 完成！

ICE CREAM
約
12
cm
約5cm

原寸紙型

＊不織布不需縫份，直接沿紙型線條裁剪即可。
＊厚紙板請沿附縫份紙型的外側線裁剪。
＊♥＝黏份。
＊□內的數字代表此處紙型重疊的層次。
請分別作出各組件的紙型，
再依數字順序重疊＆接縫製作。

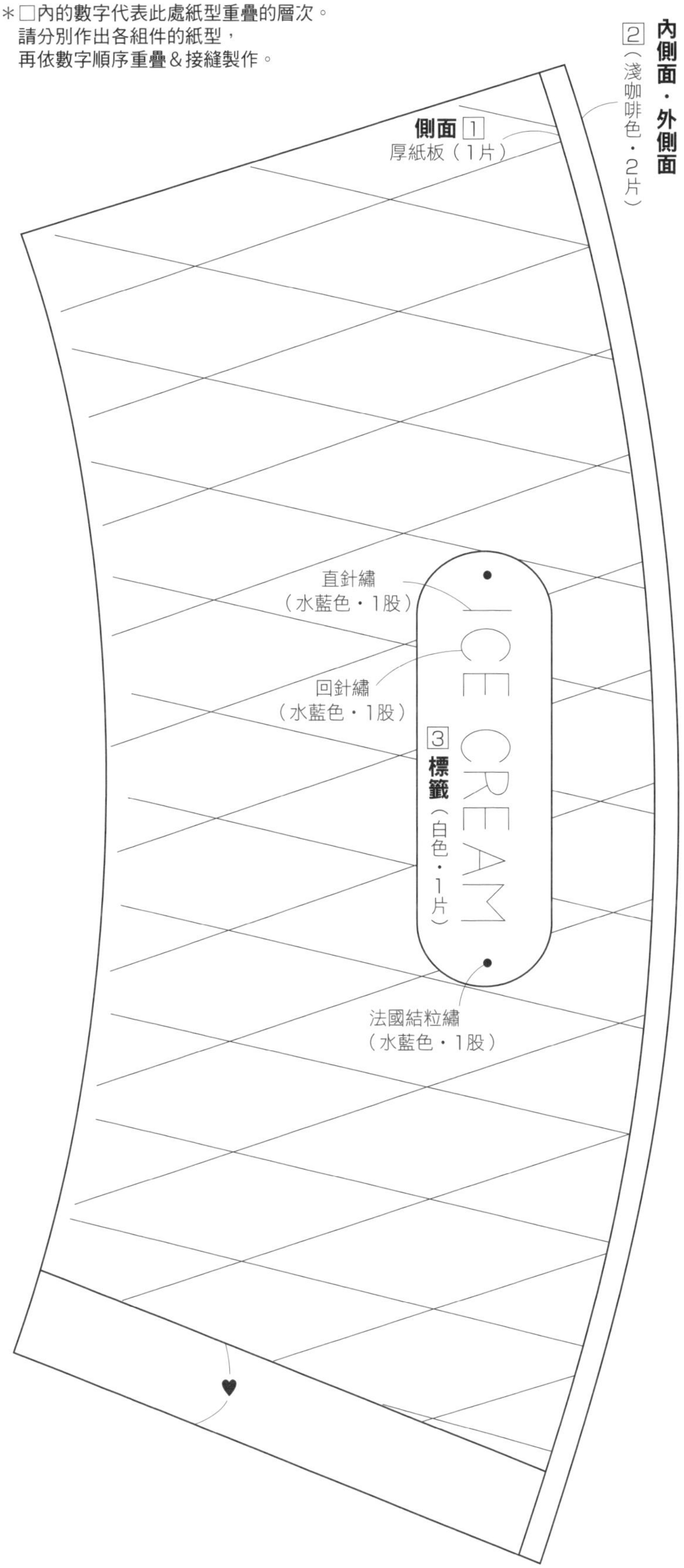
內側面・外側面
2（淺咖啡色・2片）
側面 1
厚紙板（1片）
直針繡
（水藍色・1股）
回針繡
（水藍色・1股）
3 標籤（白色・1片）
ICE CREAM
法國結粒繡
（水藍色・1股）
♥

厚紙板（1片）
（淺咖啡色・1片）
底部

24 P.22

暗釦連連樂

材料

A至E布（點點）各16cm寬×5cm
直徑1.1cm暗釦　5組
●以與不織布相同顏色的車縫線進行縫製。
●縫合方法＆刺繡針法參見P.34。

製圖

※製圖已內含縫份。

本體

A至E布
（各1片）
5
16

作法

1 縫製圓環片。

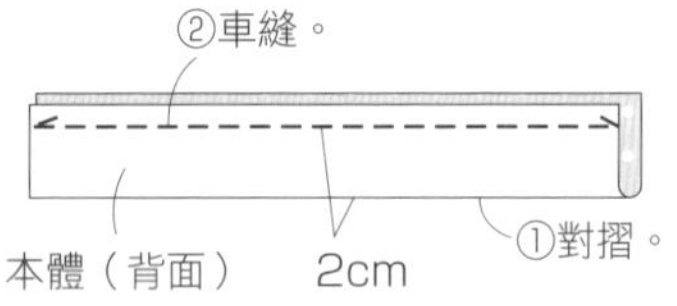
②車縫。
本體（背面）
2cm
①對摺。

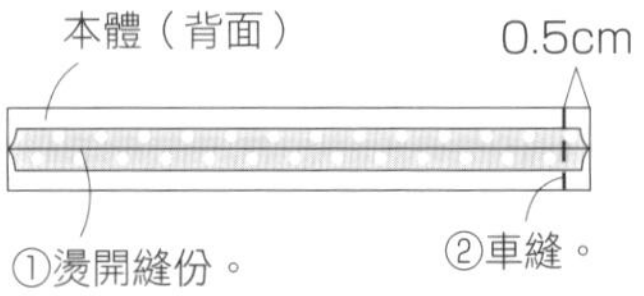
本體（背面）
0.5cm
①燙開縫份。
②車縫。

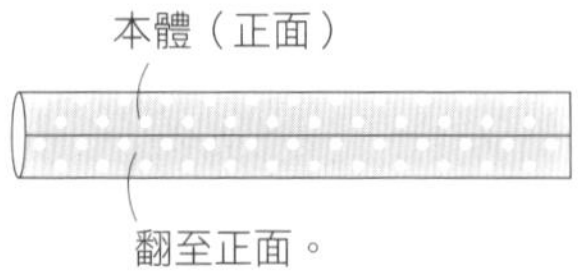
本體（正面）
翻至正面。

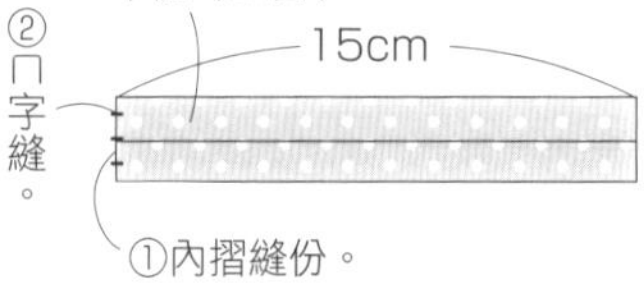
本體（正面）
15cm
②ㄈ字縫。
①內摺縫份。

2 縫上暗釦。

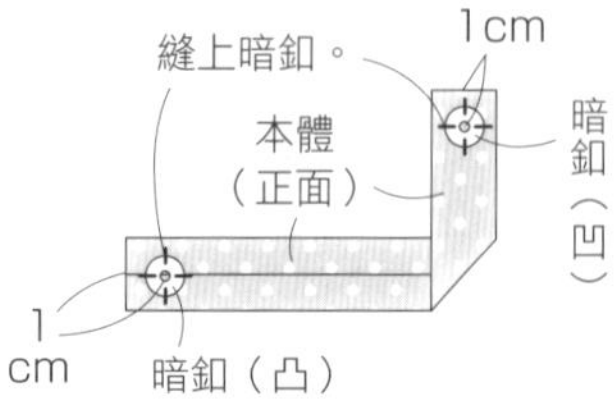
縫上暗釦。
1cm
本體
（正面）
暗釦（凹）
1
cm
暗釦（凸）

3 完成！

15
2

※A布・B布・C布・D布・E布
各製作1片。

25 P.22

鈕釦連連樂

材料

不織布
（粉紅色・黃綠色・黃色・橘色・水藍色）
各18cm×2.5cm
25號繡線（同不織布顏色）
直徑1.8cm鈕釦　5個
●以與不織布相同顏色的2股25號繡線
進行縫製。
●縫合方法＆刺繡針法參見P.34。

製圖

※此製圖不含縫份。

本體（粉紅色・黃綠色・黃色・橘色・水藍色・各1片）

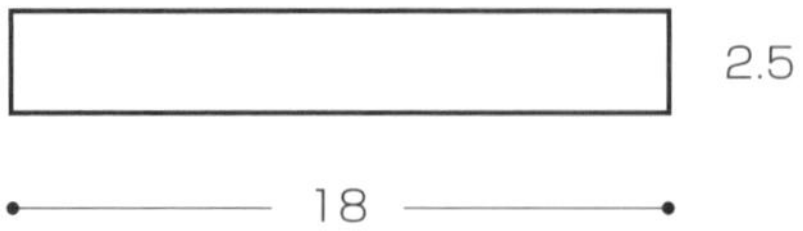
2.5
18

作法

1 縫合四周。

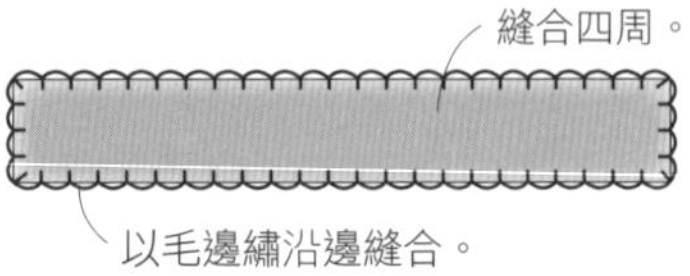
縫合四周。
以毛邊繡沿邊縫合。

2 開釦眼＆縫上鈕釦。

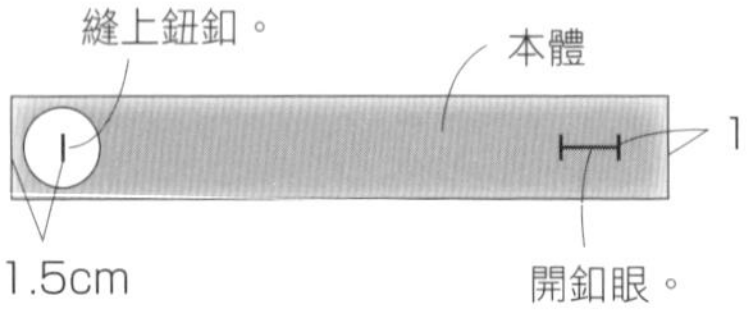
縫上鈕釦。
本體
1
1.5cm
開釦眼。

3 完成！

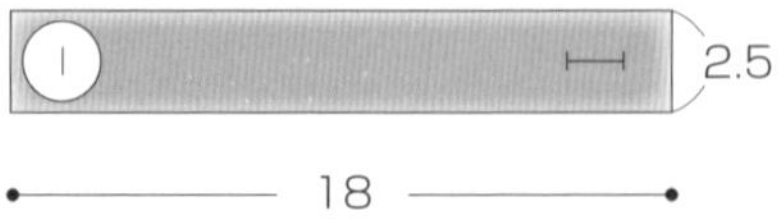
2.5
18

※粉紅色・黃綠色・黃色・橘色・水藍色
各製作1片。

24 P.28

雙面棋盤

材料

不織布
（白色）18cm×18cm×3片
（水藍色）
18cm×18cm×1片・5cm×5cm×1片
（黃綠色）
18cm×18cm×1片・10cm×10cm×1片
（黃色）18cm×18cm
（檸檬黃）15cm×15cm
（紅色）13cm×10cm
（綠色）8cm×8cm
（橘色）7cm×4cm
（藍色・粉紅色・土耳其藍）
各5cm×5cm
（咖啡色）2cm×2cm
25號繡線（同不織布顏色・深咖啡色）
格紋織帶　1.5cm寬×75cm
花紋織帶　1.3cm寬×75cm
水兵帶　0.7cm寬×75
緞紋織帶　0.5cm寬×110cm
●以與不織布相同顏色的1股25號繡線＆車縫線進行縫製。
●縫合方法＆刺繡針法參見P.34。
●**原寸紙型參見P.81。**

製圖　※製圖皆不含縫份。

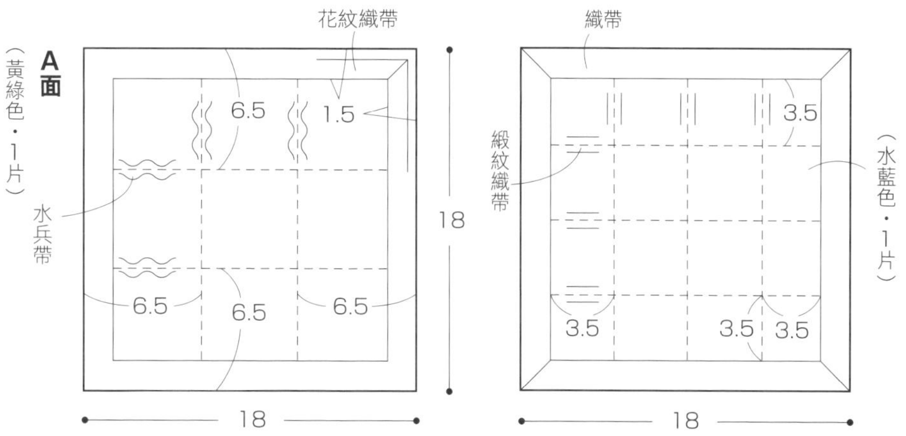

作法

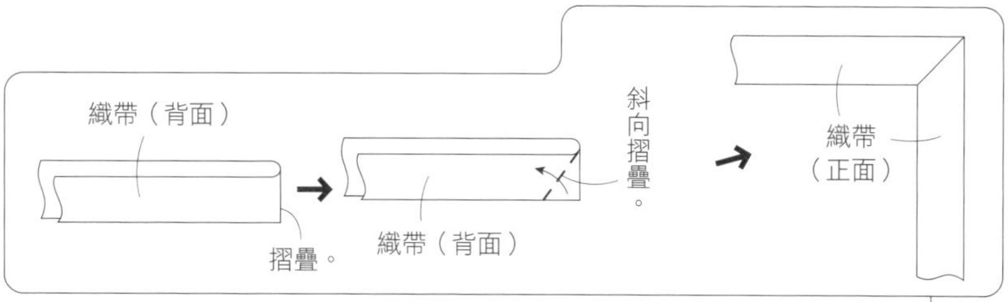

1 製作棋盤。

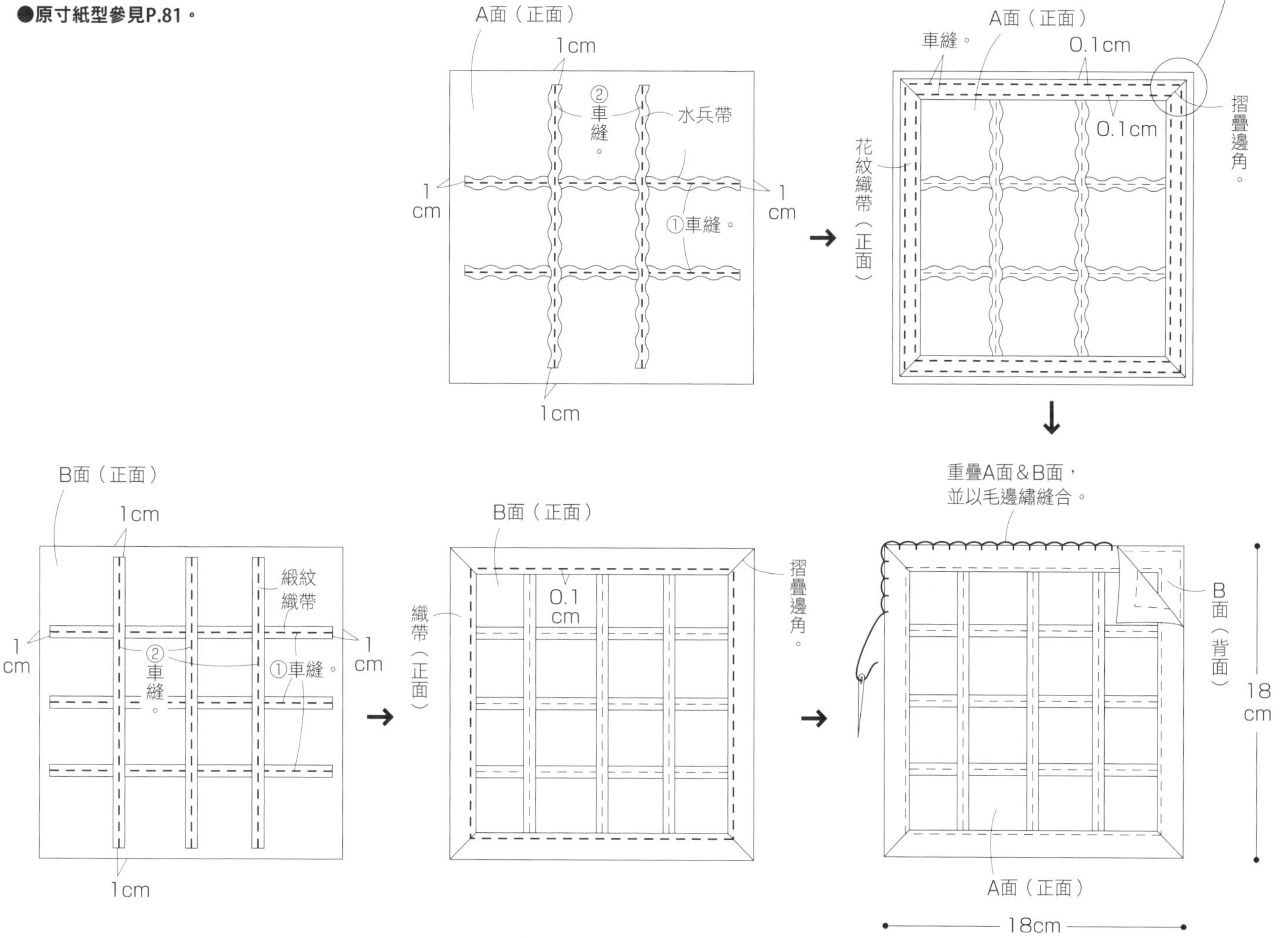

2 製作蘋果棋石

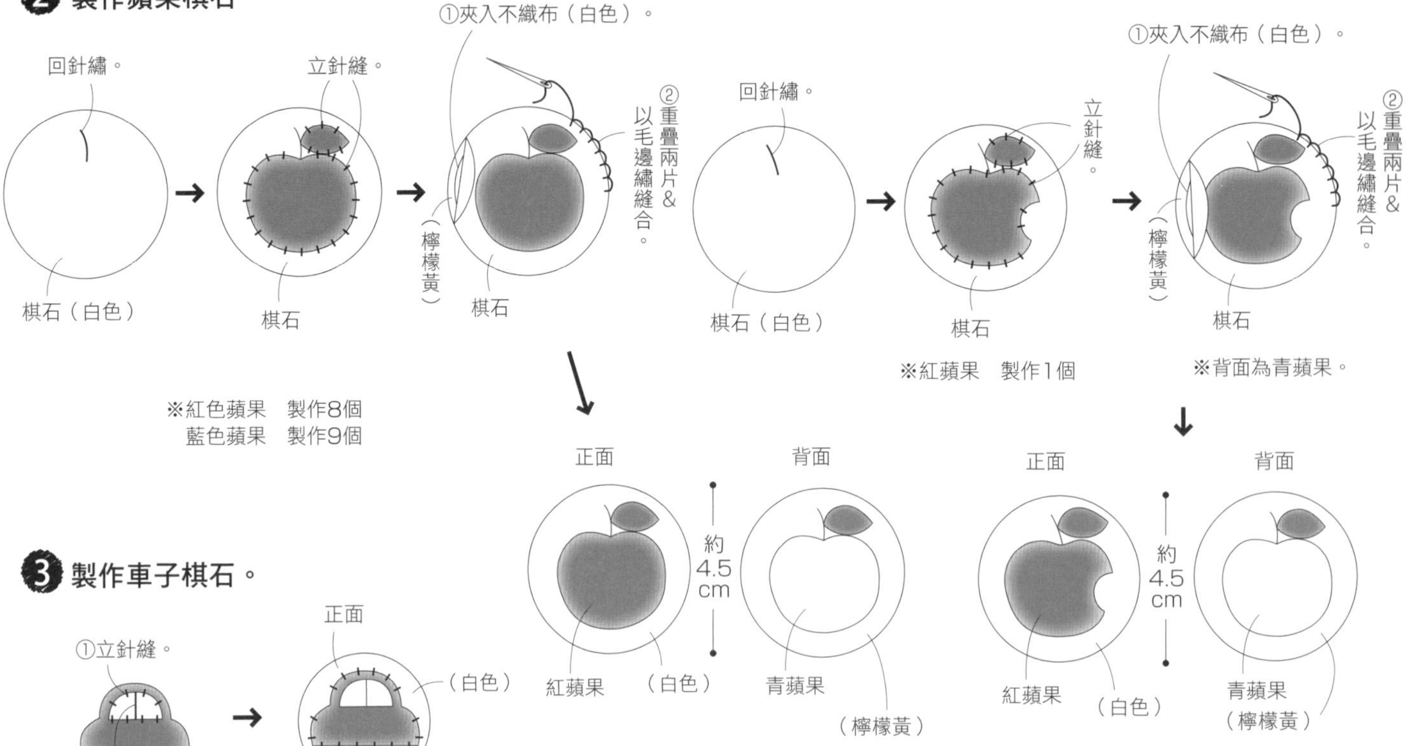

回針繡。
棋石（白色）
立針縫。
棋石
①夾入不織布（白色）。
②重疊兩片&以毛邊繡縫合。
（檸檬黃）
棋石
回針繡。
棋石（白色）
立針縫。
棋石
※紅蘋果　製作1個
①夾入不織布（白色）。
②重疊兩片&以毛邊繡縫合。
（檸檬黃）
棋石
※背面為青蘋果。
※紅色蘋果　製作8個
藍色蘋果　製作9個
正面
背面
約4.5cm
紅蘋果
（白色）
青蘋果
（檸檬黃）
正面
背面
約4.5cm
紅蘋果
（白色）
青蘋果
（檸檬黃）

3 製作車子棋石。

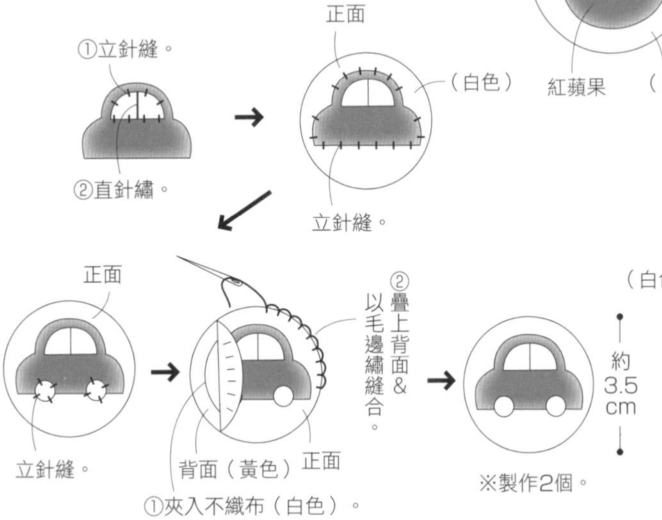

①立針縫。
②直針繡。
正面
（白色）
立針縫。
正面
立針縫。
②疊上背面&以毛邊繡縫合。
背面（黃色）
正面
①夾入不織布（白色）。
約3.5cm
※製作2個。

4 製作蝴蝶棋石。

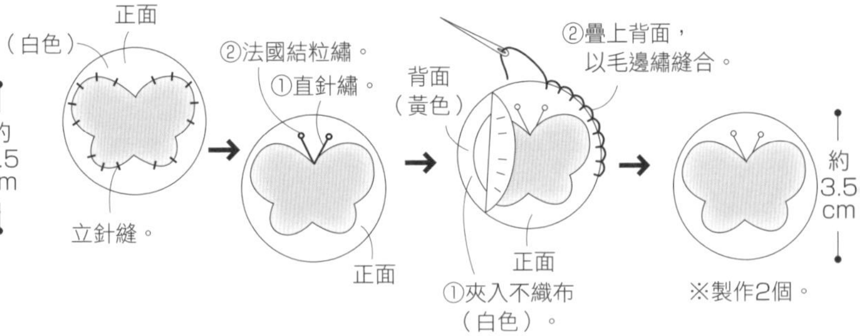

（白色）
正面
立針縫。
②法國結粒繡。
①直針繡。
正面
背面（黃色）
②疊上背面，以毛邊繡縫合。
正面
①夾入不織布（白色）。
約3.5cm
※製作2個。

5 製作香菇棋石。

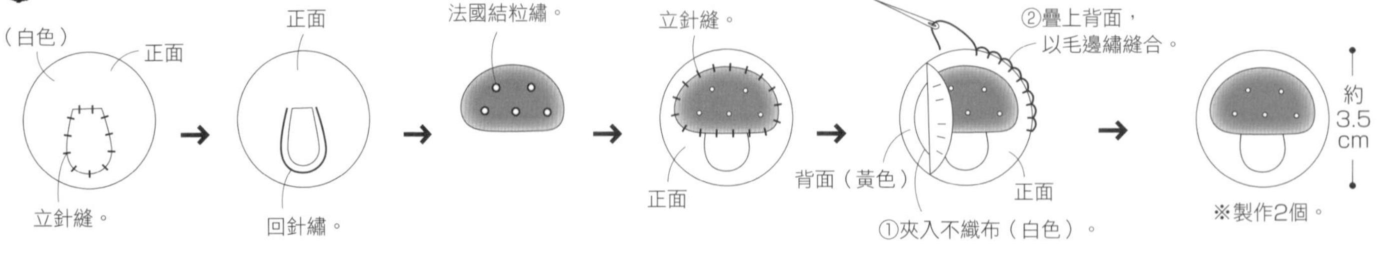

（白色）
正面
立針縫。
正面
回針繡。
法國結粒繡。
立針縫。
正面
②疊上背面，以毛邊繡縫合。
背面（黃色）
正面
①夾入不織布（白色）。
約3.5cm
※製作2個。

6 製作小雞棋石。

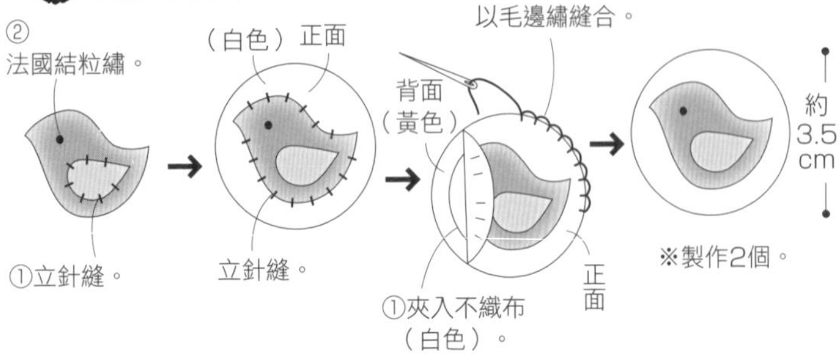

②法國結粒繡。
①立針縫。
（白色）正面
立針縫。
背面（黃色）
②疊上背面，以毛邊繡縫合。
正面
①夾入不織布（白色）。
約3.5cm
※製作2個。

7 製作小屋棋石。

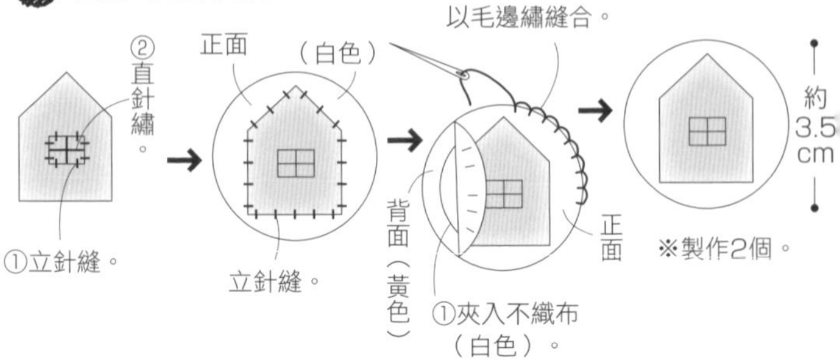

②直針繡。
①立針縫。
正面
（白色）
立針縫。
②疊上背面，以毛邊繡縫合。
背面（黃色）
正面
①夾入不織布（白色）。
約3.5cm
※製作2個。

8 製作草莓棋石。

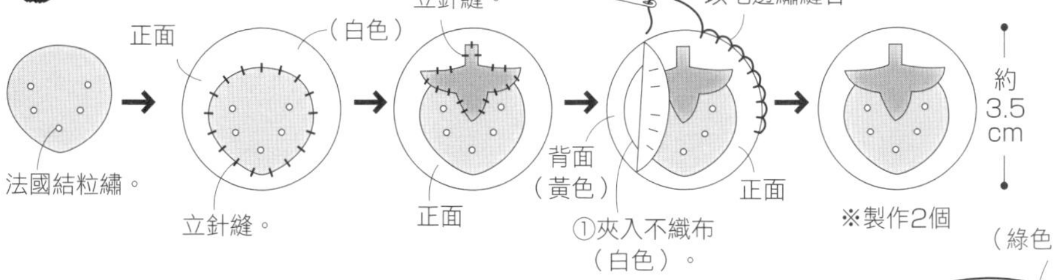

②疊上背面，
以毛邊繡縫合。
立針縫。
正面
（白色）
約
3.5
cm
法國結粒繡。
立針縫。
正面
背面
（黃色）
①夾入不織布
（白色）。
正面

※製作2個

9 製作幸運草棋石。

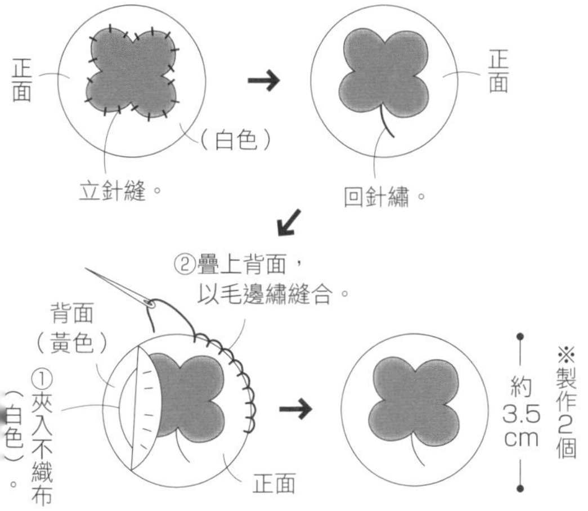

正面
（白色）
立針縫。
正面
回針繡。
②疊上背面，
以毛邊繡縫合。
背面
（黃色）
①夾入不織布（白色）。
正面
約
3.5
cm
※製作2個

10 製作花朵棋石。

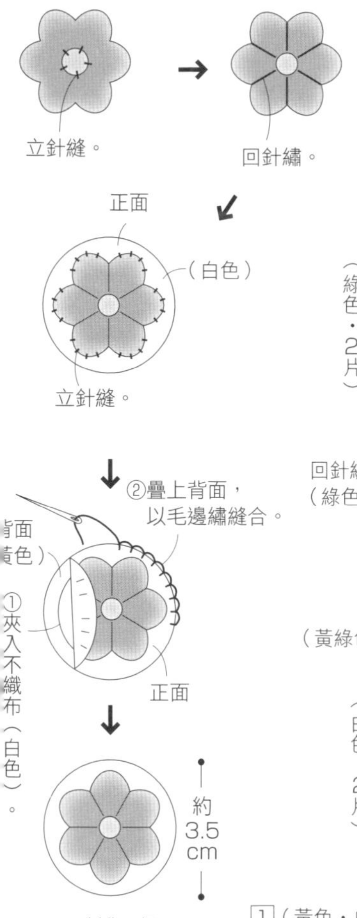

立針縫。
回針繡。
正面
（白色）
立針縫。
②疊上背面，
以毛邊繡縫合。
背面
（黃色）
①夾入不織布（白色）。
正面
約
3.5
cm

※製作2個。

原寸紙型

＊不織布不需縫份，直接沿紙型線條裁剪即可。
＊□內的數字代表此處紙型重疊的層次。
請分別作出各組件的紙型，
再依數字順序重疊＆接縫製作。

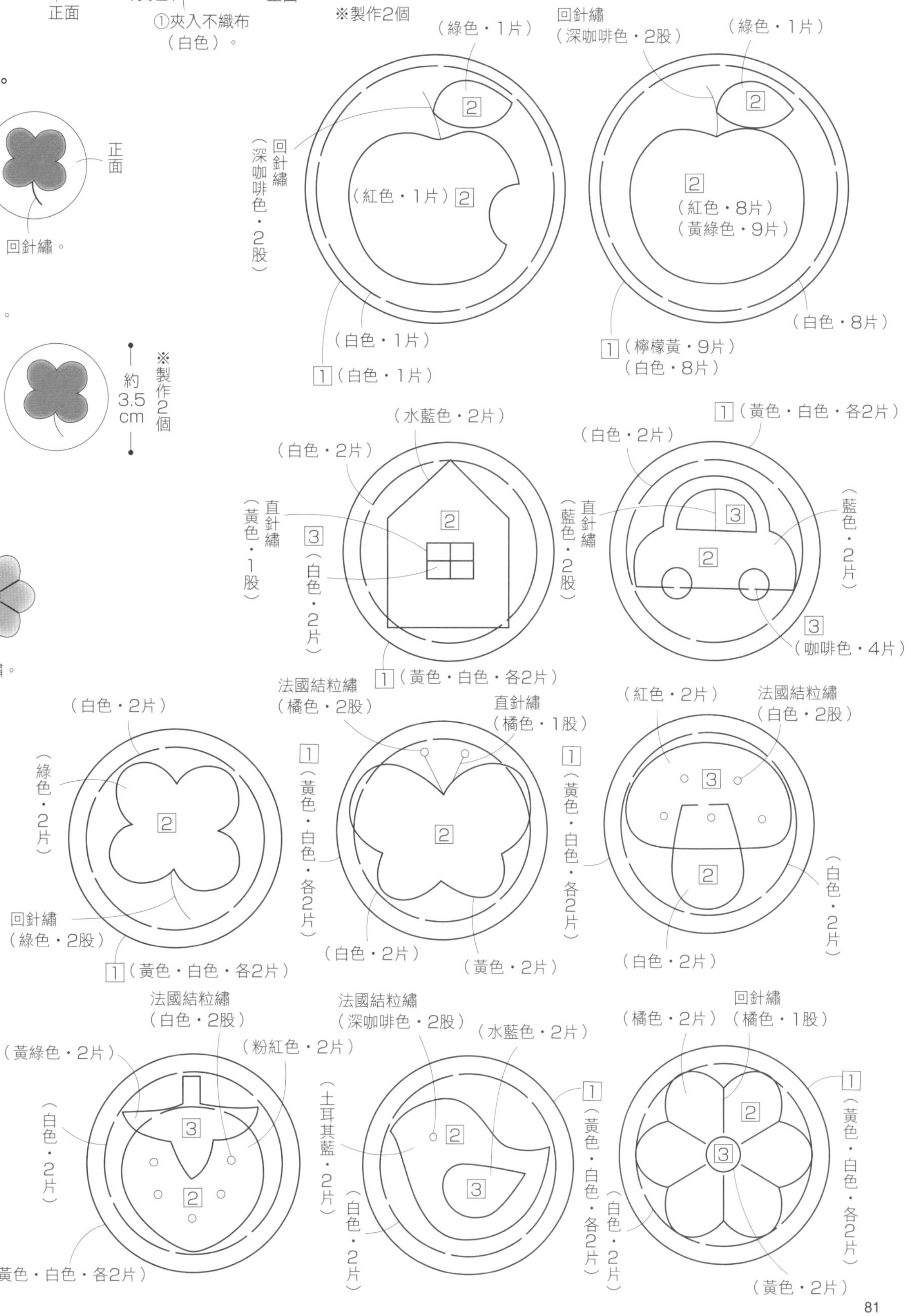

（綠色・1片）
回針繡（深咖啡色・2股）
（紅色・1片）2
2
（白色・1片）
1（白色・1片）
回針繡
（深咖啡色・2股）
（綠色・1片）
2
2
（紅色・8片）
（黃綠色・9片）
（白色・8片）
1（檸檬黃・9片）
（白色・8片）
（水藍色・2片）
（白色・2片）
直針繡（黃色・1股）
3（白色・2片）
2
1（黃色・白色・各2片）
1（黃色・白色・各2片）
（白色・2片）
直針繡（藍色・2股）
3
2
（藍色・2片）
3（咖啡色・4片）
（白色・2片）
（綠色・2片）
2
回針繡
（綠色・2股）
1（黃色・白色・各2片）
法國結粒繡
（橘色・2股）
直針繡
（橘色・1股）
1（黃色・白色・各2片）
2
（白色・2片）
（黃色・2片）
1（黃色・白色・各2片）
（紅色・2片）
法國結粒繡
（白色・2股）
3
2
（白色・2片）
（白色・2片）
法國結粒繡
（白色・2股）
（粉紅色・2片）
（黃綠色・2片）
（白色・2片）
3
2
1（黃色・白色・各2片）
法國結粒繡
（深咖啡色・2股）
（水藍色・2片）
（土耳其藍・2片）
2
3
（白色・2片）
1（黃色・白色・各2片）
（白色・2片）
（橘色・2片）
回針繡
（橘色・1股）
2
3
1（黃色・白色・各2片）
（黃色・2片）

29・30 P.26

手錶

29材料

不織布
（深藍色） 18cm×5cm
（群青色） 12cm×8cm
（天藍色） 3cm×3cm
（寶石綠） 5cm×1cm
（黃色） 4cm×1cm
0.4cm菱形亮片（透明） 1個
直徑0.4cm珍珠（白色） 1個
25號繡線（同不織布顏色）
織帶　1.5cm寬×20cm
直徑1.5cm鈕釦　2個
手工藝用棉花　適量

30材料

不織布
（深粉紅色） 20cm×7cm
（粉紅色） 18cm×5cm
（淺粉紅色） 5cm×4cm
（櫻桃粉紅） 5cm×1cm
（紅色） 4cm×1cm
0.4cm菱形亮片（透明） 1個
直徑0.4cm珍珠（白色） 1個
25號繡線（同不織布顏色）
織帶　1.5cm寬×20cm
直徑1.5cm鈕釦　2個
手工藝用棉花　適量

●以與不織布相同顏色的1股25號繡線進行縫製。
●縫合方法＆刺繡針法參見P.34。
●**原寸紙型參見P.84。**

作法 29

1 製作正面。

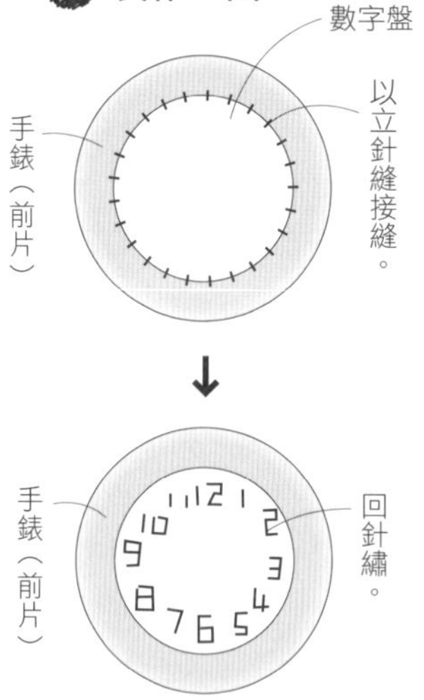

數字盤
以立針縫接縫。
手錶（前片）
回針繡。
手錶（前片）

2 製作長、短針。

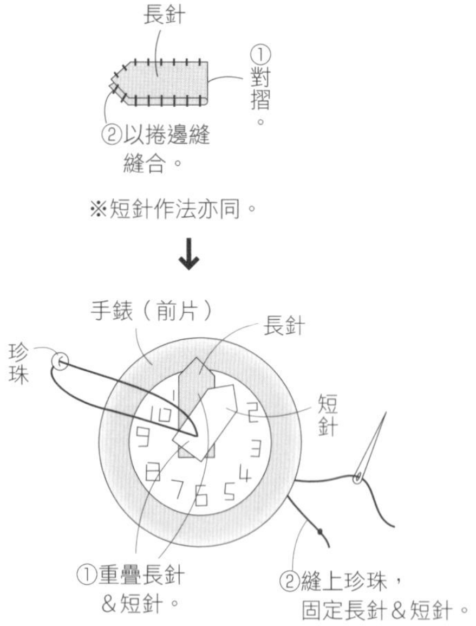

長針
①對摺。
②以捲邊縫縫合。
※短針作法亦同。
手錶（前片）
長針
珍珠
短針
①重疊長針＆短針。
②縫上珍珠，固定長針＆短針。

3 接縫側面。

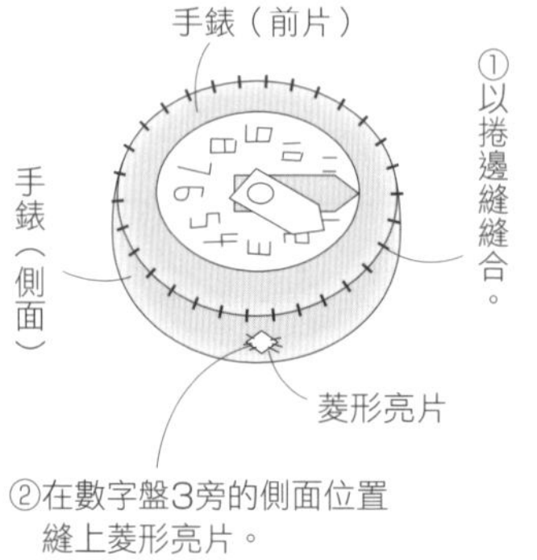

手錶（前片）
①以捲邊縫縫合。
手錶（側面）
菱形亮片
②在數字盤3旁的側面位置縫上菱形亮片。

4 填入手工藝用棉花，接縫後片＆錶帶穿入片。

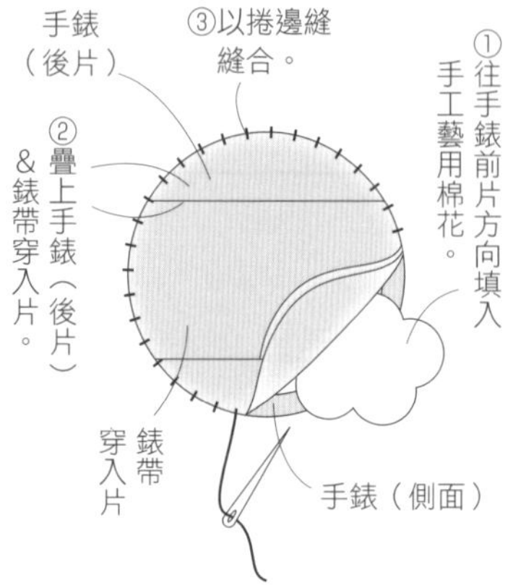

手錶（後片）
③以捲邊縫縫合。
①往手錶前片方向填入手工藝用棉花。
②疊上手錶（後片）＆錶帶穿入片。
錶帶穿入片
手錶（側面）

5 本體完成！

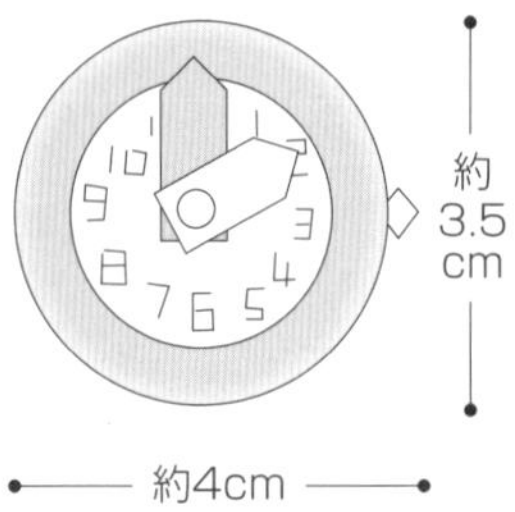

約3.5cm
約4cm

30

1 製作正面。

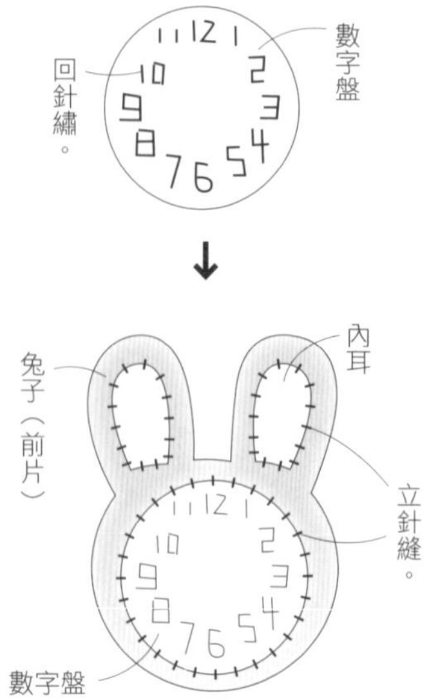

數字盤
回針繡。
內耳
兔子（前片）
立針縫。
數字盤

2 製作長、短針＆接縫於錶面。

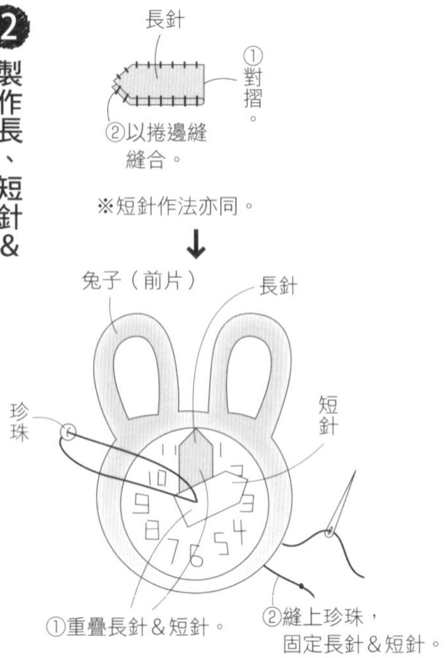

長針
①對摺。
②以捲邊縫縫合。
※短針作法亦同。
兔子（前片）
長針
珍珠
短針
①重疊長針＆短針。
②縫上珍珠，固定長針＆短針。

3 接縫側面。

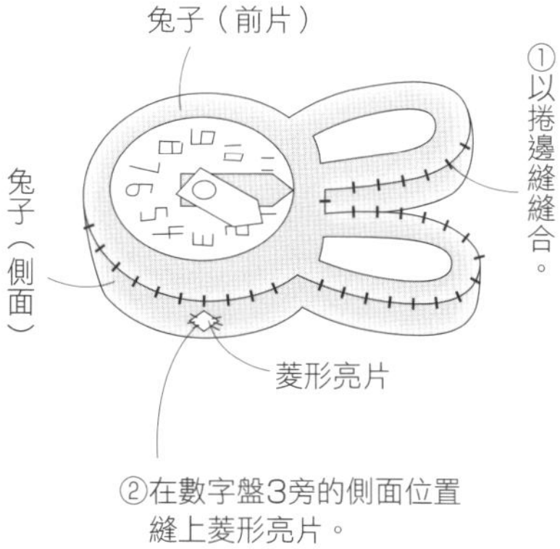
兔子（前片）
①以捲邊縫縫合。
兔子（側面）
菱形亮片
②在數字盤3旁的側面位置縫上菱形亮片。

4 填入手工藝用棉花，接縫後片&錶帶穿入片。

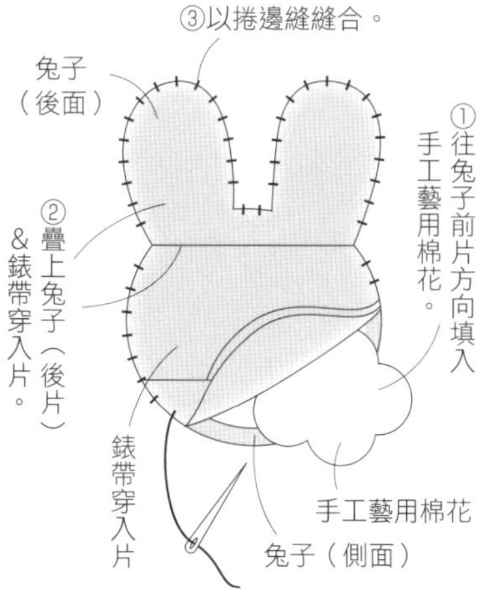
③以捲邊縫縫合。
兔子（後面）
①往兔子前片方向填入手工藝用棉花。
②疊上兔子（後片）&錶帶穿入片。
錶帶穿入片
手工藝用棉花
兔子（側面）

5 本體完成！

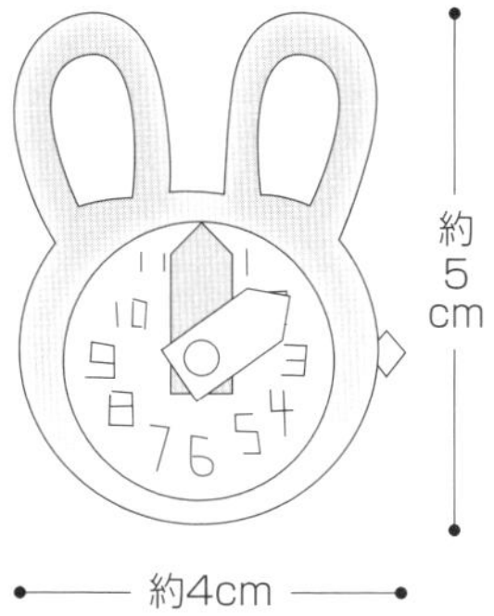
約5cm
約4cm

錶帶

1 在錶帶鈕釦位置開孔作記號。

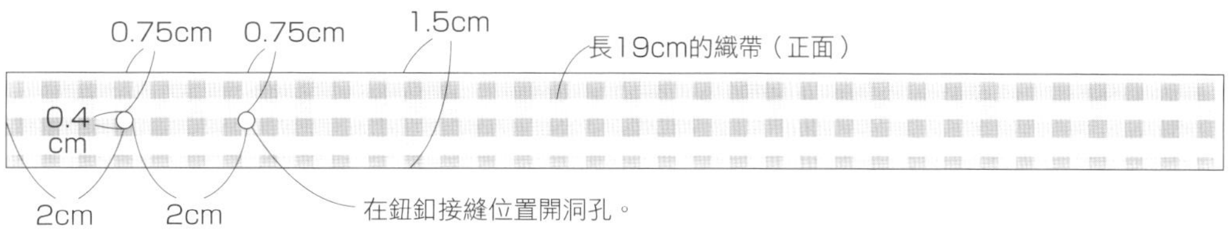
0.75cm
0.75cm
1.5cm
長19cm的織帶（正面）
0.4cm
2cm
2cm
在鈕釦接縫位置開洞孔。

2 裝飾上織帶。

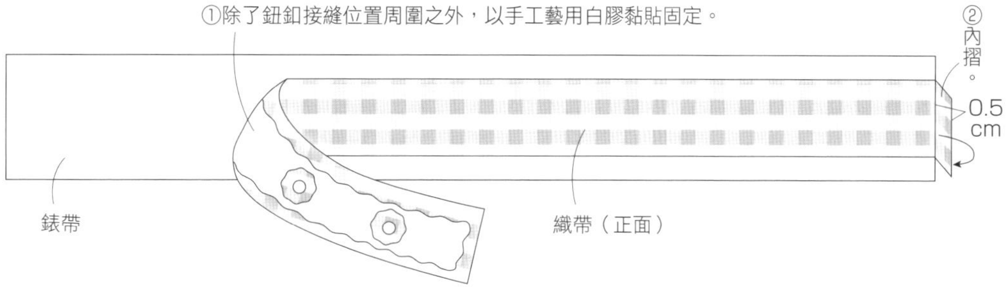
①除了鈕釦接縫位置周圍之外，以手工藝用白膠黏貼固定。
②內摺。
0.5cm
錶帶
織帶（正面）

3 縫上鈕釦，重疊&縫合錶帶。

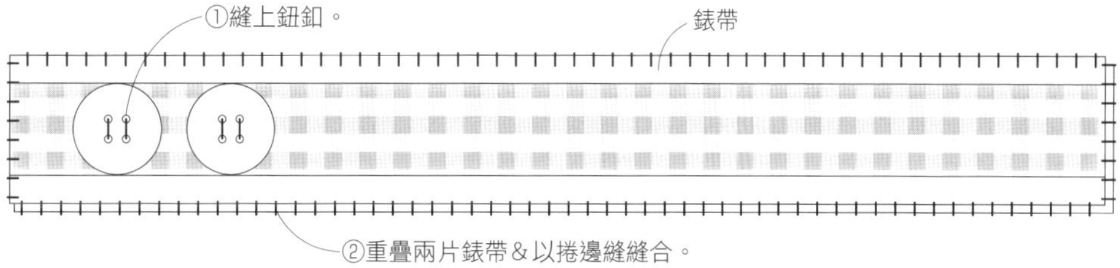
①縫上鈕釦。
錶帶
②重疊兩片錶帶&以捲邊縫縫合。

4 製作釦眼。

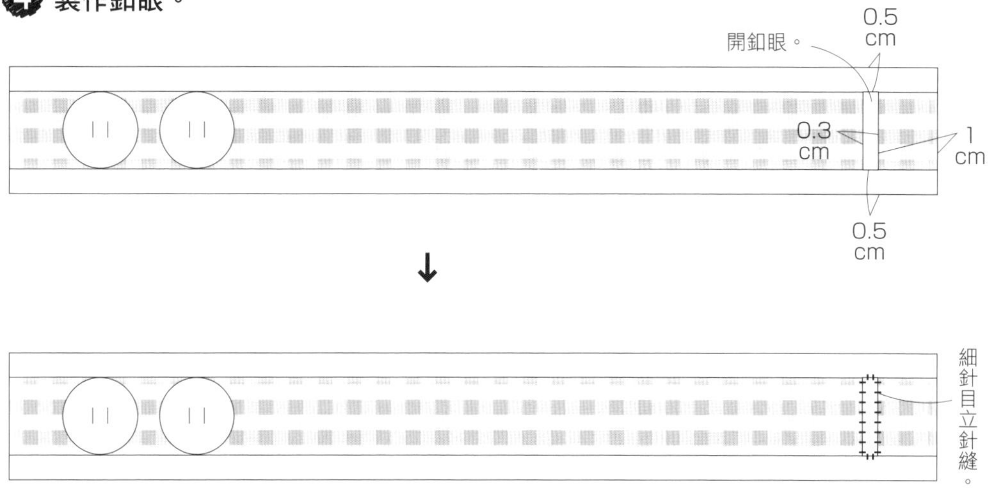
開釦眼。
0.5cm
0.3cm
1cm
0.5cm
細針目立針縫。

原寸紙型

＊不織布不需縫份，直接沿紙型線條裁剪即可。
＊□內的數字代表此處紙型重疊的層次。
　請分別作出各組件的紙型，
　再依數字順序重疊＆接縫製作。

5 完成！

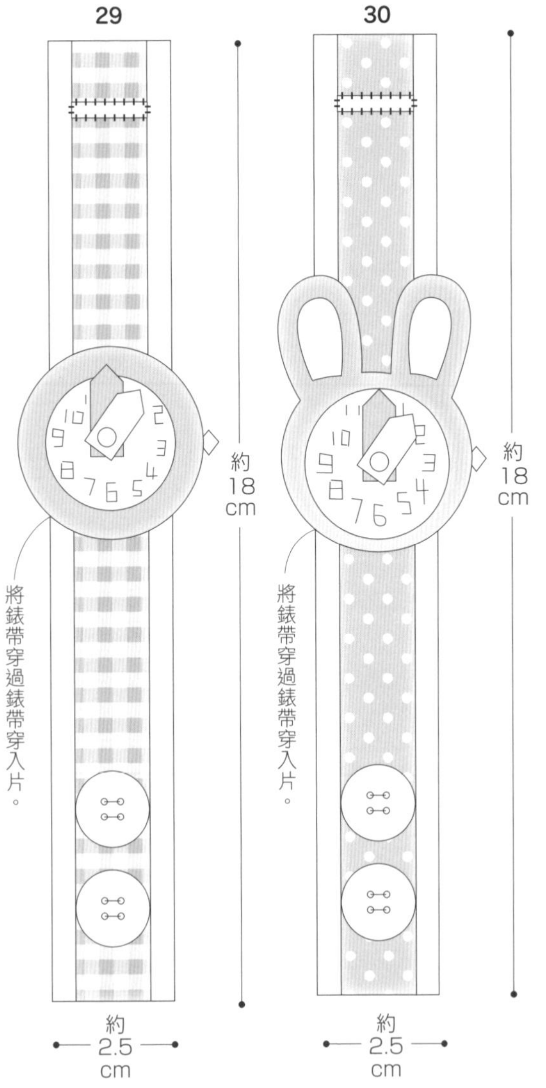

29
30
約
18
cm
約
18
cm
將錶帶穿過錶帶穿入片。
將錶帶穿過錶帶穿入片。
約
2.5
cm
約
2.5
cm

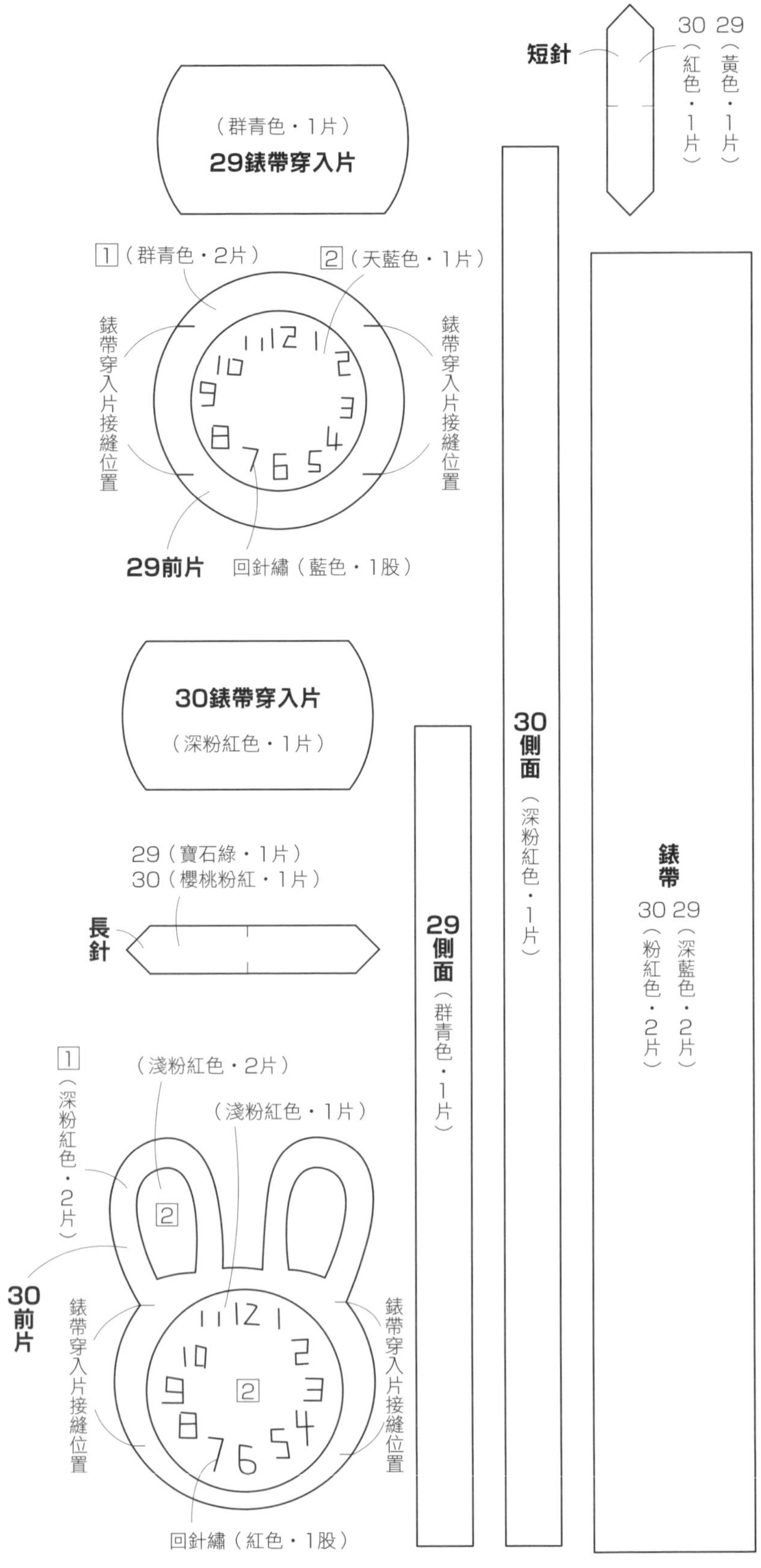

短針
30（紅色・1片）
29（黃色・1片）
（群青色・1片）
29錶帶穿入片
1（群青色・2片）
2（天藍色・1片）
錶帶穿入片接縫位置
錶帶穿入片接縫位置
29前片
回針繡（藍色・1股）
30錶帶穿入片
（深粉紅色・1片）
29（寶石綠・1片）
30（櫻桃粉紅・1片）
長針
30側面（深粉紅色・1片）
29側面（群青色・1片）
錶帶
30（粉紅色・2片）
29（深藍色・2片）
1（深粉紅色・2片）
（淺粉紅色・2片）
（淺粉紅色・1片）
2
30前片
錶帶穿入片接縫位置
錶帶穿入片接縫位置
2
回針繡（紅色・1股）

31 P.27

計算機

材料

不織布
（黃色）20cm×15cm×4片
（橘色）18cm×18cm
（粉紅色）15cm×15cm
（天藍色）15cm×10cm
（白色）9cm×7cm
厚0.5cm發泡板　19cm×12cm
25號繡線（同不織布顏色・黑色・紅色）
魔鬼氈　2.5cm寬×44cm、直徑2cm圓形×3個
手工藝用白膠

●以與不織布相同顏色25號繡線進行縫製（立針縫1股・捲邊縫2股）。
●縫合方法＆刺繡針法參見P.34。
●**原寸紙型參見P.87。**

製圖　※製圖皆不含縫分。

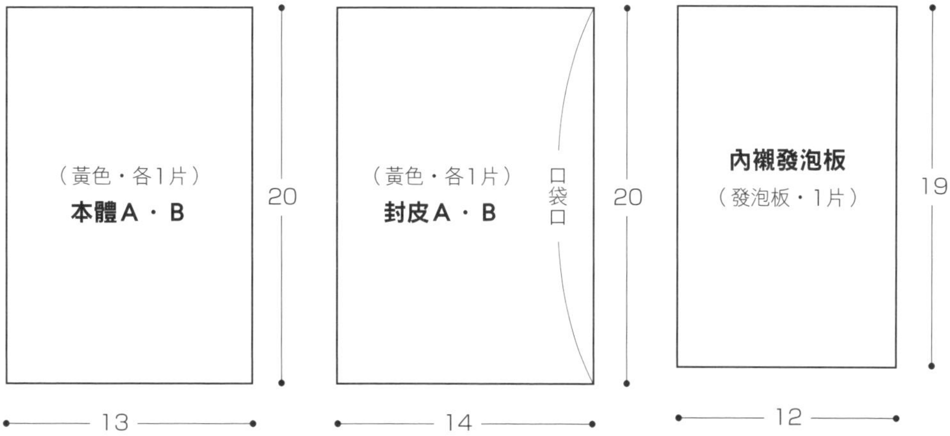

（黃色・各1片）
本體A・B
20
13
（黃色・各1片）
封皮A・B
口袋口
20
14
內襯發泡板
（發泡板・1片）
19
12

發泡板
（在此使用發泡板表面貼有上質紙的款式。）

作法

1 縫合本體A＆魔鬼氈。

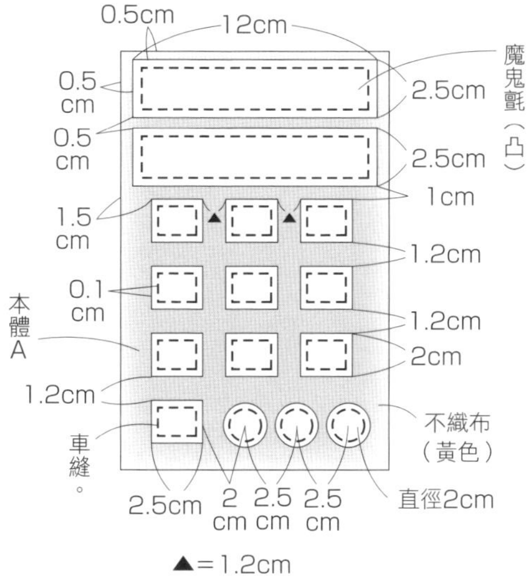

0.5cm
12cm
0.5 cm
0.5 cm
2.5cm
2.5cm
魔鬼氈（凸）
1cm
1.5 cm
1.2cm
0.1 cm
本體A
1.2cm
2cm
1.2cm
不織布（黃色）
車縫。
2.5cm
2 cm
2.5 cm
2.5 cm
直徑2cm
▲＝1.2cm

2 裝飾封皮A。

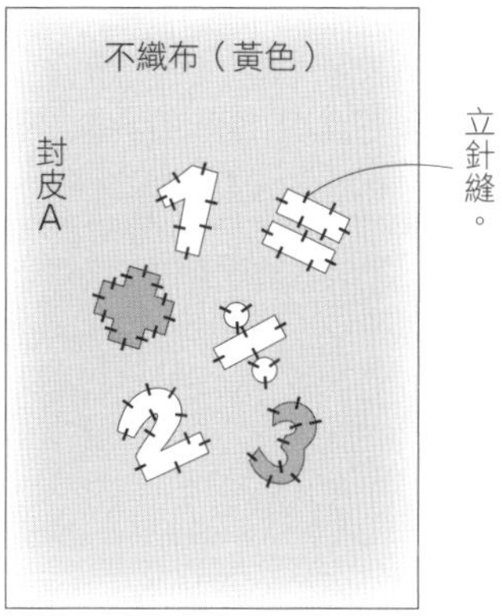

不織布（黃色）
封皮A
立針縫。

3

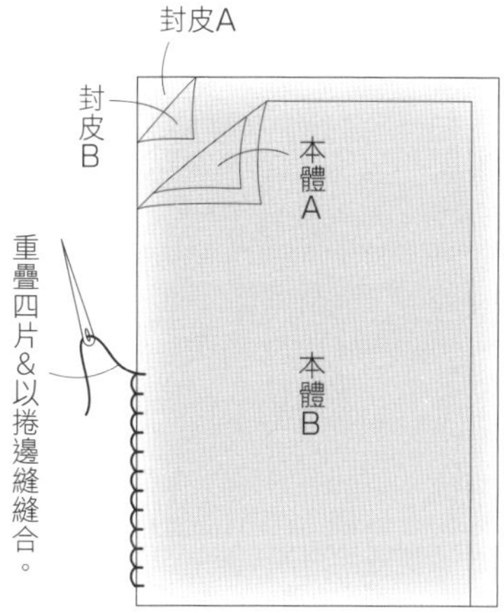

封皮A
封皮B
本體A
重疊四片＆以捲邊縫縫合。
本體B

4 將封皮A・B面黏上魔鬼氈。

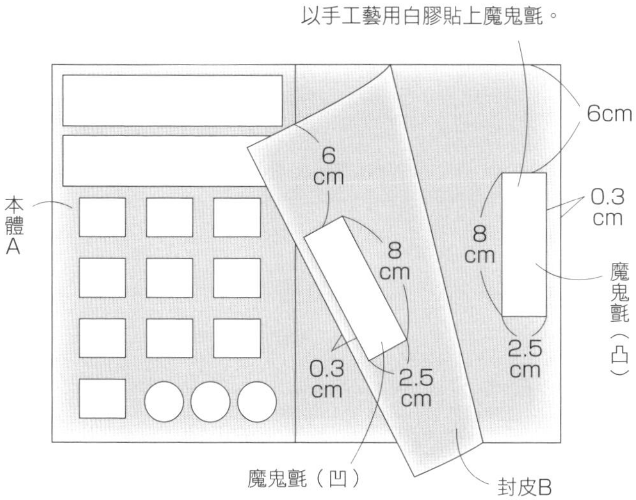

以手工藝用白膠貼上魔鬼氈。
6cm
6 cm
本體A
8 cm
8 cm
0.3 cm
魔鬼氈（凸）
0.3 cm
2.5 cm
2.5 cm
魔鬼氈（凹）
封皮B

5 縫合封皮A・B上下兩邊。

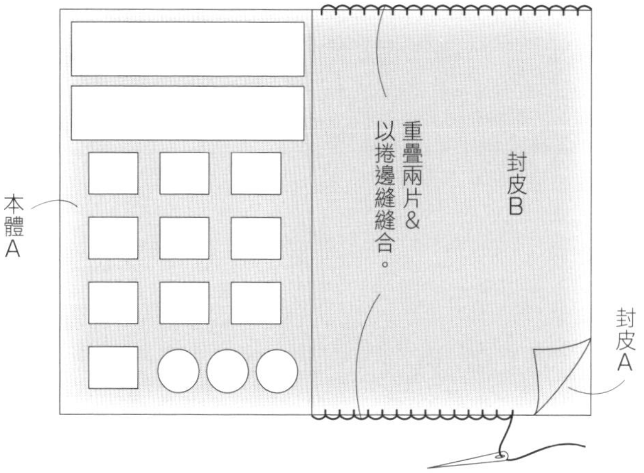

重疊兩片＆以捲邊縫縫合。
封皮B
本體A
封皮A

6 放入發泡板，周圍藏針縫。

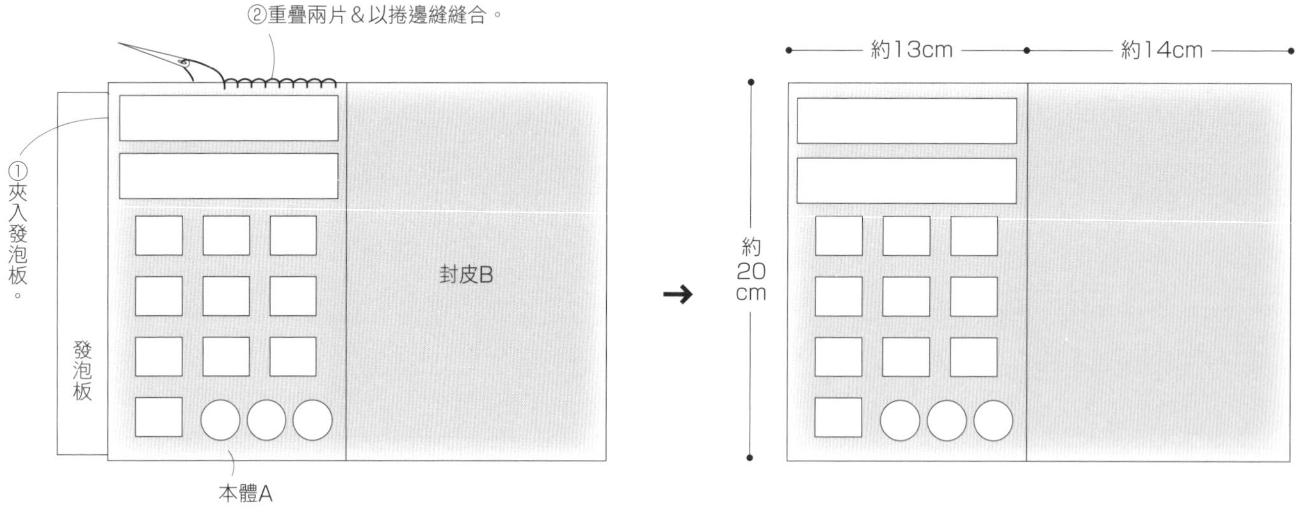
②重疊兩片＆以捲邊縫縫合。
①夾入發泡板。
發泡板
封皮B
本體A
約13cm
約14cm
約20cm

7 計算機完成！

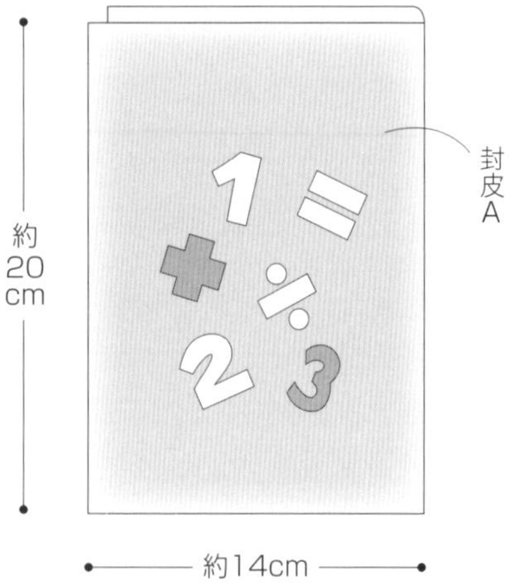
封皮A
約20cm
約14cm

8 製作組件A（點數）。

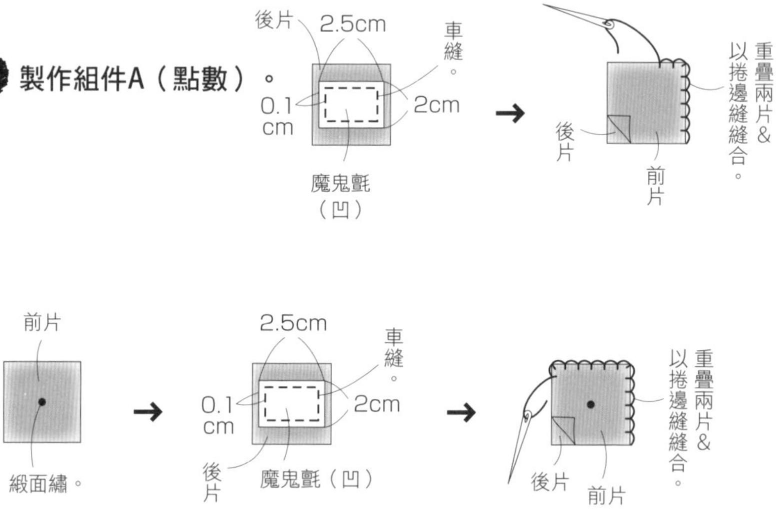
後片
2.5cm
車縫。
0.1cm
2cm
魔鬼氈（凹）
重疊兩片＆以捲邊縫縫合。
後片
前片
前片
緞面繡。
2.5cm
車縫。
0.1cm
2cm
後片
魔鬼氈（凹）
重疊兩片＆以捲邊縫縫合。
後片
前片

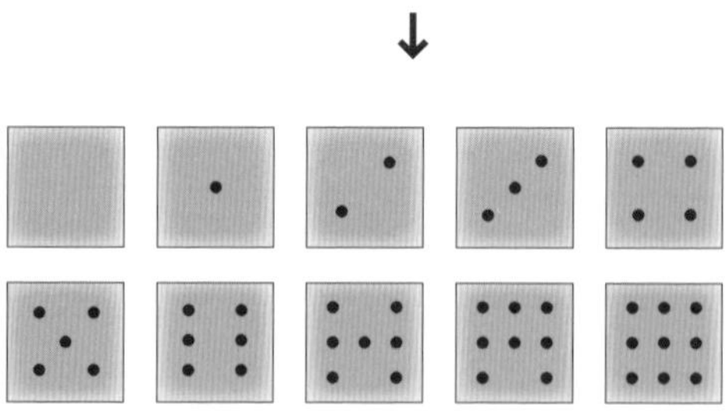

※依圖示各自進行刺繡。

9 製作組件B（數字）。

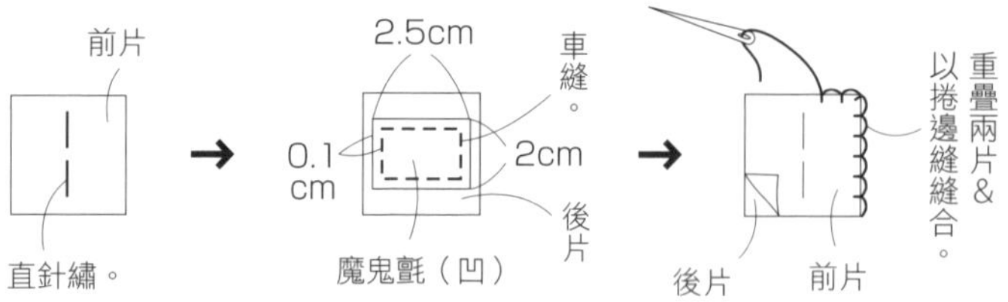
前片
直針繡。
2.5cm
車縫。
0.1cm
2cm
後片
魔鬼氈（凹）
重疊兩片＆以捲邊縫縫合。
後片
前片

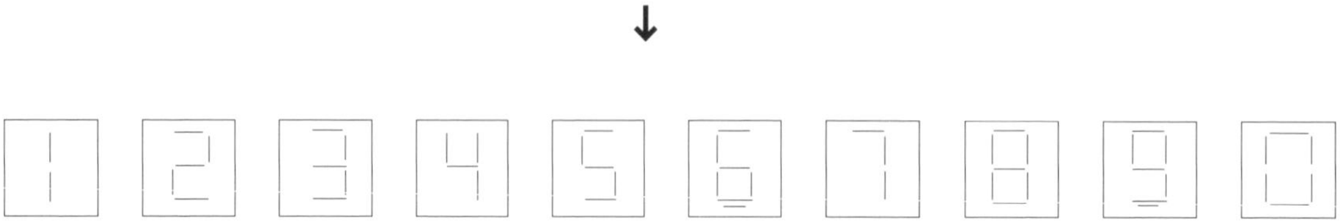

※依圖示各自進行刺繡。

⑩ 製作組件C。

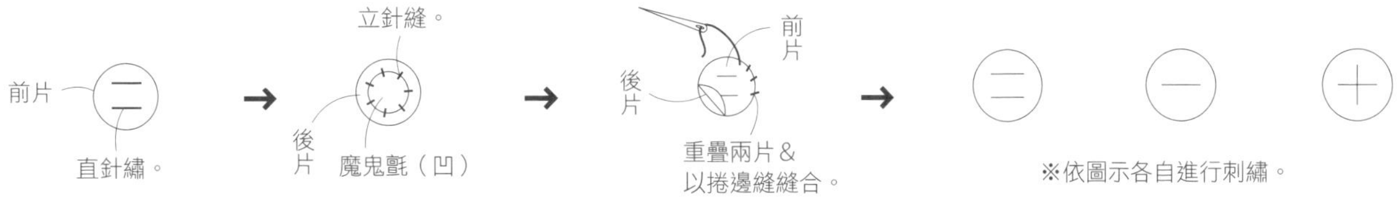
前片
直針繡。
立針縫。
後片
魔鬼氈（凹）
前片
後片
重疊兩片&
以捲邊縫縫合。
※依圖示各自進行刺繡。

原寸紙型

＊不織布不需縫份，直接沿紙型線條裁剪即可。

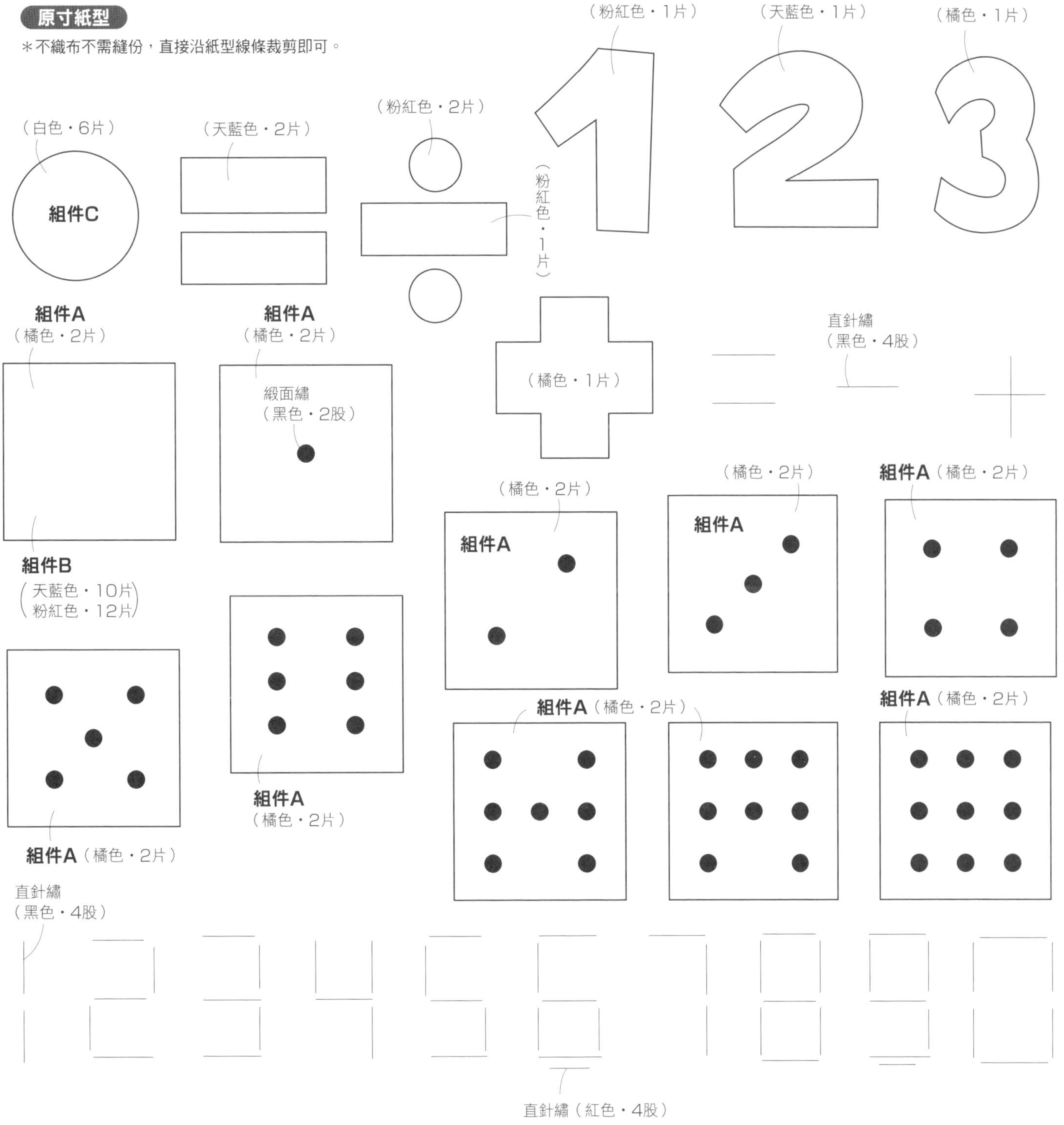
（粉紅色・1片）
（天藍色・1片）
（橘色・1片）
（粉紅色・2片）
（白色・6片）
（天藍色・2片）
組件C
（粉紅色・1片）
組件A
（橘色・2片）
組件A
（橘色・2片）
緞面繡
（黑色・2股）
（橘色・1片）
直針繡
（黑色・4股）
組件B
（天藍色・10片
粉紅色・12片）
（橘色・2片）
（橘色・2片）
組件A
組件A
組件A（橘色・2片）
組件A（橘色・2片）
組件A（橘色・2片）
組件A
（橘色・2片）
組件A（橘色・2片）
直針繡
（黑色・4股）
直針繡（紅色・4股）

32 P.28

三角三明治

29材料

毛巾布

（白色）

20cm×20cm×1片・10cm×10cm×1片

（綠色）14cm×5cm

（淺綠色）10cm×10cm

（粉紅色・紅色）各9cm×9cm

（黃綠色）9cm×8cm

（朱紅色）9cm×5cm

（淺黃色）8cm×8cm

（黃色）7cm×7cm

25號繡線（同不織布顏色）

手工藝用白膠

●以與不織布相同顏色的2股25號繡線進行縫製。

●縫合方法＆刺繡針法參見P.34。

●**原寸紙型參見P.89。**

作法

1 製作吐司。

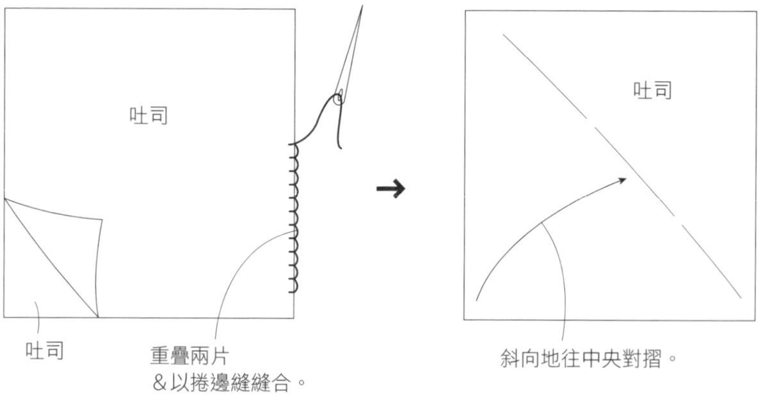

吐司
吐司
重疊兩片
＆以捲邊縫縫合。
吐司
斜向地往中央對摺。

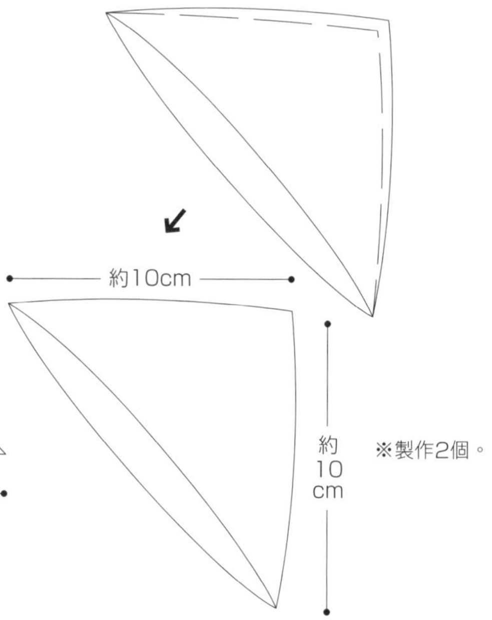

約10cm
約
10
cm
※製作2個。

2 製作起司。

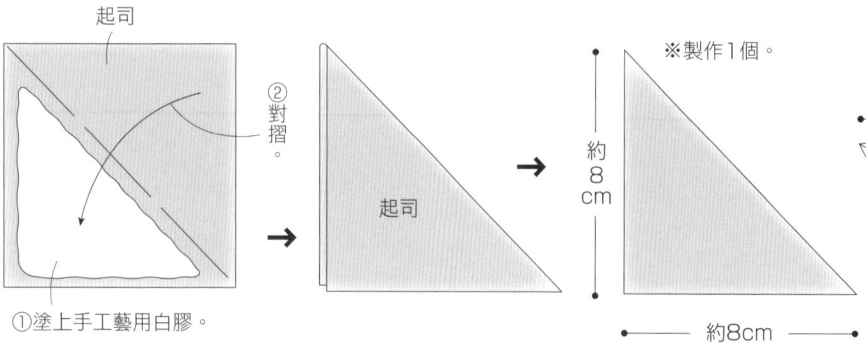

起司
②對摺。
①塗上手工藝用白膠。
起司
※製作1個。
約
8
cm
約8cm

3 製作火腿片。

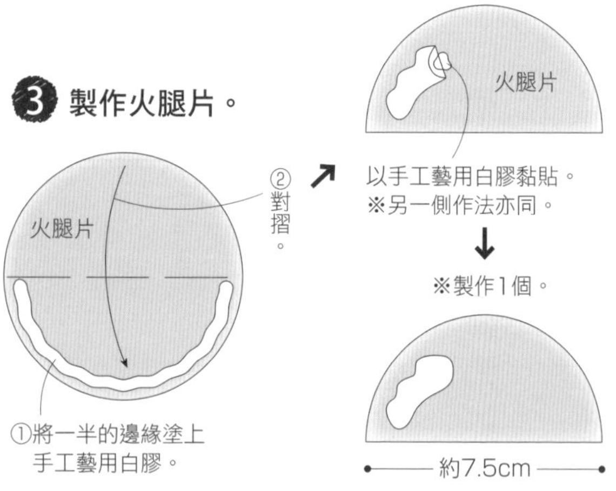

火腿片
②對摺。
①將一半的邊緣塗上
手工藝用白膠。
火腿片
以手工藝用白膠黏貼。
※另一側作法亦同。
※製作1個。
約7.5cm

4 製作生菜。

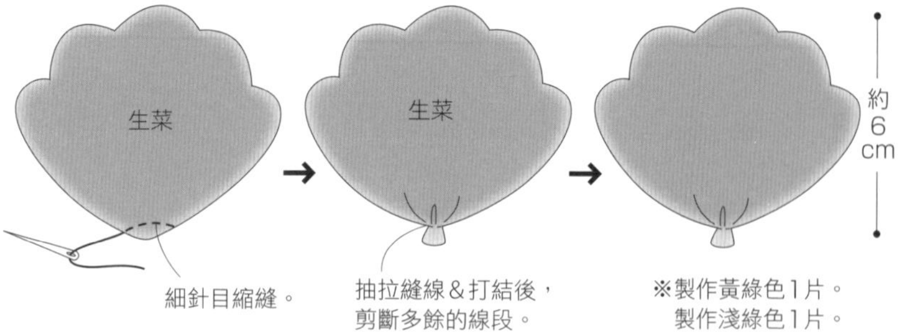

生菜
細針目縮縫。
生菜
抽拉縫線＆打結後，
剪斷多餘的線段。
約
6
cm
※製作黃綠色1片。
製作淺綠色1片。

5 製作水煮蛋

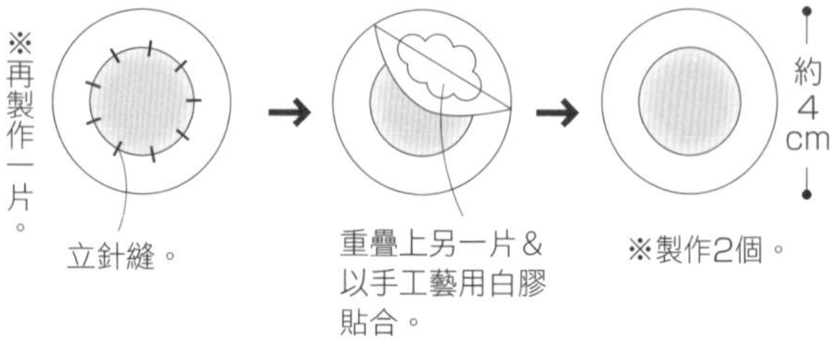

※再製作一片。
立針縫。
重疊上另一片＆
以手工藝用白膠
貼合。
約
4
cm
※製作2個。

6 製作小黃瓜。

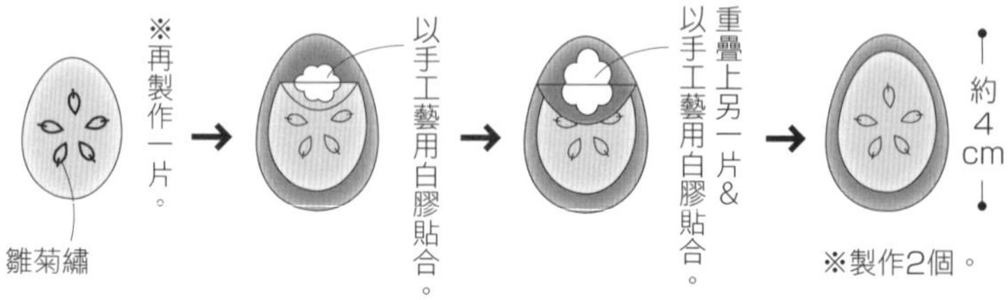

※再製作一片。
雛菊繡
以手工藝用白膠貼合。
重疊上另一片＆以手工藝用白膠貼合。
約
4
cm
※製作2個。

❼ 製作番茄。

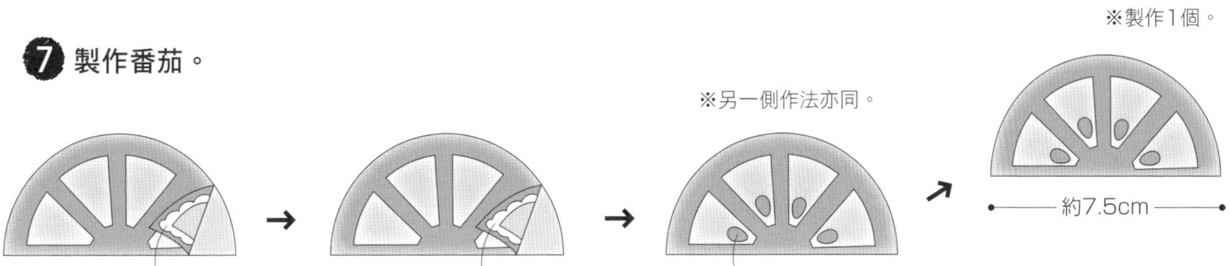

※另一側作法亦同。
※製作1個。
約7.5cm

以手工藝用白膠貼合。

以手工藝用白膠貼合另一側面的番茄。

以手工藝用白膠黏貼番茄籽。

原寸紙型

＊不織布不需縫份，直接沿紙型線條裁剪即可。
＊□內的數字代表此處紙型重疊的層次。
請分別作出各組件的紙型，
再依數字順序重疊＆接縫製作。

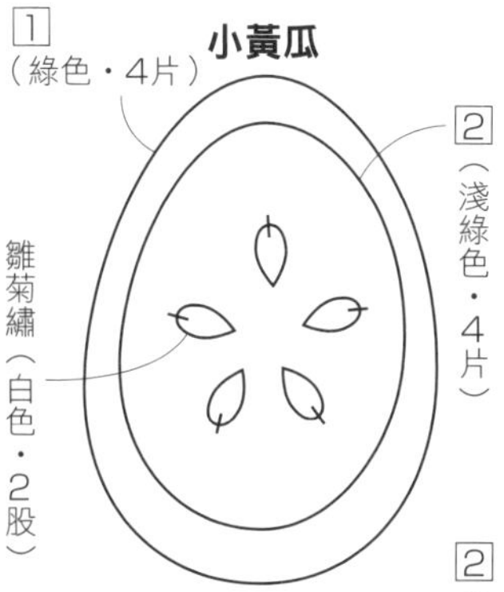

小黃瓜
1（綠色・4片）
2（淺綠色・4片）
雛菊繡（白色・2股）

生菜
（淺綠色・1片）
（黃綠色・1片）
細針目縮縫。

水煮蛋
2（黃色・4片）
1（白色・4片）

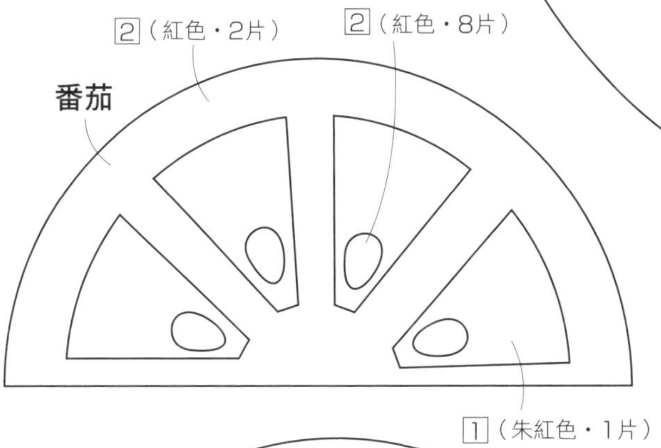

番茄
2（紅色・2片）
2（紅色・8片）
1（朱紅色・1片）

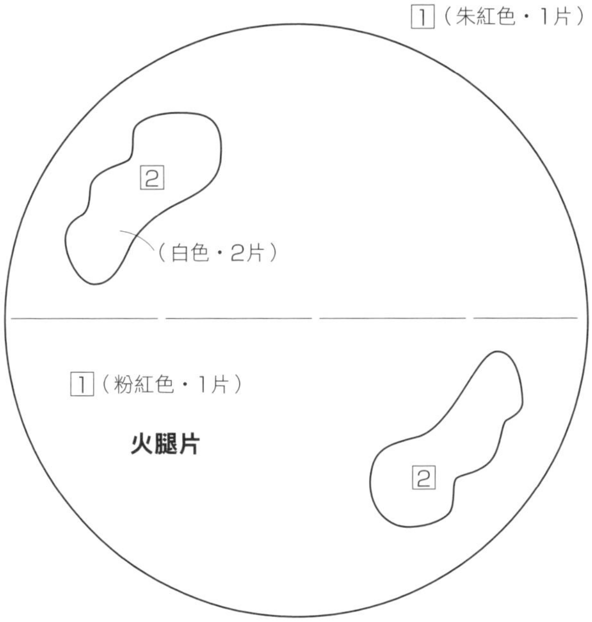

2
（白色・2片）
1（粉紅色・1片）
火腿片
2

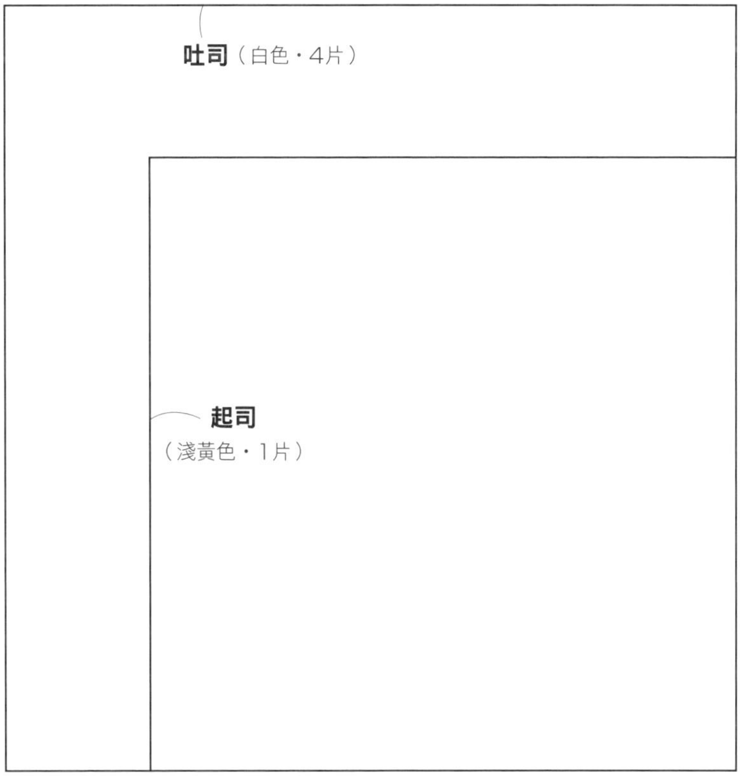

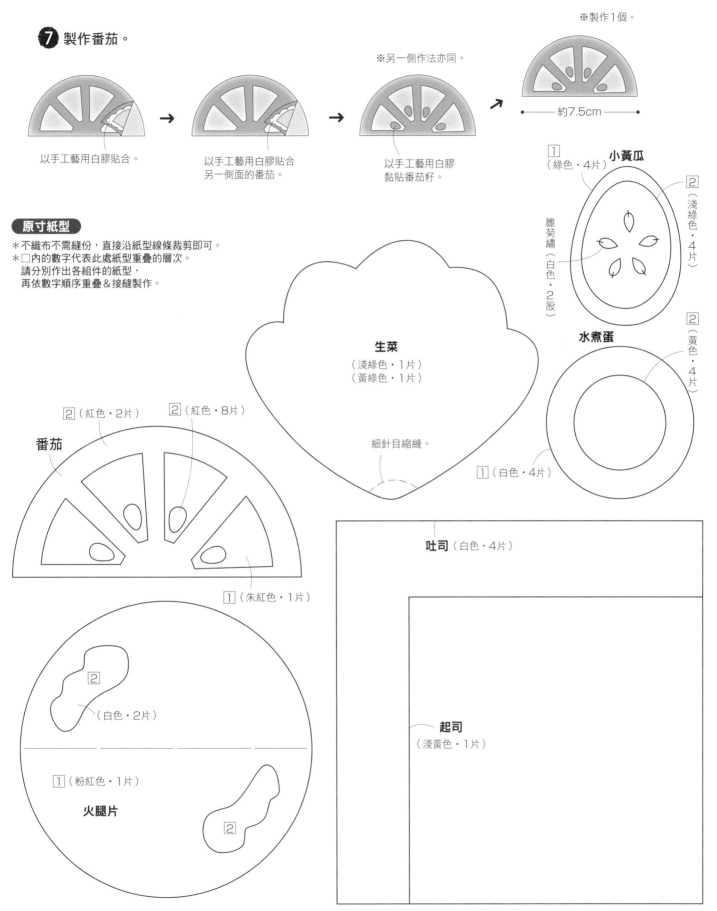

吐司（白色・4片）
起司
（淺黃色・1片）

33 P.30

美麗花籃

29材料

不織布
（白色）
18cm×18cm×1片・18cm×13cm×1片
（水藍色）
18cm×18cm×1片・18cm×10cm×1片
（檸檬黃）
18cm×18cm×1片・15cm×15cm×1片
（黃綠色）20cm×20cm
（淺粉紅色）18cm×10cm
（玫瑰紅・紅色）各15cm×15cm
（粉紅色）15cm×13cm
（山吹色・黃色・橘色）各15cm×10cm
（綠色）14cm×10cm
（藍色）9cm×3cm
棉蕾絲　4cm寬×15cm
小珠珠（黃色）11個
直徑0.3cm珍珠（白色）10個
25號繡線（同不織布顏色・深咖啡色）
緞帶A（紅色）0.2cm寬×30cm
緞帶B（水藍色）0.2cm寬×30cm
緞帶C（粉紅色）0.2cm寬×30cm
緞帶D（白色）0.3cm寬×18cm
緞帶E（粉紅色）0.25cm寬×18cm
緞帶F（白色）0.3cm寬×15cm
合成皮革（白色）0.3cm寬×13cm
手工藝用棉花　適量
耐水性接著劑
魔鬼氈　直徑2cm圓形×55個

- 以與不織布相同顏色的2股25號繡線進行縫製。
- 縫合方法＆刺繡針法參見P.34。
- **原寸紙型參見P.92・P.93。**

製圖

※製圖的基底不含縫份。
荷葉邊製圖內含縫份。

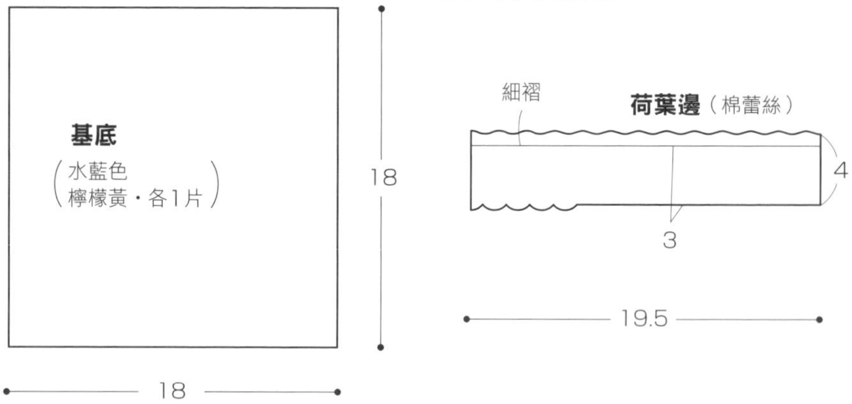

基底
水藍色
檸檬黃・各1片
18
18
細褶
荷葉邊（棉蕾絲）
4
3
19.5

作法

1 製作玫瑰花。

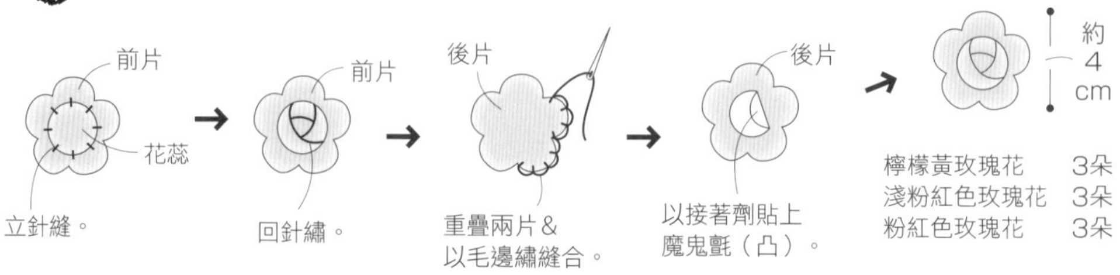

前片
花蕊
立針縫。
前片
回針繡。
後片
重疊兩片＆以毛邊繡縫合。
後片
以接著劑貼上魔鬼氈（凸）。
約4cm
檸檬黃玫瑰花　3朵
淺粉紅色玫瑰花　3朵
粉紅色玫瑰花　3朵

2 製作鬱金香。

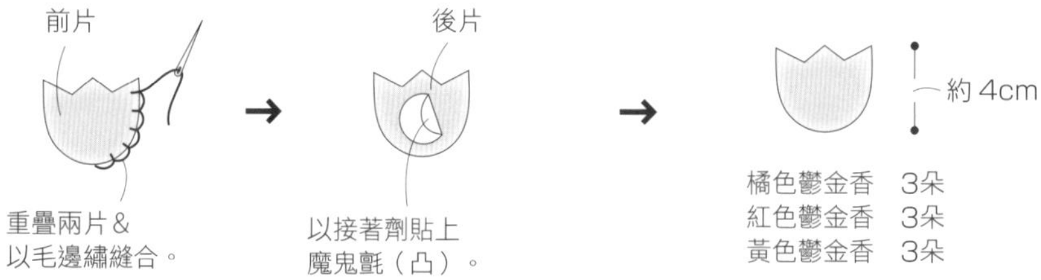

前片
重疊兩片＆以毛邊繡縫合。
後片
以接著劑貼上魔鬼氈（凸）。
約4cm
橘色鬱金香　3朵
紅色鬱金香　3朵
黃色鬱金香　3朵

3 製作瑪格麗特。

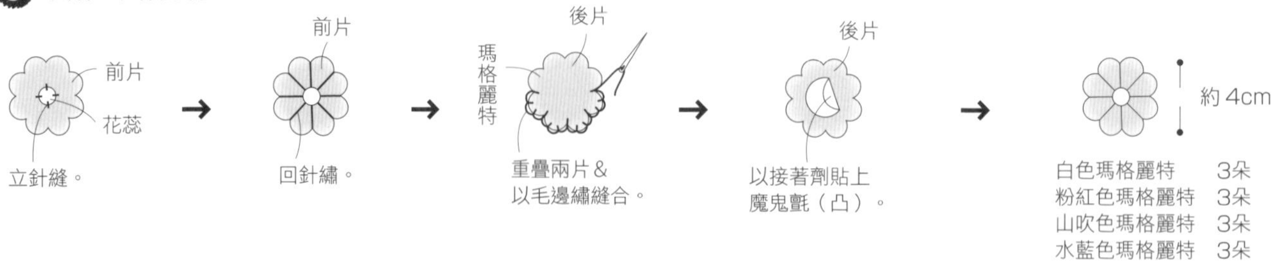

前片
花蕊
立針縫。
前片
回針繡。
後片
瑪格麗特
重疊兩片＆以毛邊繡縫合。
後片
以接著劑貼上魔鬼氈（凸）。
約4cm
白色瑪格麗特　3朵
粉紅色瑪格麗特　3朵
山吹色瑪格麗特　3朵
水藍色瑪格麗特　3朵

4 製作小雛菊。

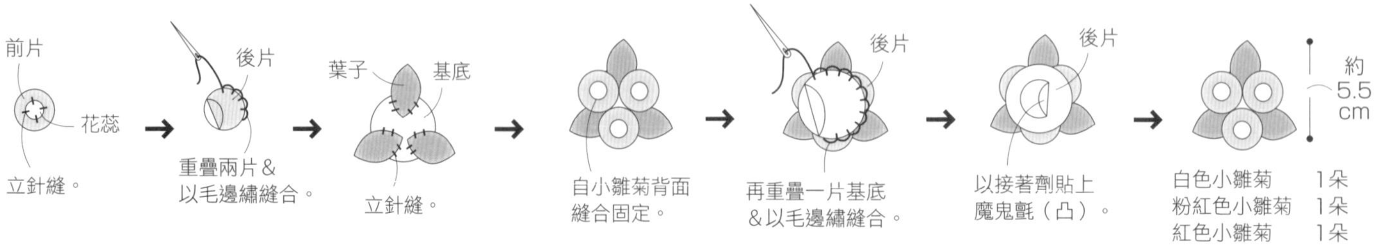

前片
花蕊
立針縫。
後片
重疊兩片＆以毛邊繡縫合。
葉子
基底
立針縫。
自小雛菊背面縫合固定。
後片
再重疊一片基底＆以毛邊繡縫合。
後片
以接著劑貼上魔鬼氈（凸）。
約5.5cm
白色小雛菊　1朵
粉紅色小雛菊　1朵
紅色小雛菊　1朵

5 製作小花。

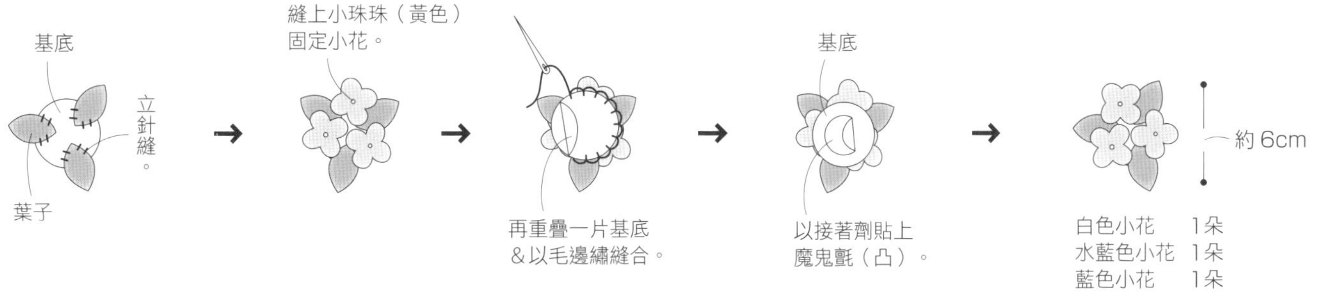

基底
立針縫。
葉子
縫上小珠珠（黃色）
固定小花。
再重疊一片基底
＆以毛邊繡縫合。
基底
以接著劑貼上
魔鬼氈（凸）。
約 6cm
白色小花　1朵
水藍色小花　1朵
藍色小花　1朵

6 製作蝴蝶結。

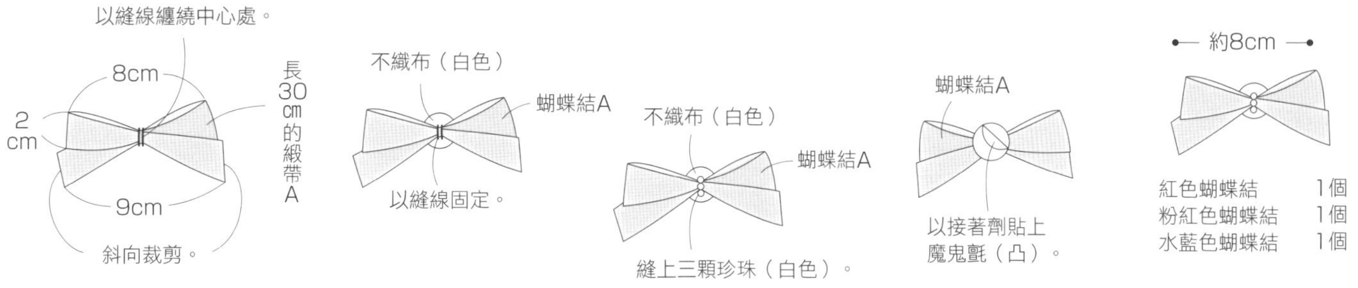

以縫線纏繞中心處。
8cm
2cm
長30cm的緞帶A
9cm
斜向裁剪。
不織布（白色）
蝴蝶結A
以縫線固定。
不織布（白色）
蝴蝶結A
縫上三顆珍珠（白色）。
蝴蝶結A
以接著劑貼上
魔鬼氈（凸）。
約8cm
紅色蝴蝶結　1個
粉紅色蝴蝶結　1個
水藍色蝴蝶結　1個

※緞帶B・C作法亦同。

7 製作愛心氣球。

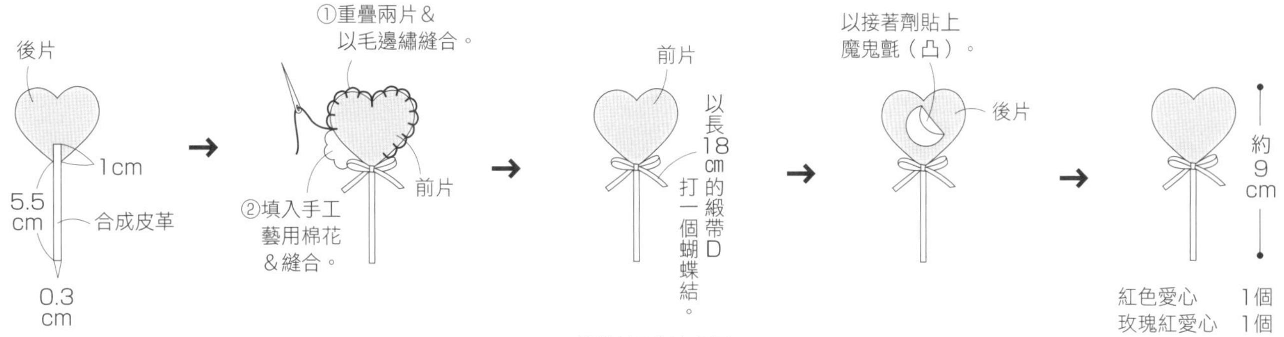

後片
1cm
5.5cm
合成皮革
0.3cm
①重疊兩片＆
以毛邊繡縫合。
②填入手工
藝用棉花
＆縫合。
前片
前片
以長18cm的緞帶D
打一個蝴蝶結。
以接著劑貼上
魔鬼氈（凸）。
後片
約9cm
紅色愛心　1個
玫瑰紅愛心　1個

※蝴蝶結E作法亦同。

8 製作問候卡片。

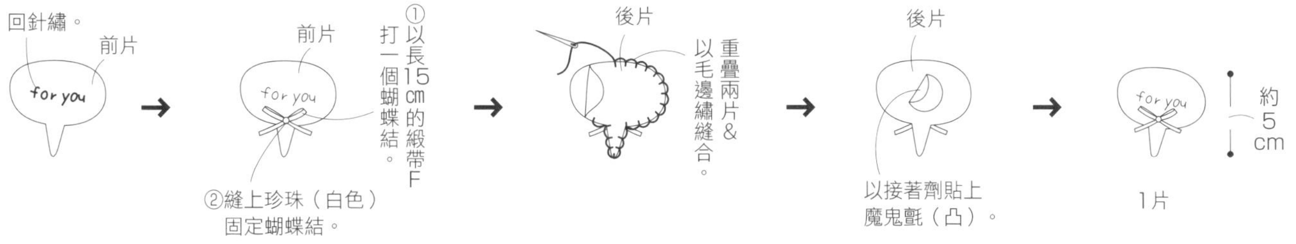

回針繡。
前片
for you
前片
for you
①以長15cm的緞帶F
打一個蝴蝶結。
②縫上珍珠（白色）
固定蝴蝶結。
後片
重疊兩片＆
以毛邊繡縫合。
後片
以接著劑貼上
魔鬼氈（凸）。
for you
約5cm
1片

9 製作美麗花籃。

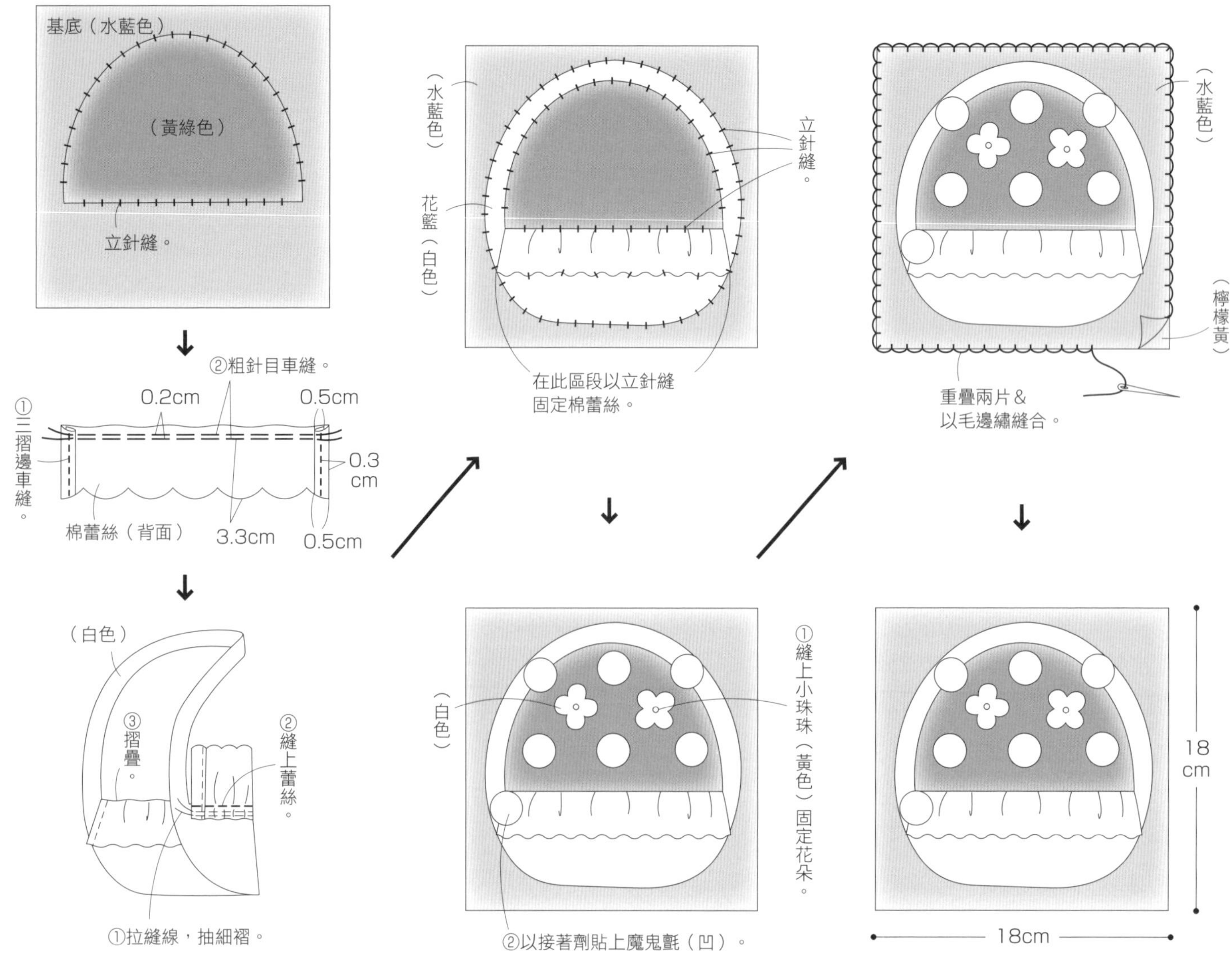

基底（水藍色）
（黃綠色）
立針縫。
②粗針目車縫。
0.2cm
0.5cm
①三摺邊車縫。
0.3cm
棉蕾絲（背面）
3.3cm
0.5cm
（白色）
③摺疊。
②縫上蕾絲。
①拉縫線，抽細褶。
（水藍色）
花籃（白色）
立針縫。
在此區段以立針縫
固定棉蕾絲。
（白色）
①縫上小珠珠（黃色）固定花朵。
②以接著劑貼上魔鬼氈（凹）。
（水藍色）
（檸檬黃）
重疊兩片＆
以毛邊繡縫合。
18cm
18cm

原寸紙型

＊不織布不需縫份，直接沿紙型線條裁剪即可。
＊□內的數字代表此處紙型重疊的層次。
請分別作出各組件的紙型，再依數字順序重疊＆接縫製作。

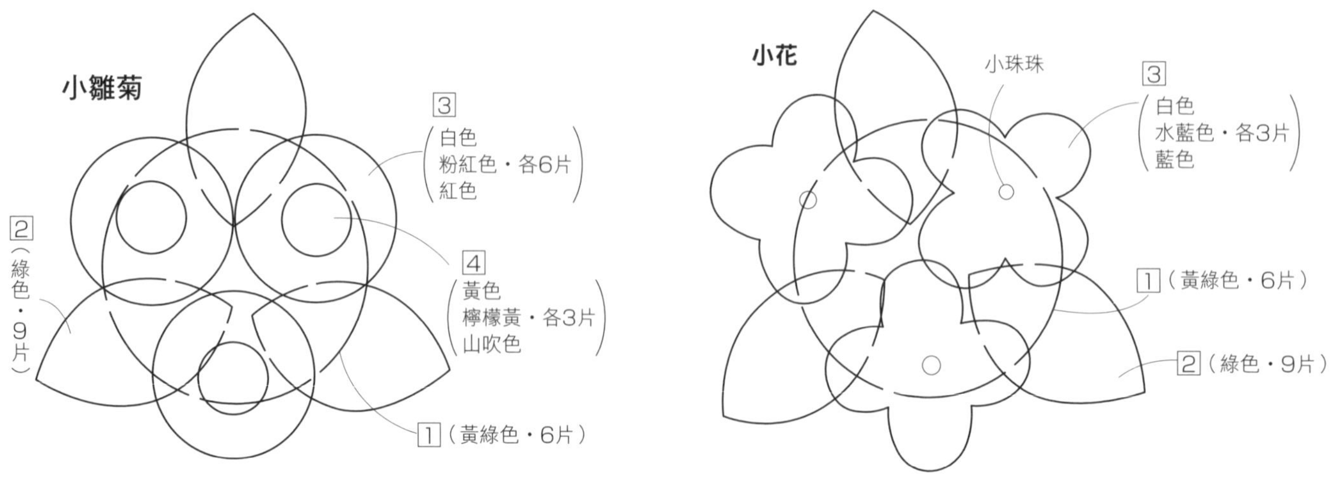

小雛菊
3
白色
粉紅色・各6片
紅色
2
（綠色・9片）
4
黃色
檸檬黃・各3片
山吹色
1（黃綠色・6片）
小花
小珠珠
3
白色
水藍色・各3片
藍色
1（黃綠色・6片）
2（綠色・9片）

原寸紙型

＊不織布不需縫份，直接沿紙型線條裁剪即可。
＊□內的數字代表此處紙型重疊的層次。
請分別作出各組件的紙型，
再依數字順序重疊＆接縫製作。

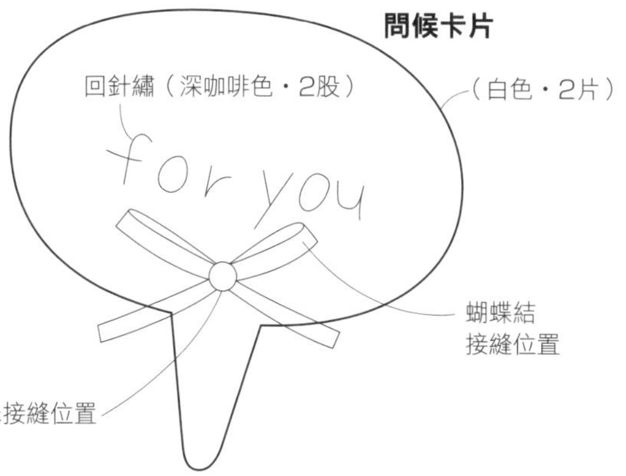
問候卡片
回針繡（深咖啡色・2股）
（白色・2片）
for you
蝴蝶結
接縫位置
珍珠接縫位置

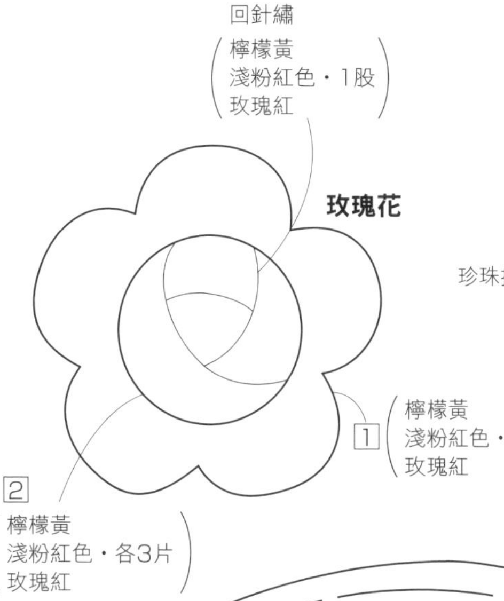
回針繡
檸檬黃
淺粉紅色・1股
玫瑰紅
玫瑰花
1 檸檬黃
淺粉紅色・各6片
玫瑰紅
2 檸檬黃
淺粉紅色・各3片
玫瑰紅

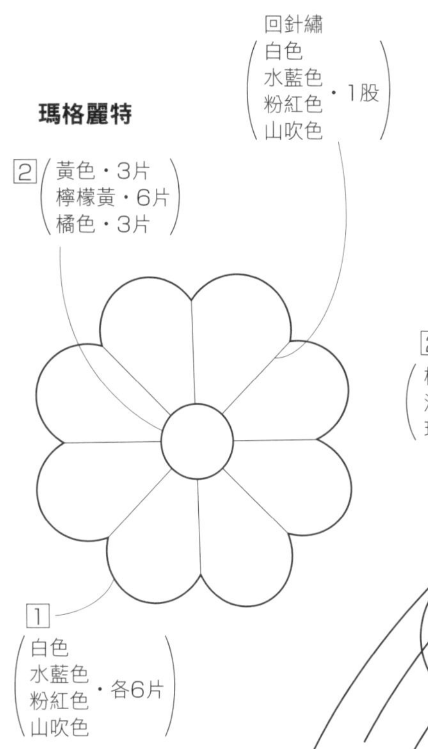
回針繡
白色
水藍色
粉紅色
山吹色
・1股
瑪格麗特
2 黃色・3片
檸檬黃・6片
橘色・3片
1 白色
水藍色
粉紅色
山吹色
・各6片

黃色
紅色・各6片
橘色
鬱金香

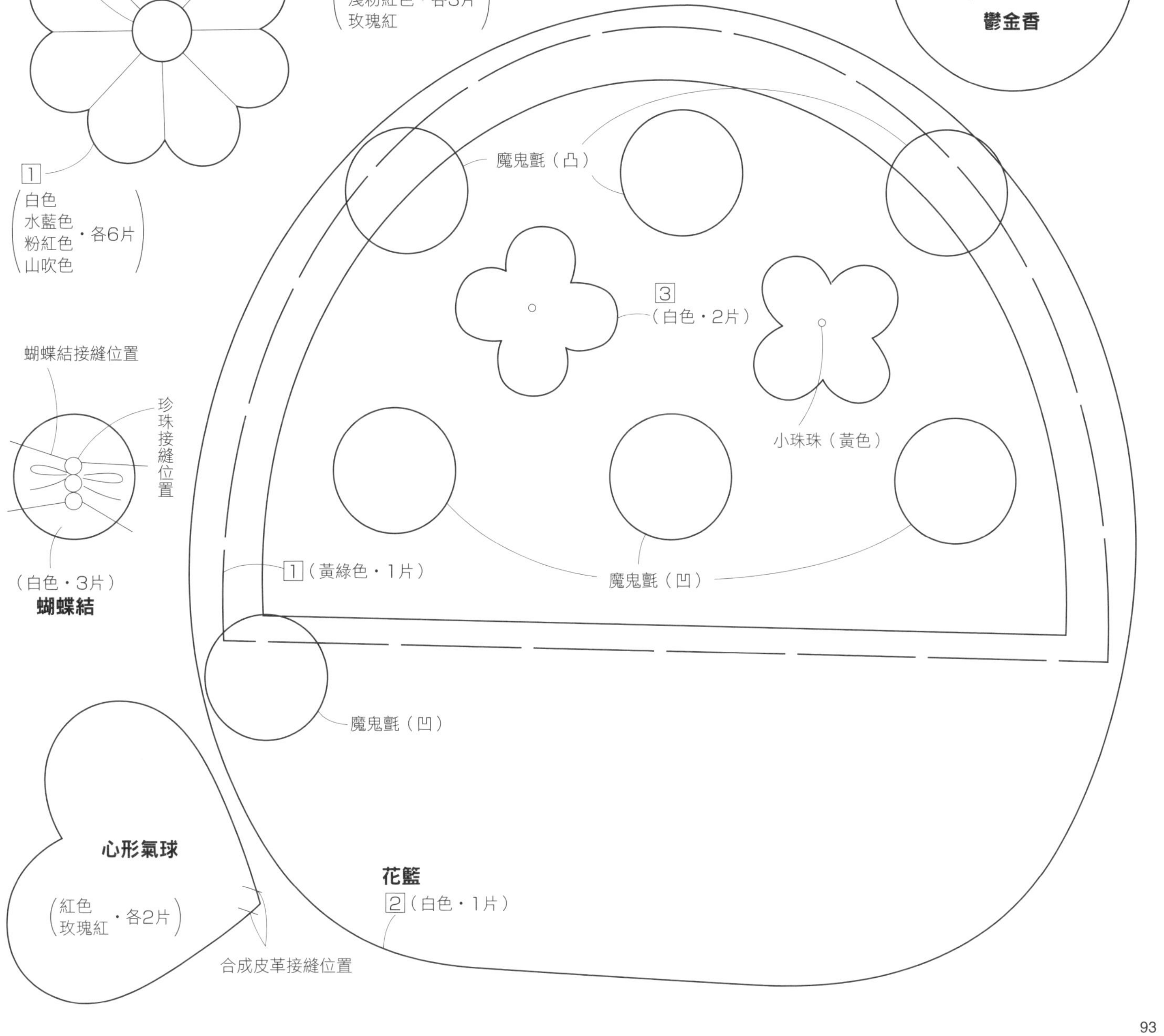
魔鬼氈（凸）
3（白色・2片）
小珠珠（黃色）
魔鬼氈（凹）
1（黃綠色・1片）
魔鬼氈（凹）
蝴蝶結接縫位置
珍珠接縫位置
（白色・3片）
蝴蝶結
心形氣球
紅色
玫瑰紅
・各2片
合成皮革接縫位置
花籃
2（白色・1片）

34 P.32

認識紅綠燈

材料

不織布
（灰色）25cm×20cm×2片
（藍色）18cm×12cm
（白色）15cm×15cm
（紅色）13cm×10cm
（綠色）10cm×4cm
（水藍色）8cm×5cm
（黃色）7cm×4cm
（檸檬黃）2cm×2cm
25號繡線（同不織布顏色）
內徑0.4cm雞眼　10組
粗0.3cm繩子（黑色）70cm
直徑2cm鈕釦　2個
直徑1cm暗釦　3組
魔鬼氈　2.5cm寬×5cm
手工藝用棉花　適量
手工藝用白膠

●以與不織布相同顏色的2股25號繡線＆車縫線進行縫製。

●縫合方法＆刺繡針法參見P.34。

●**原寸紙型參見P.96。**

製圖　※此製圖不含縫份。

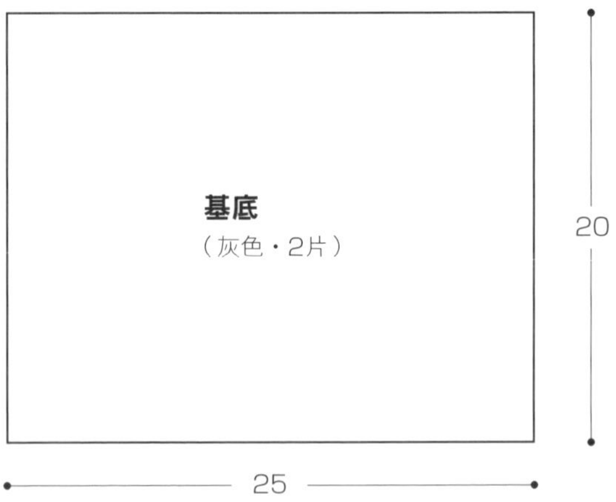

基底
（灰色・2片）
20
25

作法

❶ 製作基底。

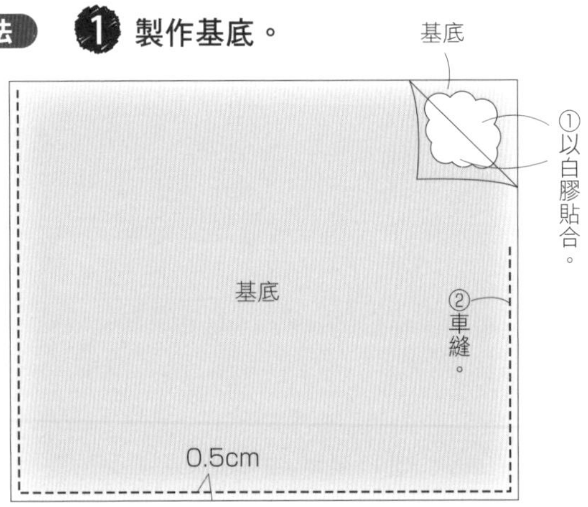

基底
①以白膠貼合。
基底
②車縫。
0.5cm

❷ 將基底縫上轎車、紅綠燈號誌、斑馬線、魔鬼氈。

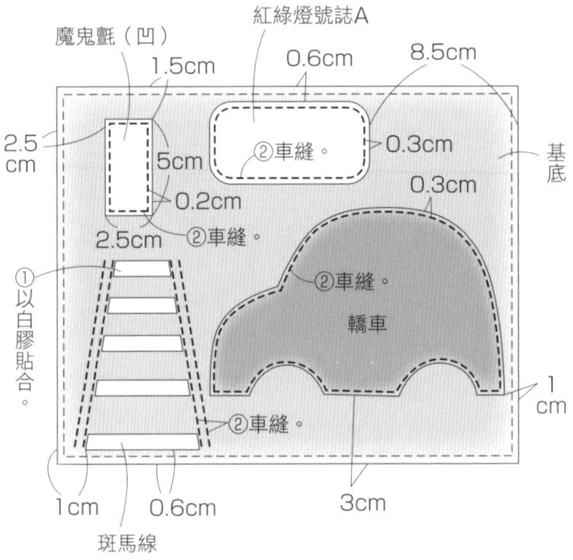

紅綠燈號誌A
魔鬼氈（凹）
1.5cm
0.6cm
8.5cm
2.5 cm
5cm
②車縫。
0.3cm
基底
0.3cm
0.2cm
2.5cm
②車縫。
①以白膠貼合。
②車縫。
轎車
1 cm
②車縫。
1cm
0.6cm
3cm
斑馬線

❸ 將轎車貼上裝飾圖案，並裝接雞眼。

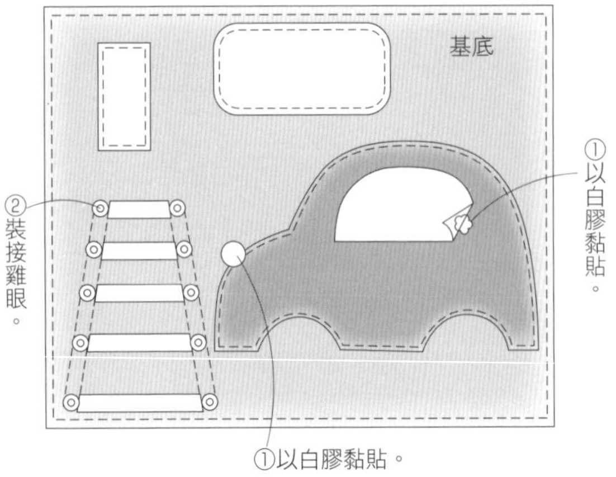

基底
①以白膠黏貼。
②裝接雞眼。
①以白膠黏貼。

❹ 縫上暗釦＆鈕釦。

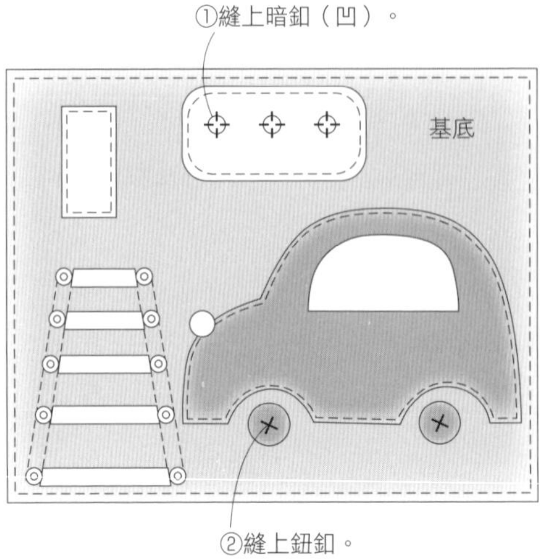

①縫上暗釦（凹）。
基底
②縫上鈕釦。

5 穿過圓繩。

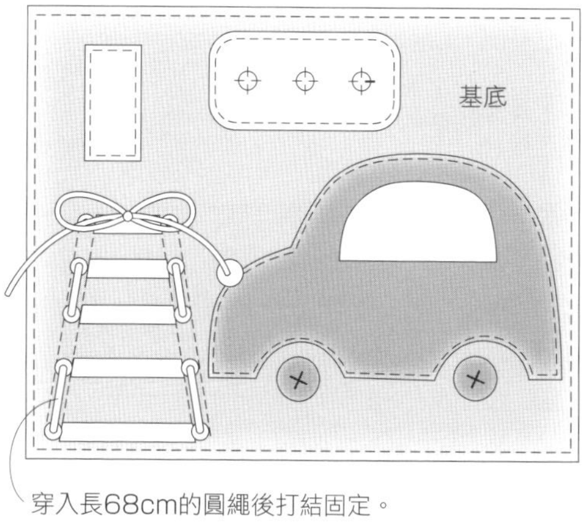

基底
穿入長68cm的圓繩後打結固定。

6 製作行人穿越號誌B。

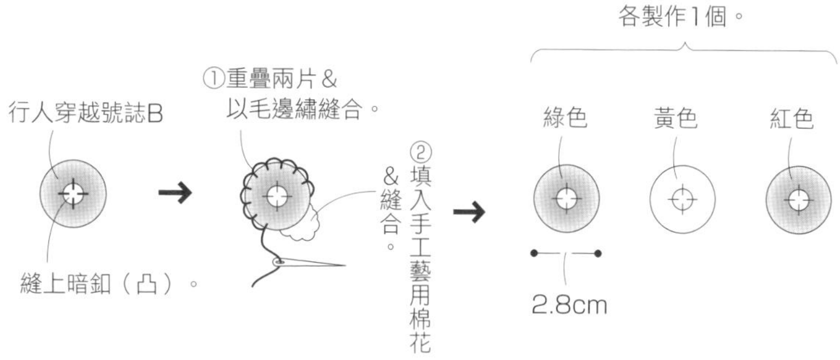

行人穿越號誌B
縫上暗釦（凸）。
①重疊兩片＆以毛邊繡縫合。
②填入手工藝用棉花＆縫合。
各製作1個。
綠色
黃色
紅色
2.8cm

7 製作輪胎。

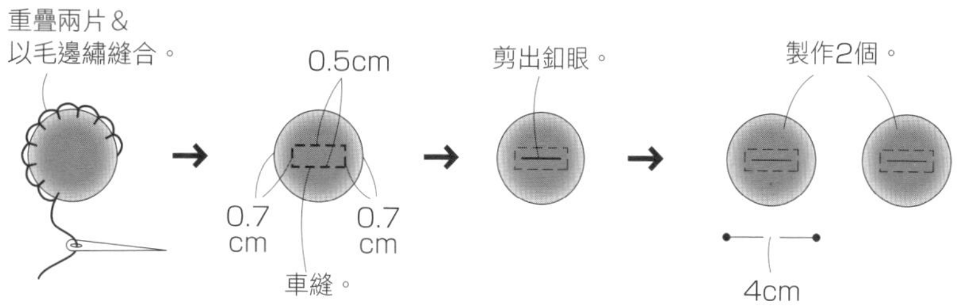

重疊兩片＆以毛邊繡縫合。
0.5cm
0.7 cm
0.7 cm
車縫。
剪出釦眼。
製作2個。
4cm

8 製作行人穿越號誌。

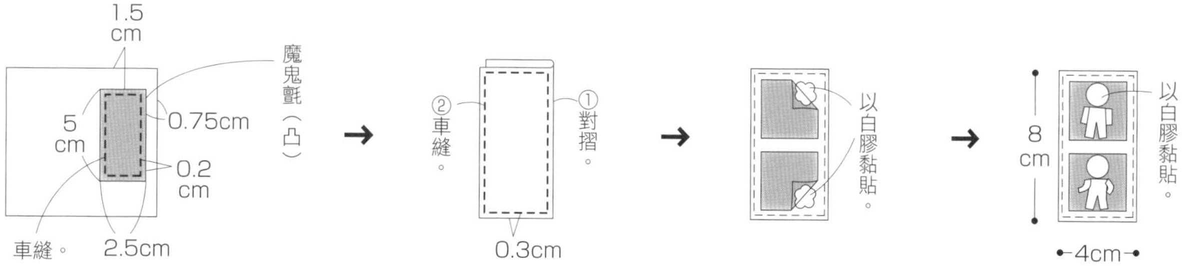

1.5 cm
5 cm
魔鬼氈（凸）
0.75cm
0.2 cm
車縫。
2.5cm
②車縫。
①對摺。
0.3cm
以白膠黏貼。
8 cm
以白膠黏貼。
4cm

9 縫上紅綠燈號誌、行人穿越號誌、輪胎。

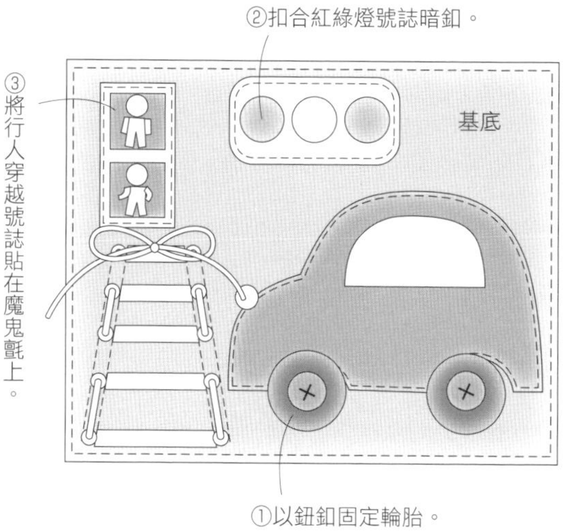

②扣合紅綠燈號誌暗釦。
③將行人穿越號誌貼在魔鬼氈上。
基底
①以鈕釦固定輪胎。

10 完成！

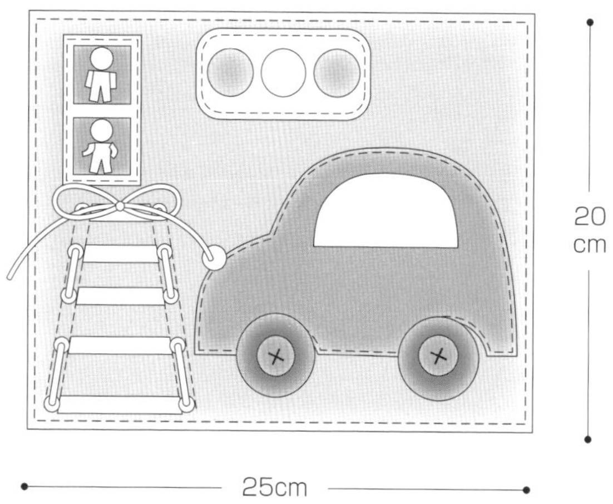

20 cm
25cm

原寸紙型

＊不織布不需縫份，直接沿紙型線條裁剪即可。
＊□內的數字代表此處紙型重疊的層次。
請分別作出各組件的紙型，
再依數字順序重疊＆接縫製作。

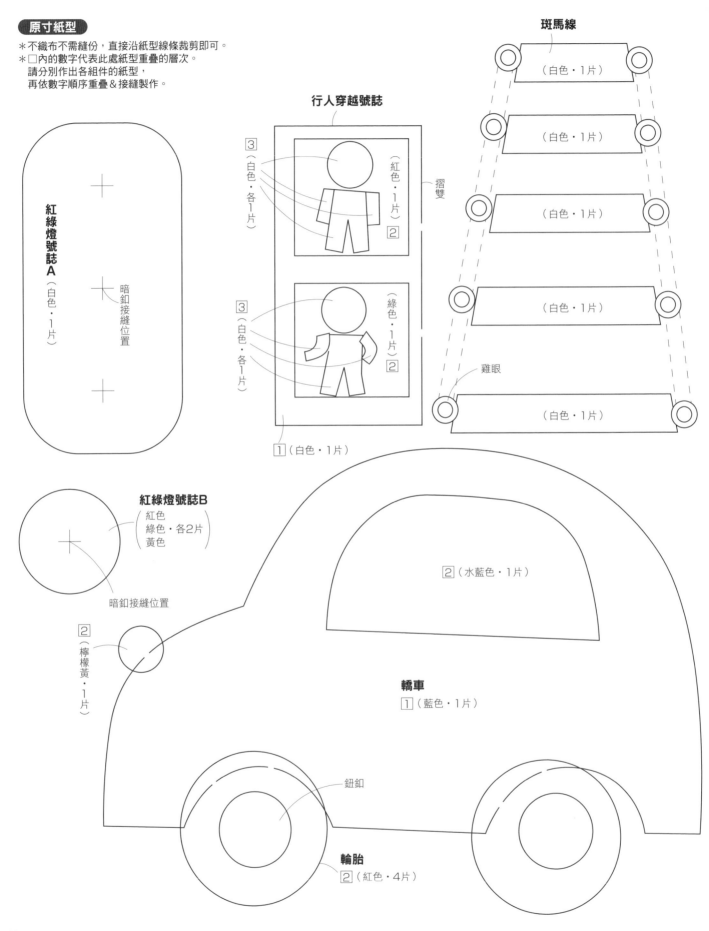

紅綠燈號誌A
（白色・1片）
暗釦接縫位置

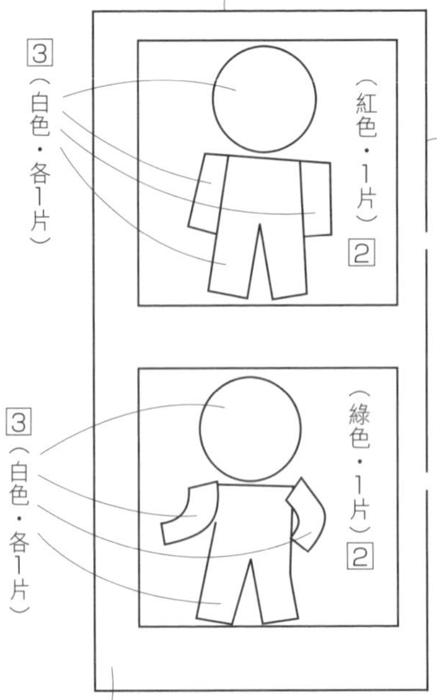

行人穿越號誌
3（白色・各1片）
（紅色・1片）2
3（白色・各1片）
（綠色・1片）2
摺雙
1（白色・1片）

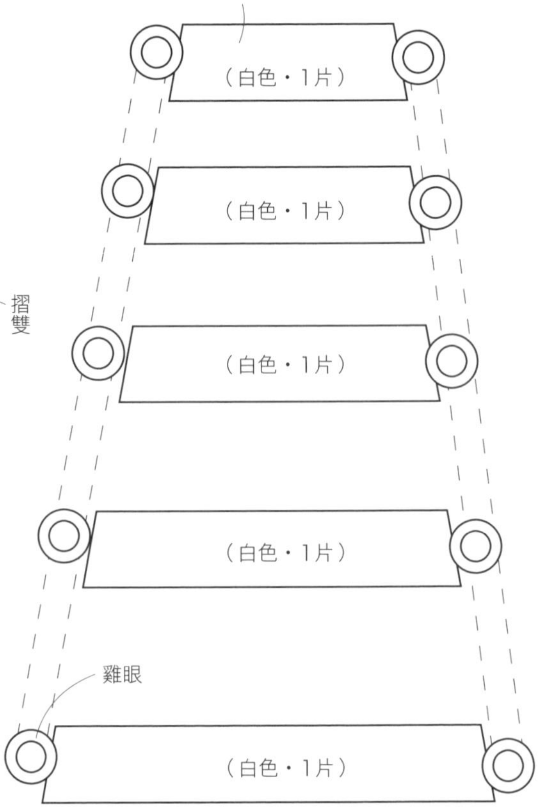

斑馬線
（白色・1片）
（白色・1片）
（白色・1片）
（白色・1片）
雞眼
（白色・1片）

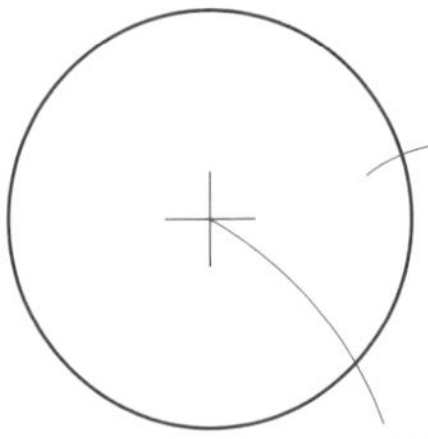

紅綠燈號誌B
紅色
綠色・各2片
黃色
暗釦接縫位置

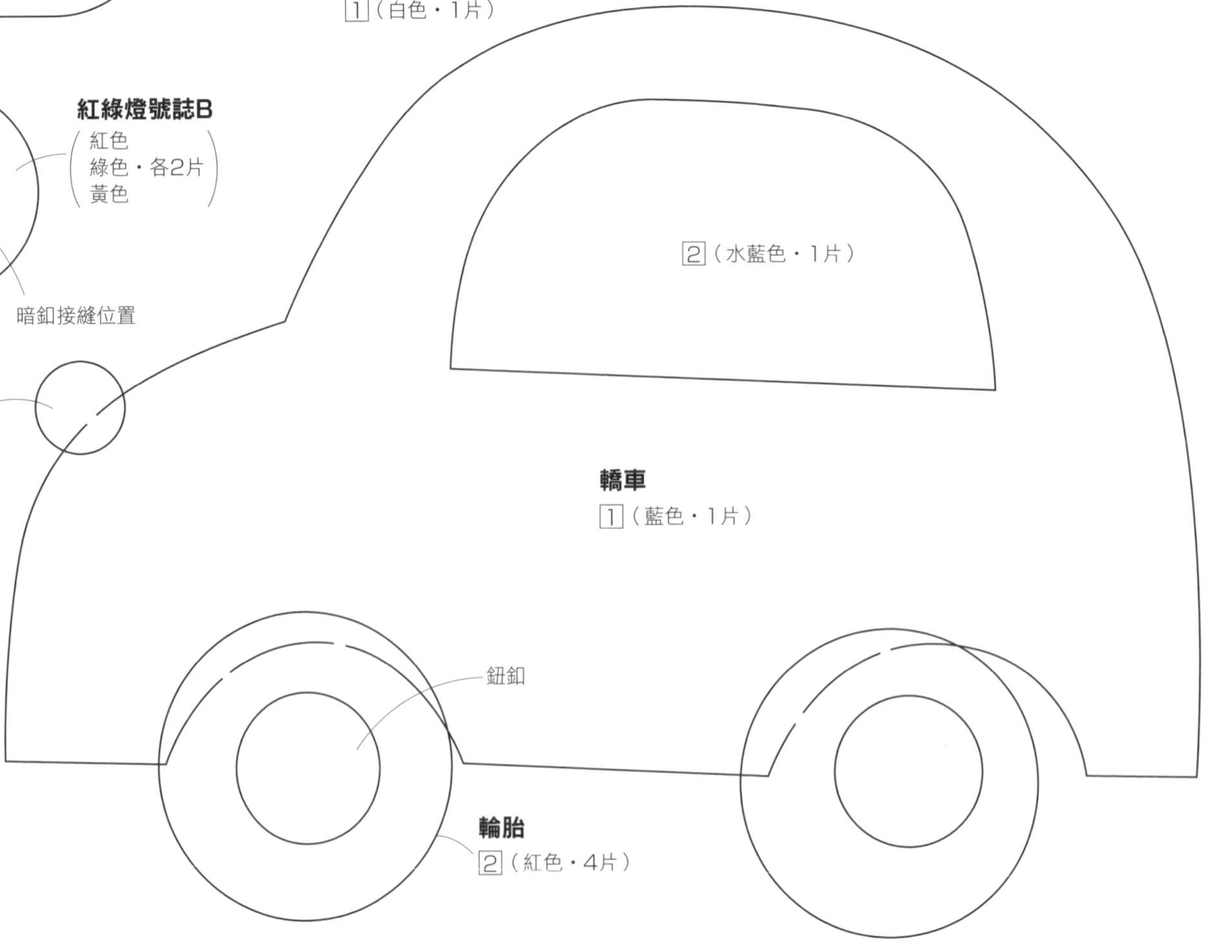

2（檸檬黃・1片）
2（水藍色・1片）
轎車
1（藍色・1片）
鈕釦
輪胎
2（紅色・4片）

玩勞作 04

0~4歲嬰幼兒邊玩邊學感覺統合訓練DIY
送給親愛寶貝の愛心手作益智玩具

授　　權／BOUTIQUE-SHA
譯　　者／洪鈺惠
發 行 人／詹慶和
總 編 輯／蔡麗玲
執行編輯／陳姿伶
編　　輯／蔡毓玲・劉蕙寧・黃璟安・李佳穎・李宛真
封面設計／韓欣恬
美術編輯／陳麗娜・周盈汝
內頁排版／造極
出 版 者／Elegant-Boutique新手作
發 行 者／悅智文化事業有限公司　郵政劃撥帳號／19452608
戶　　名／悅智文化事業有限公司
地　　址／220新北市板橋區板新路206號3樓
電　　話／(02)8952-4078　傳真／(02)8952-4084
網　　址／www.elegantbooks.com.tw
電子郵件／elegant.books@msa.hinet.net

2017年9月初版一刷　定價300元

Lady Boutique Series No.4254
0～4SAI ASONDE MANABERU TEZUKURI NO CHIIKU OMOCHA
© 2016 Boutique-sha, Inc.
All rights reserved.
Original Japanese edition published in Japan by BOUTIQUE-SHA.
Chinese (in complex character) translation rights arranged with BOUTIQUE-SHA.
through KEIO CULTURAL ENTERPRISE CO., LTD.

經銷／高見文化行銷股份有限公司
地址／新北市樹林區佳園路二段70-1號
電話／0800-055-365　傳真／(02)2668-6220

版權所有・翻印必究
※本書作品禁止任何商業營利用途（店售・網路販售等）&刊載，
請單純享受個人的手作樂趣。
※本書如有缺頁，請寄回本公司更換。

國家圖書館出版品預行編目(CIP)資料

送給親愛寶貝の愛心手作益智玩具：0-4歲嬰幼兒邊玩邊學.
感覺統合訓練DIY / BOUTIQUE-SHA著；洪鈺惠譯.
-- 初版. -- 新北市：新手作出版：悅智文化發行, 2017.09
面；　公分. -- (玩・勞作；4)
ISBN 978-986-95289-0-0(平裝)

1.玩具 2.手工藝

426.78　　106013879

Elegantbooks
以閱讀，
享受幸福生活

雅書堂 EB 新手作

雅書堂文化事業有限公司
22070新北市板橋區板新路206號3樓
facebook 粉絲團:搜尋 雅書堂
部落格 http://elegantbooks2010.pixnet.net/blog
TEL:886-2-8952-4078 · FAX:886-2-8952-4084

趣・手藝 16

166枚好感系×超簡單創意剪紙圖案集：摺！剪！開！完美剪紙3 Steps
室岡昭子◎著
定價280元

趣・手藝 17

可愛又華麗的俄羅斯娃娃&動物玩偶：繪本風の不織布創作
北向邦子◎著
定價280元

趣・手藝 18

玩不織布扮家家酒！—在家自己作12間超人氣甜點屋&西餐廳&壽司店的50道美味料理
BOUTIQUE-SHA◎著
定價280元

趣・手藝 19

文具控最愛の手工立體卡片——超簡單！看圖就會作！祝福不打烊！萬用卡×生日卡×節慶卡自己一手搞定！
鈴木孝美◎著
定價280元

趣・手藝 20

初學者ok啦！一起來作36隻超萌の串珠小鳥
市川ナヲミ◎著
定價280元

趣・手藝 21

超有雜貨FU！文具控&手作迷一看就想刻のとみこ橡皮章：手作創意明信片x包裝小物x雜貨風袋物
とみこはん◎著
定價280元

趣・手藝 22

剪＋貼＋縫！88款不織布の季節布置小物
BOUTIQUE-SHA◎著
定價280元

趣・手藝 23

Bonjour！可愛喲！超簡單巴黎風黏土小旅行：旅行×甜點×娃娃×雜貨—女孩最愛の造型黏土BOOK
蔡青芬◎著
定價320元

趣・手藝 24

macaron可愛進化！布作x刺繡．手作56款超人氣花式馬卡龍吊飾
BOUTIQUE-SHA◎著
定價280元

趣・手藝 25

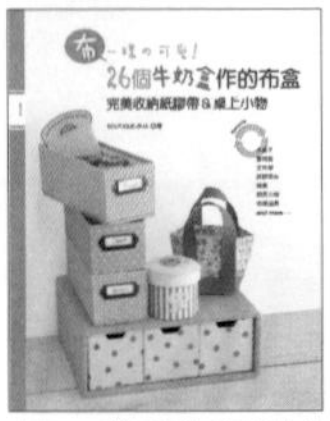

「布」一樣の可愛！26個牛奶盒作的布盒 完美收納紙膠帶&桌上小物
BOUTIQUE-SHA◎著
定價280元

趣・手藝 26

So yummy！甜在心黏土蛋糕揉一揉、捏一捏，我也是甜心糕點大師！（暢銷新裝版）
幸福豆手創館（胡瑞娟 Regin）◎著
定價280元

趣・手藝 27

紙の創意！一起來作75道簡單又好玩の摺紙甜點×料理
BOUTIQUE-SHA◎著
定價280元

趣・手藝 28

活用度100%！500枚橡皮章日日刻
BOUTIQUE-SHA◎著
定價280元

趣・手藝 29

nap's小可愛手作帖：小玩皮！雜貨控の手縫皮革小物
長崎優子◎著
定價280元

趣・手藝 30

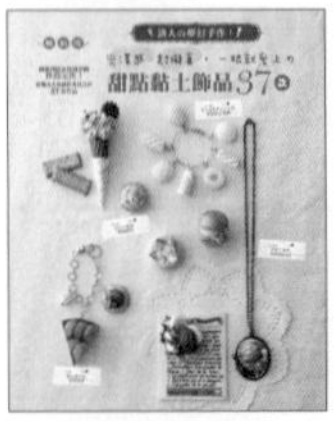

誘人の夢幻手作！光澤威×超擬真，一眼就愛上の甜點黏土飾品37款（暢銷版）
河出書房新社編輯部◎著
定價300元

趣・手藝 31

心意．造型．色彩all in one 一次學會緞帶×紙張の包裝設計24招！
長谷良子◎著
定價300元

趣・手藝 32

聚上女孩の優雅&浪漫 天然石×珍珠の結編飾品設計69款
日本ヴォーグ社◎著
定價280元

趣・手藝 33

Party Time！女孩兒の可愛不織布甜點家家酒：廚房用具×甜點×麵包×Pizza×餐盒×套餐
BOUTIQUE-SHA◎著
定價280元

趣・手藝 34

動動手指就OK！三秒鐘．愛上62枚可愛の摺紙小物
BOUTIQUE-SHA◎著
定價280元

趣・手藝 35

簡單好縫大成功！一次學會65件超可愛皮小物×實用長夾
金澤明美◎著
定價320元

趣・手藝 36

超好玩&超益智！趣味摺紙大全集—完整收錄157件超人氣摺紙動物&紙玩具
主婦之友社◎授權
定價380元

趣・手藝 37

大日子×小手作！365天都能送の祝福系手作黏土禮物提案FUN送BEST.60
幸福豆手創館（胡瑞娟 Regin）
師生合著
定價320元

趣・手藝 38

100%可愛の塗鴉裝飾！手帳控＆卡片迷都想學の手繪風文字圖繪750點
BOUTIQUE-SHA◎授權
定價280元

趣・手藝 39

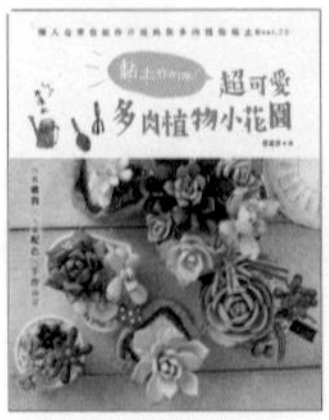

不澆水！黏土作的喲！超可愛多肉植物小花園：仿舊雜貨×人氣配色×手作綠意一權人在家也能作の經典款多肉植物黏土BEST.25
蔡青芬◎著
定價350元

趣・手藝 40

簡單・好作の不織布換裝娃娃時尚微手作—4款風格娃娃×80件魅力服裝&配飾
BOUTIQUE-SHA◎授權
定價280元

趣・手藝 41

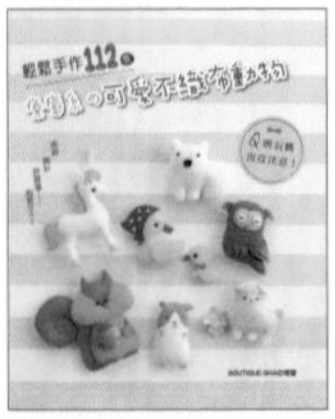

Q萌玩偶出沒注意！輕鬆手作112隻療癒系の可愛不織布動物
BOUTIQUE-SHA◎授權
定價280元

趣・手藝 42

【完整教學圖解】摺×疊×剪×刻4步驟完成120款美麗剪紙
BOUTIQUE-SHA◎授權
定價280元

趣・手藝 43

9位人氣作家可愛發想大集合每天都想使用の萬用橡皮章圖案集
BOUTIQUE-SHA◎授權
定價280元

趣・手藝 44

動物系人氣手作！
DOGS & CATS・可愛の掌心貓狗動物偶
須佐沙知子◎著
定價300元

趣・手藝 45

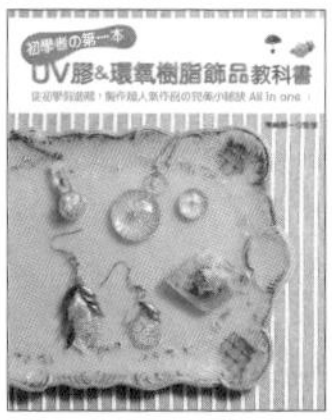

初學者の第一本UV膠飾品教科書
從初學到進階！製作超人氣作品の完美小祕訣All in one！
熊崎堅一◎監修
定價350元

趣・手藝 46

定食・麵包・拉麵・甜點・擬真度100%！輕鬆作1/12の微型樹脂土美食76道
ちょび子◎著
定價320元

趣・手藝 47

全齡OK！親子同樂腦力遊戲完全版・趣味翻花繩大全集
野口廣◎監修
主婦之友社◎授權
定價399元

趣・手藝 48

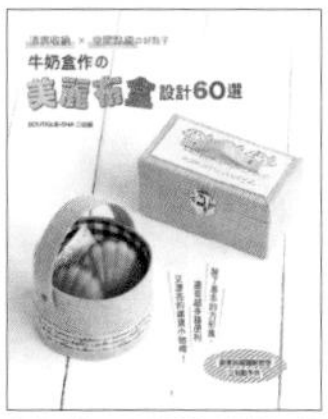

牛奶盒作の！美麗布盒設計60選
清爽收納×空間點綴の好點子
BOUTIQUE-SHA◎授權
定價280元

趣・手藝 50

CANDY COLOR TICKET
超可愛の糖果系透明樹脂x樹脂土甜點飾品
CANDY COLOR TICKET◎著
定價320元

趣・手藝 49

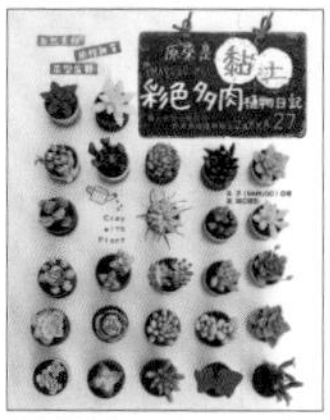

原來是黏土！MARUGOの彩色多肉植物日記：自然素材・風格雜貨・造型盆器懶人在家也能作の經典多肉植物黏土ZAKKA.27
丸子（MARUGO）◎著
定價350元

趣・手藝 51

Rose window美麗&透光：玫瑰窗對稱剪紙
平田朝子◎著
定價280元

趣・手藝 52

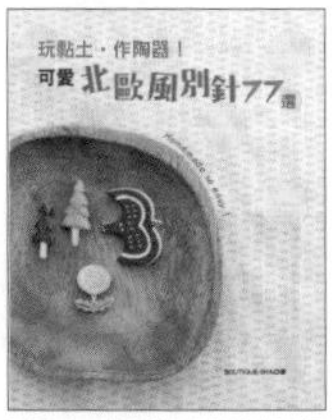

玩黏土・作陶器！可愛北歐風別針77選
BOUTIQUE-SHA◎授權
定價280元

趣・手藝 53

New Open・開心玩！開一間超人氣の不織布甜點屋
堀内さゆり◎著
定價280元

趣・手藝 54

Paper・Flower・Gift：小清新生活美學・可愛の立體剪紙花飾四季帖
くまだまり◎著
定價280元

趣・手藝 55

每日の趣味・剪開信封輕鬆作紙雜貨你一定會作的N個可愛版紙藝創作
宇田川一美◎著
定價280元

趣・手藝 56

可愛限定！KIM'S 3D不織布動物遊樂園（暢銷精選版）
陳春金・KIM◎著
定價320元

趣・手藝 57

家家酒開店指南：不織布の幸福料理日誌
BOUTIQUE-SHA◎授權
定價280元

趣・手藝 58

花・葉・果實の立體刺繡書
以鐵絲勾勒輪廓，繡製出漸層色彩的立體花朵
アトリエ Fil◎著
定價280元

趣・手藝 59

黏土×環氧樹脂・袖珍食物&微型店舖230選
Plus 11間商店街店舖造景教學
大野幸子◎著
定價350元

趣・手藝 61

雜貨迷超愛的木器彩繪練習本
20位人氣作家×5大季節主題・一本學會就上手
BOUTIQUE-SHA◎授權
定價350元

趣・手藝 62

不織布Q手作：超萌狗狗總動員！
陳春金・KIM◎著
定價350元

趣・手藝 63

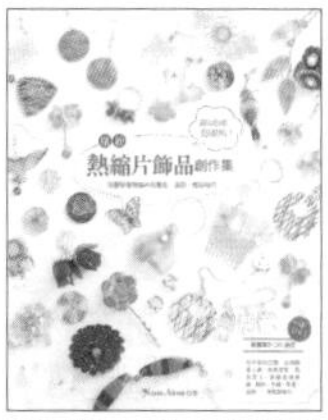

晶瑩剔透超美的！繽紛熱縮片飾品創作集
一本OK！完整學會熱縮片的著色、造型、應用技巧……
NanaAkua◎著
定價350元

趣・手藝 64

開心玩黏土！MARUGO彩色多肉植物日記2
懶人派經典多肉植物&盆組小花園
丸子（MARUGO）◎著
定價350元

趣・手藝 65

一學就會の立體浮雕刺繡可愛圖案集
Stumpwork基礎實作：填充物＋懸浮式技巧全圖解公開！
アトリエ Fil◎著
定價320元

趣・手藝 66

家用烤箱OK！一試就會作の陶土胸針&造型小物
BOUTIQUE-SHA◎授權
定價280元

趣・手藝 67

從可愛小圖開始學縫十字繡數格子×玩填色×特色圖案900+
大圖まこと◎著
定價280元

趣・手藝 68

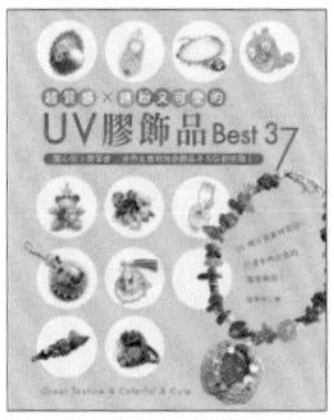

超質感・繽紛又可愛的UV膠飾品Best37：開心玩×簡單作，手作女孩的加分飾品不NG初挑戰！
張家慧◎著
定價320元

趣・手藝 69

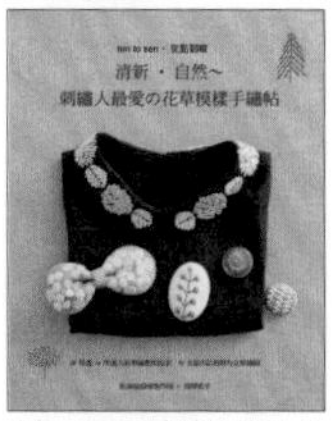

清新・自然～刺繡人最愛的花草模樣手繡帖
點與線模樣製作所 岡理惠子◎著
定價320元

趣・手藝 70

好想抱一下的軟QQ襪子娃娃
陳春金・KIM◎著
定價350元

趣・手藝 71

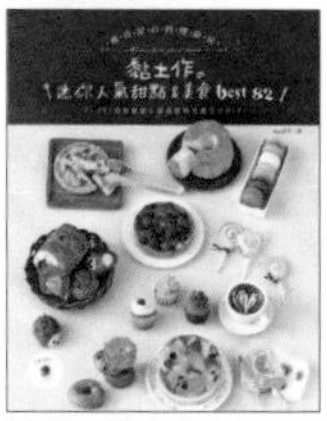

袖珍屋の料理廚房：黏土作の迷你人氣甜點&美食best82
ちょび子◎著
定價320元

趣・手藝 72

可愛北歐風の小巾刺繡：47個簡單好作的日常小物
BOUTIUQE-SHA◎授權
定價280元

趣・手藝 73

不能吃の～袖珍模型麵包雜貨：聞得到麵包香喔！不玩黏土，揉麵糰！
ぱんころもち・カリーノぱん◎合著
定價280元

趣・手藝 74

小小廚師の不織布料理教室
BOUTIQUE-SHA◎授權
定價300元

趣・手藝 75

親手作寶貝の好可愛圍兜兜
基本款・外出款・時尚款・趣味款・功能款，穿搭變化一極棒！
BOUTIQUE-SHA◎授權
定價320元

趣・手藝 76

手縫俏皮の
不織布動物造型小物
やまもと ゆかり◎著
定價280元

趣・手藝 77

超可愛的迷你size！
袖珍甜點黏土手作課
関口真優◎著
定價350元

趣・手藝 78

華麗の盛放！
超大朵紙花設計集
空間&櫥窗陳列・婚禮&派對布置・特色攝影必備！
MEGU（PETAL Design）◎著
定價380元